INTERNATIONAL MATHEMATICAL OLYMPIADS

1974～1978

第4卷

● 主 编 佩 捷
● 副主编 冯贝叶

多解 推广 加强

哈尔滨工业大学出版社
HARBIN INSTITUTE OF TECHNOLOGY PRESS

内 容 简 介

本书汇集了第 16 届至第 20 届国际数学奥林匹克竞赛试题及解答.书中广泛搜集了每道试题的多种解法,且注重初等数学与高等数学的联系,更有出自数学名家之手的推广与加强.本书可归结出以下四个特点,即收集全、解法多、观点高、结论强.

本书适合于数学奥林匹克竞赛选手和教练员、高等院校相关专业研究人员及数学爱好者使用.

图书在版编目(CIP)数据

IMO 50 年:第 4 卷.1974～1978/佩捷主编.—哈尔滨:哈尔滨工业大学出版社,2016.4(2023.7 重印)
 ISBN 978-7-5603-5850-5

Ⅰ.①I… Ⅱ.①佩… Ⅲ.①中学数学课-题解 Ⅳ.①G634.605

中国版本图书馆 CIP 数据核字(2016)第 022803 号

策划编辑	刘培杰 张永芹
责任编辑	张永芹 杜莹雪
封面设计	孙茵艾
出版发行	哈尔滨工业大学出版社
社　　址	哈尔滨市南岗区复华四道街 10 号　邮编 150006
传　　真	0451-86414749
网　　址	http://hitpress.hit.edu.cn
印　　刷	黑龙江艺德印刷有限责任公司
开　　本	787mm×1092mm　1/16　印张 16.75　字数 402 千字
版　　次	2016 年 4 月第 1 版　2023 年 7 月第 2 次印刷
书　　号	ISBN 978-7-5603-5850-5
定　　价	38.00 元

(如因印装质量问题影响阅读,我社负责调换)

前言 | Foreword

法国教师于盖特·昂雅勒朗·普拉内斯在与法国科学家、教育家阿尔贝·雅卡尔的交谈中表明了这样一种观点："若一个人不'精通数学',他就比别人笨吗"?

"数学是最容易理解的.除非有严重的精神疾病,不然的话,大家都应该是'精通数学'的.可是,由于大概只有心理学家才可能解释清楚的原因,某些年轻人认定自己数学不行.我认为其中主要的责任在于教授数学的方式."

"我们自然不可能对任何东西都感兴趣,但数学更是一种思维的锻炼,不进行这项锻炼是很可惜的.不过,对诗歌或哲学,我们似乎也可以说同样的话."

"不管怎样,根据学生数学上的能力来选拔'优等生'的不当做法对数学这门学科的教授是非常有害的."(阿尔贝·雅卡尔、于盖特·昂雅勒朗·普拉内斯.《献给非哲学家的小哲学》.周冉,译.广西师范大学出版社,2001:96)

这套题集不是为老师选拔"优等生"而准备的,而是为那些对 IMO 感兴趣,对近年来中国数学工作者在 IMO 研究中所取得的成果感兴趣的读者准备的资料库.展示原味真题,提供海量解法(最多一题提供 20 余种不同解法,如第 3 届 IMO 第 2 题),给出加强形式,尽显推广空间,是新中国成立以来有关 IMO 试题方面规模最大、收集最全的一套题集.从现在看,以"观止"称之并不为过.

前中国国家射击队的总教练张恒是用"系统论"研究射击训练的专家,他曾说:"世界上的很多新东西,其实不是'全新'的,就像美国的航天飞机,总共用了 2 万个已有的专利技术,真正的创造是它在总体设计上的新意."(胡廷楣.《境界——关于围棋文化的思考》.上海人民出版社,1999:463)本书的编写又何尝不是如此呢,将近 100 位专家学者给出的多种不同解答放到一起也是一种创造.

如果说这套题集可比作一条美丽的珍珠项链的话,那么编者所做的不过是将那些藏于深海的珍珠打捞起来并穿附在一条红线之上,形式归于红线,价值归于珍珠.

首先要感谢江仁俊先生,他可能是国内最早编写国际数学奥林匹克题解的先行者(1979 年,笔者初中毕业,同学姜三勇(现为哈工大教授)作为临别纪念送给笔者的一本书就是江仁俊先生编的《国际中学生数学竞赛题解》(定价仅 0.29 元),并用当时叶剑英元帅的诗词做赠言:"科学有险阻,苦战能过关."35 年过去仍记忆犹新).所以特引用了江先生的一些解法.江苏师范学院(今年刚刚去世的华东师范大学的肖刚教授曾在该校外语专业就读过)是我国最早介入 IMO 的高校之一,毛振璇、唐起汉、唐复苏三位老先生亲自主持从德文及俄文翻译 1~20 届题解.令人惊奇的是,我们发现当时的插图绘制者居然是我国的微分动力学专家"文化大革命"后北大的第一位博士张筑生教授,可惜天妒英才,张筑生教授英年早逝,令人扼腕(山东大学的杜锡录教授同样令人惋惜,他也是当年数学奥林匹克研究的主力之一).本书的插图中有几幅就是出自张筑生教授之手[22].另外中国科技大学是那时数学奥林匹克研究的重镇,可以说 20 世纪 80 年代初中国科技大学之于现代数学竞赛的研究就像哥廷根 20 世纪初之于现代数学的研究.常庚哲教授、单墫教授、苏淳教授、李尚志教授、余红兵教授、严镇军教授当年都是数学奥林匹克研究领域的旗帜性人物.本书中许多好的解法均出自他们[4,13,19,20,50].目前许多题解中给出的解法中规中矩,语言四平八稳,大有八股遗风,仿佛出自机器一般,而这几位专家的解答各有特色,颇具个性.记得早些年笔者看过一篇报道说常庚哲先生当年去南京特招单墫与李克正去中国科技大学读研究生,考试时由于单墫基础扎实,毕业后一直在南京女子中学任教,所以按部就班,从前往后答,而李克正当时是南京市的一名工人,自学成才,答题是从后往前答,先答最难的一题,风格迥然不同,所给出的奥数题解也是个性化十足.另外,现在流行的 IMO 题解,历经多人之手已变成了雕刻后的最佳形式,用于展示很好,但用于教学或自学却不适合.有许多学生问这么巧妙的技巧是怎么想到的,我怎么想不到,容易产生挫败感,就像数学史家评价高斯一样,说他每次都是将脚手架拆去之后再将他建筑的宏伟大厦展示给其他人.使人觉得突兀,景仰之后,备受挫折.高斯这种追求完美的做法大大延误了数学的发展,使人们很难跟上他的脚步,这一点从潘承彪教授、沈永欢教授合译的《算术探讨》中可见一斑.所以我们提倡,讲思路,讲想法,表现思考过程,甚至绕点弯子,都是好的,因为它自然,贴近读者.

中国数学竞赛活动的开展、普及与中国革命的农村包围城市、星星之火可以燎原的方式迥然不同,是先在中心城市取得成功后再向全国蔓延.而这种方式全赖强势人物推进,从华罗庚先生到王寿仁先生再到裘宗沪先生,以他们的威望与影响振臂一呼,应者云集,数学奥林匹克在中国终成燎原之势.他们主持编写的参考书在业内被奉为圭臬,我们必须以此为标准,所以引用会时有发生,在此表示感谢.

中国数学奥林匹克能在世界上有今天的地位,各大学的名家们起了重要的理论支持作用.北京大学的王杰教授、复旦大学的舒五昌教授、首都师范大学的梅向明教授、华东师范大学的熊斌教授、中国科学院的许以超研究员、南开大学的李成章教授、合肥工业大学的苏化明教授、杭州师范学院的赵小云教授、陕西师范大学的罗增儒教授等,他们的文章所表现的高瞻周览、探赜索隐的识力,已达到炉火纯青的地步,堪称为中国 IMO 研究的标志.如果说多样性是生物赖以生存的法则,那么百花齐放,则是数学竞赛赖以发展的基础.我们既希望看到像格罗登迪克那样为解决一批具体问题而建造大型联合机械式的宏大构思型解法,也盼望有像爱尔特希那样运用最少的工具以娴熟的技能做庖丁解牛式剖析型解法出现.为此本书广为引证,也向各位提供原创解法的专家学者致以谢意.

编者为图"文无遗珠"的效果,大量参考了多家书刊杂志中发表的解法,也向他们表示谢意.

特别要感谢湖南理工大学的周持中教授、长沙铁道学院的肖果能教授、广州大学的吴伟朝教授以及顾可敬先生.他们四位的长篇推广文章读之,使笔者不能不三叹而三致意,收入本书使之增色不少.

最后要说的是由于编者先天不备,后天不足,斗胆尝试,徒见笑于方家.

哲学家休谟在写自传的时候,曾有一句话讲得颇好:"一个人写自己的生平时,如果说得太多,总是免不了虚荣的."这句话同样也适合于本书的前言,写多了难免自夸,就此打住是明智之举.

刘培杰
2014 年 10 月

目录 | Contents

第一编　第 16 届国际数学奥林匹克 ... 1

第 16 届国际数学奥林匹克题解 ... 3
第 16 届国际数学奥林匹克英文原题 ... 15
第 16 届国际数学奥林匹克各国成绩表 ... 17
第 16 届国际数学奥林匹克预选题 ... 18

第二编　第 17 届国际数学奥林匹克 ... 31

第 17 届国际数学奥林匹克题解 ... 33
第 17 届国际数学奥林匹克英文原题 ... 50
第 17 届国际数学奥林匹克各国成绩表 ... 52
第 17 届国际数学奥林匹克预选题 ... 53

第三编　第 18 届国际数学奥林匹克 ... 61

第 18 届国际数学奥林匹克题解 ... 63
第 18 届国际数学奥林匹克英文原题 ... 81
第 18 届国际数学奥林匹克各国成绩表 ... 83
第 18 届国际数学奥林匹克预选题 ... 84

第四编　第 19 届国际数学奥林匹克 ... 97

第 19 届国际数学奥林匹克题解 ... 99
第 19 届国际数学奥林匹克英文原题 ... 113
第 19 届国际数学奥林匹克各国成绩表 ... 115
第 19 届国际数学奥林匹克预选题 ... 116

第五编　第 20 届国际数学奥林匹克 ... 143

第 20 届国际数学奥林匹克题解 ... 145
第 20 届国际数学奥林匹克英文原题 ... 186
第 20 届国际数学奥林匹克各国成绩表 ... 188
第 20 届国际数学奥林匹克预选题 ... 189

附录　IMO 背景介绍 207

第 1 章　引言 209
　第 1 节　国际数学奥林匹克 209
　第 2 节　IMO 竞赛 210
第 2 章　基本概念和事实 211
　第 1 节　代数 211
　第 2 节　分析 215
　第 3 节　几何 216
　第 4 节　数论 222
　第 5 节　组合 225

参考文献 229

后记 237

第一编
第16届国际数学奥林匹克

第16届国际数学奥林匹克题解

民主德国,1974

❶ A,B,C 三人做游戏,玩法如下:三张卡片上各写上一个不同的正整数 p,q,r 且满足 $0<p<q<r$,把这三张卡片搅乱后,再随意分给每人一张,然后按照卡片上的数字发给每人弹子,再收回三张卡片搅乱,而弹子仍留给这三人.

这手续(搅乱卡片、分配、给弹子)至少发生两轮,最后一轮结束后,A,B,C 分别得到 20,10,9 个弹子,且已知 B 最后一轮得到 r 个弹子,问哪一个人第一轮得到 q 个弹子?

美国命题

解 设 $N \geqslant 2$ 为他们所玩的轮数,每轮共发 $p+q+r$ 个弹子,各玩 N 轮,依题意便得到 $N(p+q+r)=39$. 由于 p,q,r 是不相等的正整数,故 $p+q+r \geqslant 6$. 因 39 的素因数分解为 $39=3\times 13$,故有
$$p+q+r=13, N=3$$
已知最后一轮 B 得到 r 个弹子,而他最后结束共得 10 个弹子. 因此他在前两轮中都不能得 r 个或 q 个(否则,他的总弹子数就不少于 13 个,此与已知矛盾),这就说明了 B 在三轮中得到弹子为 p,p,r 个.

由于 C 所得总弹子数是 9 个,他在前两轮都不可能得到 r 个弹子(否则,如有一次得 r 个,他所得总的弹子数便不少于 B 的总弹子数 10 个,这也与已知矛盾). 因此,C 在前两轮中得到弹子为 q 个,从而 A 在前两轮中得到弹子为 r 个. 如果 A 最后一轮得 p 个弹子,则 A,B 所得弹子之差为 $r-p=10$,但由于 $r>q>p>0$,及 $p+q+r=13$,可知 $r-p$ 不大于 9. 因此,A 最后一轮所得弹子不能是 p 个,而只能是 q 个. 总之,A,B,C 所得弹子如下表.

	Ⅰ	Ⅱ	Ⅲ
A	r	r	q
B	p	p	r
C	q	q	p

由题意得

$$r+r+q=20, p+p+r=10, q+q+p=9$$

解得 $p=1, q=4, r=8$. 由此可知 C 在第一轮得到 $q=4$ 个弹子.

> **❷** 设 α, β, γ 为 $\triangle ABC$ 中对应于顶点 A, B, C 的三个内角. 试证: 能在线段 AB 上取得一点 D, 使 CD 成为 AD 和 BD 的比例中项的充要条件是
> $$\sin \beta \cdot \sin \alpha \leqslant \sin^2 \frac{\gamma}{2}$$

芬兰命题

证法 1 作 $\triangle ABC$ 的外接圆 O, 设其半径为 R. 又在 AB 上任取一点 D, 设 CD 的延长线交外接圆于 E, 如图 16.1 所示, 可得 $CD \cdot DE = AD \cdot DB$. 由此推出 CD 为 AD 和 DB 的比例中项的充要条件是 $CD = DE$. 换言之, 要求满足命题性质的点 D, 等价于在圆周上找到一点 E 使得线段 CE 恰好被 AB 所平分. 但要在圆周上找出这样的一点 E, 当且仅当 $CF \leqslant HG$, 这里 CF 是 $\triangle ABC$ 的高, 而 HG 是 $\angle ACB$ 对弧 $\overset{\frown}{AHB}$ 在弦 AB 上的高. 然而
$$CF = b \cdot \sin \alpha = 2R \cdot \sin \alpha \cdot \sin \beta$$

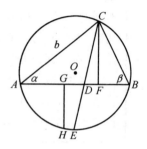

图 16.1

且 $GH \leqslant MN = ON - OM = R - R \cdot \cos \gamma = 2R \cdot \sin^2 \frac{\gamma}{2}$

如图 16.2 所示, 图中半径 $ON \perp AB$ 交 AB 于 M. 所以
$$CF \leqslant 2R \cdot \sin^2 \frac{\gamma}{2}$$

所以
$$\sin \alpha \cdot \sin \beta \leqslant \sin^2 \frac{\gamma}{2}$$

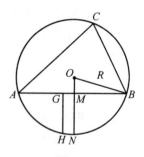

图 16.2

证法 2 如图 16.3 所示, 设 D 是线段 AB 上的任意点, $\gamma_1 = \angle ACD, \gamma_2 = \angle BCD$. 则由正弦定理得
$$\frac{CD}{DA} = \frac{\sin \alpha}{\sin \gamma_1}, \frac{CD}{DB} = \frac{\sin \beta}{\sin \gamma_2}$$

两式相乘得
$$\frac{CD^2}{DA \cdot DB} = \frac{\sin \alpha \cdot \sin \beta}{\sin \gamma_1 \cdot \sin \gamma_2}$$

若
$$\sin \alpha \cdot \sin \beta = \sin \gamma_1 \cdot \sin \gamma_2$$

或
$$\sin \alpha \cdot \sin \beta = \frac{1}{2}(\cos(\gamma_1 - \gamma_2) - \cos(\gamma_1 + \gamma_2)) \quad ①$$

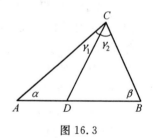

图 16.3

则 D 恰能满足题目的要求.

如具有题述性质的点 D 存在, 由 ① 可见, 所证明的关系式成立.

反之, 如这一关系式成立, 即

$$\sin \alpha \cdot \sin \beta \leqslant \frac{1}{2}(1-\cos \gamma)$$

则可以找到 $\gamma_1 \gamma_2$, 而 $0 < \gamma_1, \gamma_2 < \gamma$, 且 $\gamma_1 + \gamma_2 = \gamma$, 使得 ① 成立, 并得到具有给定性质的点 D. 事实上, 为了满足 ①, 要解方程

$$\cos(\gamma_1 - \gamma_2) = 2\sin \alpha \cdot \sin \beta + \cos \gamma \quad ②$$

而得出 $\gamma_1 - \gamma_2$. 由 ② 这是能做到的, 因为可推出 $\cos(\gamma_1 - \gamma_2) \leqslant 1$. 若 δ 是在 $0°$ 与 $180°$ 之间的一解, $\cos \delta = 2\sin \alpha \cdot \sin \beta + \cos \gamma$, 则有 $0 \leqslant \delta < \gamma$, 而 $\gamma_1 - \gamma_2 = \delta$ 或 $\gamma_2 - \gamma_1 = \delta$. 这样就有

$$\gamma_1 = \frac{\gamma + \delta}{2}, \gamma_2 = \frac{\gamma - \delta}{2}$$

而
$$\frac{\gamma}{2} \leqslant \gamma_1 < \gamma, 0 < \gamma_2 \leqslant \frac{\gamma}{2}$$

或者
$$\gamma_1 = \frac{\gamma - \delta}{2}, \gamma_2 = \frac{\gamma + \delta}{2}$$

而
$$0 < \gamma_1 \leqslant \frac{\gamma}{2}, \frac{\gamma}{2} \leqslant \gamma_2 < \gamma$$

证法 3 如图 16.4 所示, 过 C 引 $l \parallel AB$, 又引 $l' \parallel AB$ 使 AB 位于 l, l' 中间. 作 $\triangle ABC$ 的外接圆 K. 我们证明所求的点 D 是存在的. 设且仅设 l' 与圆 K 相交 (或相切). 若 Y 为 l' 与圆 K 的一公共点, 则弦 CY 交弦 AB 于 D, 且

$$CD \cdot DY = AD \cdot DB$$

既然 C 与 Y 是在 l 与 l' 上, 当然 D 是在 AB 上, 便得 $DY = CD$, 故 $CD^2 = AD \cdot DB$. 若 l' 与圆 K 不相交, 则无这样的点 Y.

设 $\overset{\frown}{AB}$ 不含 C, 其中点为 M. 很明显, l' 与 K 相交 (或相切) 当且仅当 M 至 AB 的距离大于等于 C 到 AB 的距离, 即 $S_{\triangle ABM} \geqslant S_{\triangle ABC}$, 或

$$\frac{1}{2} AM \cdot BM \cdot \sin(\pi - \gamma) \geqslant \frac{1}{2} ab \cdot \sin \gamma \quad ③$$

其中, a, b 表示 BC 与 AC 的长. 又 $AM = BM$, 且 $\sin(\pi - \gamma) = \sin \gamma$, 故 ③ 化成

$$AM^2 \geqslant ab \quad ④$$

设 R 为圆 K 的半径, 并注意到

$$AM = 2R \cdot \sin \frac{\gamma}{2}, a = 2R \cdot \sin \alpha, b = 2R \cdot \sin \beta$$

把这些代入 ④ 并且两边同除以 $4R^2$, 便得所求的条件为

$$\sin^2 \frac{\gamma}{2} \geqslant \sin \alpha \cdot \sin \beta$$

注意等式成立当且仅当 l' 切于圆 K, 在这一情形下, 在 AB 上仅有一点 D 使 $AD \cdot DB = CD^2$.

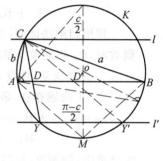

图 16.4

❸ 试证:对于任何自然数 n,下面的和数不能被 5 整除.
$$\sum_{k=0}^{n}\binom{2n+1}{2k+1}2^{3k}$$

罗马尼亚命题

证法 1 记
$$A_m = \sum_{k=0}^{n} 2^{3k}\binom{m}{2k+1}, \quad 0 < 2k+1 < m$$
$$B_m = \sum_{k=0}^{n} 2^{3k}\binom{m}{2k}, \quad 0 < 2k < m$$

当 m 为大于 1 的奇数时,A_m 便是满足命题条件的和数,利用已知的等式
$$\binom{m}{l+1}+\binom{m}{l}=\binom{m+1}{l+1}$$

易验证,当 $m \geqslant 1$ 时,成立着
$$A_m + B_m = A_{m+1},\quad 8A_m + B_m = B_{m+1} \qquad ①$$

现用归纳法证明:当 m 为奇数时,A_m 不能被 5 整除,而当 m 为偶数时,B_m 不能被 5 整除. 由于 $A_1=1, A_2=11, B_2=9$,故对一切 $m \leqslant 3$,命题成立. 现设 $i \geqslant 3$,对一切 $m \leqslant i$ 命题成立,现证对一切 $m \leqslant i+1$ 命题亦真. 事实上,应用 ① 若干次,得到
$$A_{m+3} = A_{m+2} + B_{m+2} = 9A_{m+1} + 2B_{m+1} = 5(5A_m + 2B_m) + B_m$$
$$B_{m+3} = 5(17A_m + 5B_m) + 3A_m$$

由此推出,特别地,命题中的和数对任何自然数 n 不能被 5 整除.

证法 2 利用数论知识证明.
所给的和以 x 表示,则通过变形可得
$$x = \sum_{k=0}^{n}\binom{2n+1}{2k+1}2^{3k} = \frac{1}{\sqrt{8}}\sum_{k=0}^{n}\binom{2n+1}{2k+1}(\sqrt{8})^{2k+1} \qquad ②$$

另外,和
$$y = \sum_{k=0}^{n}\binom{2n+1}{2k}(\sqrt{8})^{2k} = \sum_{k=0}^{n}\binom{2n+1}{2k}2^{3k} \qquad ③$$

同样是整数.

② 与 ③ 相加、相减,并利用二项式定理可得
$$\sqrt{8}x + y = \sum_{k=0}^{2n+1}\binom{2n+1}{k}(\sqrt{8})^{k} = (\sqrt{8}+1)^{2n+1} \qquad ④$$
$$\sqrt{8}x - y = -\sum_{k=0}^{2n+1}\binom{2n+1}{k}(-1)^{k}(\sqrt{8})^{k} = (\sqrt{8}-1)^{2n+1} \qquad ⑤$$

④ 与 ⑤ 相乘,得

由于
$$8x^2 - y^2 = (8-1)^{2n+1} = 7^{2n+1}$$
$$8 \equiv 3 \pmod{5}, 7 \equiv 2 \pmod{5}$$
$$7^2 \equiv -1 \pmod{5}, 7^{2n} \equiv (-1)^n \pmod{5}$$

由上式可推得(mod 5)的同余关系
$$3x^2 - y^2 \equiv 2 \cdot 7^{2n} \equiv 2 \cdot (-1)^n \pmod{5}$$

这样
$$3x^2 \equiv y^2 + 2 \cdot (-1)^n \pmod{5} \qquad ⑥$$

今有 $0^2 \equiv 0 \pmod{5}, 1^2 \equiv 4^2 \equiv 1 \pmod{5}, 2^2 \equiv 3^2 \equiv -1 \pmod{5}$,这样,就绝没有 $y^2 \equiv 2 \pmod{5}$ 与 $y^2 \equiv -2 \pmod{5}$.因此,由 ⑥ 可知也绝没有 $3x^n \equiv 0 \pmod{5}$,此即给定的 x 对任何自然数 n 不能被 5 整除.

❹ 把一个 8×8 的棋盘(指国际象棋棋盘)剪成 p 个矩形,但不能剪坏任何一格,而且这种剪法还必须满足如下条件:

(1) 每一个矩形中白格和黑格的个数相等;

(2) 若 a_i 是第 i 个矩形中的白格的个数,则
$$a_1 < a_2 < \cdots < a_i < \cdots < a_p$$

求出使上述剪法存在的 p 的最大可能值,同时对这个 p 求出所有可能的序列
$$a_1, a_2, \cdots, a_p$$

保加利亚命题

解法 1 如图 16.5 所示,因这个棋盘有 32 个白格,故有
$$a_1 + a_2 + \cdots + a_p = 32$$
又 $a_1 \geq 1, a_2 \geq 2, \cdots, a_p \geq p$,故得
$$32 \geq 1 + 2 \cdots + p = \frac{p(p+1)}{2}$$

因而有 $p^2 + p \leq 64$,所以 $p \leq 7$.这证明所求的分割最多有 7 个矩形.要证明分割为 7 个矩形是存在的,并求出它们的全体,为此,我们只需求 7 个相异整数使其和为 32,下面是它的所有可能的情况:

ⅰ $1+2+3+4+5+6+11$;
ⅱ $1+2+3+4+5+7+10$;
ⅲ $1+2+3+4+5+8+9$;
ⅳ $1+2+3+4+6+7+9$;
ⅴ $1+2+3+5+6+7+8$.

情况 ⅰ 不能实现,因为在 8×8 的格子棋盘中不存在 22 个方格的矩形.其余的情况都能实现,其相应的分割如图 16.6(a) ~ (d) 所示.

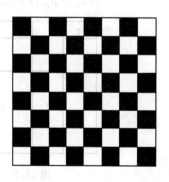

图 16.5

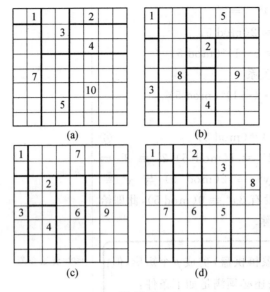

图 16.6

解法 2 设第一个矩形为最小的矩形,含有 a_1 个白色格子;第二个矩形为次小的矩形,含有 a_2 个白色格子;以此类推,第 p 个矩形为最大的矩形,含有 a_p 个白色格子,如图 16.7～16.10 所示. 这样,就有

$$pa_1+(p-1)(a_2-a_1)+(p-2)(a_3-a_2)+\cdots+1(a_p-a_{p-1})=32 \quad ①$$

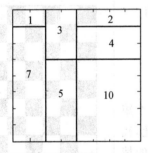

图 16.7

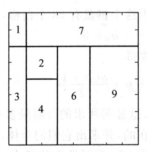

图 16.8

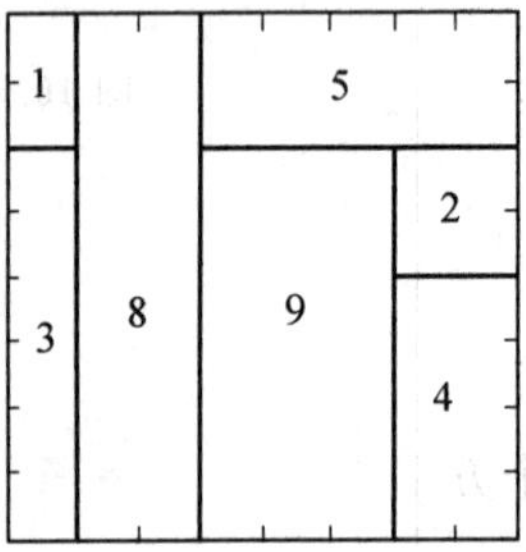

图 16.9

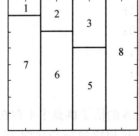

图 16.10

因为划分的矩形个数越多,就要求每个矩形所含白色格子数越少,故当
$$a_1 = 1, a_i - a_{i-1} = 1, i = 2, 3, \cdots, p$$
时,p 有最大值.于是,① 变为
$$p + (p-1) + (p-2) + \cdots + 1 = 32$$
$$\frac{p(p+1)}{2} = 32$$
$$p^2 + p - 64 = 0$$

解之,得
$$p = \frac{-1 \pm \sqrt{257}}{2}$$

因为 p 为正整数,所以符合问题要求的最大值 $p = 7$(其余部分同解法 1).

❺ 求和数
$$S = \frac{a}{a+b+d} + \frac{b}{a+b+c} + \frac{c}{b+c+d} + \frac{d}{a+c+d}$$
的值域,其中 a, b, c, d 是任意正实数.

荷兰命题

解法 1 容易看出和数 S 关于 a, b, c, d 是齐零次的,亦即若把 a, b, c, d 分别乘以同一个系数后,S 的值不变.因此,如果只考察具有关系 $a+b+c+d=1$ 的定义域部分,这不会缩小和数的值域.令
$$a + c = x, b + d = y$$
且
$$x > 0, y > 0, x + y = 1$$

考察和数
$$S_1 = \frac{a}{a+b+d} + \frac{c}{b+c+d} = \frac{a}{1-c} + \frac{c}{1-a} = \frac{2ac + x - x^2}{ac + 1 - x}$$

当固定 x 时,若 (a, c) 满足 $a+c=x$ 的全部正数对,那么不难验证,它的积 ac 是 0 和 $\left(\frac{a+c}{2}\right)^2 = \frac{x^2}{4}$ 之间的一切实数,精确地说,即
$$0 < ac \leqslant \frac{x^2}{4}$$

但表达式 $S_1 = \frac{2ac + x - x^2}{ac + 1 - x} = 2 + \frac{3x - 2 - x^2}{ax + 1 - x}$
中分式项可作为 ac 的函数,单调变化,故 S_1 可取到半开区间 $\left(x, \frac{2x}{2-x}\right]$ 内的全部值.

同理可证,当 y 固定时
$$S_2 = \frac{b}{a+b+c} + \frac{d}{a+c+d}$$

取到 $\left(y, \dfrac{2y}{2-y}\right]$ 内的一切值,从而和数 S 取到半开区间

$$\left(x+y, \dfrac{2x}{2-x}+\dfrac{2y}{2-y}\right]=\left(1, \dfrac{4-4xy}{2+xy}\right]$$

内的一切值.

现在 x 和 y 取满足关系 $x+y=1$ 的一切正数,则通过上述相仿的讨论,表达式 $\dfrac{4-4xy}{2+xy}$ 取到半开区间 $\left[\dfrac{4}{3}, 2\right)$ 内的全部数值. 由此得到 S 的值域是 $(1, 2)$.

解法 2 显然地

$$S > \dfrac{a}{a+b+c+d}+\dfrac{b}{a+b+c+d}+\dfrac{c}{a+b+c+d}+\dfrac{d}{a+b+c+d}=1$$

设 d 为 a, b, c, d 中的最大数,则

$$S \leqslant \dfrac{a}{a+b+c}+\dfrac{b}{a+b+c}+\dfrac{c}{a+b+c}+\dfrac{d}{a+c+d}=1+\dfrac{d}{a+c+d}<1+1=2.$$

故 $1 < S < 2$.

其次,我们要证明 S 确实可取遍开区间 $(1, 2)$ 中的一切值. 首先我们看到 S 在正数 a, b, c, d 连续变化. 因此,如我们能指出 S 任意取值接近于这区间的端点 1 与 2,那么我们就证明了 S 可取遍 1 与 2 间的一切值.

令 $a=1, b=\varepsilon, c=d=\varepsilon^2$,其中 $\varepsilon > 0$,则

$$S=\dfrac{1}{1+\varepsilon+\varepsilon^2}+\dfrac{\varepsilon}{1+\varepsilon+\varepsilon^2}+\dfrac{\varepsilon^2}{\varepsilon+2\varepsilon^2}+\dfrac{\varepsilon^2}{1+2\varepsilon^2}$$

当 $\varepsilon \to 0$ 时,第一项趋近于 1,其他各项趋近于 0,故 $S \to 1$.

再次,令 $a=c=1, b=d=\varepsilon$,则

$$S=\dfrac{1}{1+2\varepsilon}+\dfrac{\varepsilon}{2+\varepsilon}+\dfrac{1}{1+2\varepsilon}+\dfrac{\varepsilon}{2+\varepsilon}$$

当 $\varepsilon \to 0$ 时,第一项与第三项趋近于 1,而第二项与第四项趋近于 0,故 $S \to 2$.

解法 3 将题中所给的表达式的右端记为 $f(a, b, c, d)$. 先大致估计一下 S 的上界和下界. 由下面两个不等式

$$f(a, b, c, d) < \dfrac{a}{a+b}+\dfrac{b}{a+b}+\dfrac{c}{c+d}+\dfrac{d}{c+d}=2$$

$$f(a, b, c, d) > \dfrac{a}{a+b+c+d}+\dfrac{b}{a+b+c+d}+$$

$$\frac{c}{a+b+c+d} + \frac{d}{a+b+c+d} = 1$$

可知
$$1 < S < 2 \qquad ①$$

因而,所求的 S 的取值范围包含在开区间 $(1,2)$ 内.

下面来证明:对于每一个 $y \in (1,2)$,总存在正实数 a, b, c, d,使 $f(a,b,c,d) = y$.

因为 y 是满足条件 $1 < y < 2$ 的任意固定的数,所以存在一个小正数 $\delta > 0$,使得
$$1 + \delta < y < 2 - \delta \qquad ②$$

取 $\delta = \frac{1}{2}\min\{2-y, y-1\}$,则显然有 $0 < \delta \leq \frac{1}{4}$,如图 16.11 所示.

再考虑变数 t 的函数
$$F(t) = f\left(1, \frac{\delta}{4} + t\left(1 - \frac{\delta}{4}\right), 1 + t\left(\frac{\delta}{4} - 1\right), \frac{\delta}{4}\right) \qquad ③$$

其中,$0 \leq t \leq 1$. 由于
$$1 > 0, \frac{\delta}{4} + t\left(1 - \frac{\delta}{4}\right) \geq \frac{\delta}{4} > 0$$
$$1 + t\left(\frac{\delta}{4} - 1\right) = 1 - t + \frac{\delta}{4}t > 0, \frac{\delta}{4} > 0$$

所以,只要 $0 \leq t \leq 1$,总有正实数
$$a = 1, b = \frac{\delta}{4} + t\left(1 - \frac{\delta}{4}\right), c = 1 + t\left(\frac{\delta}{4} - 1\right), d = \frac{\delta}{4}$$

使得
$$F(t) = f(a,b,c,d)$$

由 ② 又可知

$$F(0) = f\left(1, \frac{\delta}{4}, 1, \frac{\delta}{4}\right) = \frac{1}{1 + \frac{\delta}{4} + \frac{\delta}{4}} + \frac{\frac{\delta}{4}}{1 + \frac{\delta}{4} + 1} +$$

$$\frac{1}{\frac{\delta}{4} + 1 + \frac{\delta}{4}} + \frac{\frac{\delta}{4}}{1 + 1 + \frac{\delta}{4}} = \frac{2}{1 + \frac{\delta}{2}} + \frac{\frac{\delta}{2}}{2 + \frac{\delta}{4}} > \frac{2}{1 + \frac{\delta}{2}} =$$

$$\frac{2\left(1 - \frac{\delta}{2}\right)}{1 - \frac{\delta^2}{4}} > 2 - \delta > y$$

$$F(1) = f\left(1, 1, \frac{\delta}{4}, \frac{\delta}{4}\right) = \frac{1}{1 + 1 + \frac{\delta}{4}} + \frac{1}{1 + 1 + \frac{\delta}{4}} +$$

$$\frac{\frac{\delta}{4}}{1+\frac{\delta}{4}+\frac{\delta}{4}}+\frac{\frac{\delta}{4}}{1+\frac{\delta}{4}+\frac{\delta}{4}}=$$

$$\frac{2}{2+\frac{\delta}{4}}+\frac{\frac{\delta}{2}}{1+\frac{\delta}{2}}<1+\frac{\delta}{2}<1+\delta<y$$

从而 $F(1) < y < F(0)$

因为 $F(t)$ 是区间 $[0,1]$ 上的连续函数，所以至少有一个 $t_0 \in [0,1]$ 使 $F(t_0) = y$. 亦即

$$f\left(1, \frac{\delta}{4}+t_0\left(1-\frac{\delta}{4}\right), 1+t_0\left(\frac{\delta}{4}-1\right), \frac{\delta}{4}\right) = y$$

这就证明了，S 可以取区间 $(1,2)$ 内的一切值.

❻ 设 $p(x)$ 是非常数的整系数多项式，$n(p)$ 表示满足 $(p(k))^2 = 1$ 的所有不同整数 k 的个数，证明
$$n(p) - \deg(p) \leqslant 2$$
其中，$\deg(p)$ 是多项式 $p(x)$ 的次数.

瑞典命题

证法 1 首先假定每一个多项式 $p(x)-1$ 和 $p(x)+1$ 有不少于三个不同的整根，且它们都是彼此相异的. 在这六个整数中，取其最小的一个记之为 a. 不失一般性，不妨设 a 是多项式 $p(x)+1$ 的根，于是可置

$$p(x) + 1 = (x-a)Q(x)$$

其中，$Q(x)$ 也是一个整系数多项式.

设 p, q, s 为多项式 $p(x)-1$ 的三个不同的整根，由于已取定了 a，故这三个数都大于 a. 但

$$p(x) - 1 = (x-a)Q(x) - 2$$

从而 $2 = (p-a)Q(p) = (q-a)Q(q) = (s-a)Q(s)$

其中，$p-a, q-a, s-a$ 为三个不同的正整数. 但此时，在这三个数中总有一个数要大于 2，显然，这个大于 2 的整数不可能是 2 的整因子.

这样，由此矛盾说明我们的假定是错误的，换言之，方程 $p(x) = 1$ 和 $p(x) = -1$ 中总有一个方程其整根的个数小于或等于 2. 又因这两个方程中，每一方程的整根个数不能超过 $\deg(p)$，于是证得要求的不等式.

证法 2 本题可重述如下：设 $p(x)$ 为一个 d 次整系数多项式，证明方程

$$(p(x))^2 = 1 \qquad ①$$

至多有 $d+2$ 个整数根. 方程 ① 可写成

$$(p(x))^2 - 1 = (p(x) - 1)(p(x) + 1) = 0 \qquad ②$$

令
$$Q(x) = p(x) - 1$$

则
$$Q(x) + 2 = p(x) + 1$$

而本题变成：设 $Q(x)$ 为一个 d 次整系数多项式，证明方程

$$Q(x)(Q(x) + 2) = 0 \qquad ③$$

至多有 $d+2$ 个整数根.

例 设 m 为整系数方程 $F(x) = 0$ 的一个整数根，则 $F(x) + p = 0$ 或 $F(x) - p = 0$，p 为素数，仅有的可能整数根为 $m - p$，$m - 1, m + 1, m + p$.

证明 因 $F(x) = 0$，$x - m$ 为 $F(x)$ 的一个因子，即
$$F(x) = (x - m)G(x)$$

故
$$F(x) \pm p = (x - m)G(x) \pm p$$

其中，$G(x)$ 为整系数多项式，故如对某整数 x，$F(x) \pm p = 0$，则
$$(x - m)G(x) \pm p = 0$$

或
$$(x - m)G(x) = \mp p$$

故 p 可被 $x - m$ 整除，又因为 p 的仅有约数为 ± 1 与 $\pm p$，故 $x - m = \pm 1$ 或 $\pm p$，故 $x = m + 1$ 或 $m - 1$ 或 $m + p$ 或 $m - p$，至此完成例题的证明.

今应用这例题（具有 $p = 2$）于 m 为 $Q(x)(Q(x) + 2) = 0$ 最少整数根的情形，设它有一个整数根，明确地令 m 为 $Q(x) = 0$ 的一个根. 则由例题，$Q(x) + 2 = 0$ 的仅有可能根为 $m + 1$ 与 $m + 2$. 因 $Q(x)$ 至多有 d 个根，$Q(x)(Q(x) + 2) = 0$ 至多有 $d + 2$ 个整数根.

证法 3 由于 $p(x)$ 不是常数，故 $\deg(p) \geqslant 1$. 从而
$$\deg(p^2) = 2\deg(p) \qquad ④$$

根据代数学基本定理知
$$n(p) \leqslant \deg(p^2 - 1) = \deg(p^2) \qquad ⑤$$

由 ④，⑤ 可得
$$n(p) - \deg(p) \leqslant \deg(p^2) - \deg(p) = \deg(p)$$

也就是说，当 $\deg(p) \leqslant 2$ 时，有 $n(p) - \deg(p) \leqslant 2$.

下面来证明：对于任何 $\deg(p) > 2$ 的多项式也有 $n(p) - \deg(p) \leqslant 2$.

用反证法. 假设结论不成立，即假设 $n(p) - \deg(p) > 2$，于是
$$n(p) \geqslant \deg(p) + 3 \qquad ⑥$$

又设 $M_1 = \{x_1, x_2, \cdots, x_k\}$ 是满足条件 $p(x_i) = -1 (i = 1,$

$2,\cdots,k)$ 的整数 x_i 的集合；$M_2=\{y_1,y_2,\cdots,y_l\}$ 是满足条件 $p(y_j)=1(j=1,2,\cdots,l)$ 的整数 y_j 的集合，其中 $k+l=n(p)$。显然，集合 M_1 和 M_2 不会含有公共元素。我们来证明，集合 M_1 和 M_2 都是非空集合。不然，如果 M_1,M_2 中有一个是空集，如 M_2 是空集，那么集合 M_1 含有 $n(p)$ 个元素，也就是说，多项式方程 $p(x)=-1$ 有 $n(p)$ 个根，由代数学基本定理可知，$n(p) \leqslant \deg(p)$，但是这与 ⑥ 矛盾。

再者，根据代数学基本定理还可以得出
$$k \leqslant \deg(p), l \leqslant \deg(p) \qquad ⑦$$

而由 ⑥，⑦ 又可得
$$k+l=n(p) \geqslant \deg(p)+3 \geqslant k+3$$
$$k+l=n(p) \geqslant \deg(p)+3 \geqslant l+3$$

从而可知 $k \geqslant 3, l \geqslant 3$。

因为集合 M_1 和 M_2 不含公共元素，所以整数 $x_1,x_2,\cdots,x_k$，$y_1,y_2,\cdots,y_l$ 中的最小者只能在 M_1 或 M_2 之一中出现，不妨设这个最小数就是 x_1。因为 $l \geqslant 3$，所以至少有一个 $j(1 \leqslant j \leqslant l)$ 使得
$$y_j - x_1 \geqslant 3 \qquad ⑧$$

由于 $p(x)$ 是整系数多项式，故 $p(x)$ 可记为
$$p(x)=a_m x^m + a_{m-1}x^{m-1} + \cdots + a_1 x + a_0$$

其中，$a_i(i=0,1,\cdots,m)$ 是整数，$\deg(p)=m$。设此多项式满足上面讨论中的要求，于是
$$p(x_1)=a_m x_1^m + a_{m-1}x_1^{m-1} + \cdots + a_1 x_1 + a_0 = -1$$
$$p(y_j)=a_m y_j^m + a_{m-1}y_j^{m-1} + \cdots + a_1 y_j + a_0 = 1$$

将两式相减，得
$$a_m(y_j^m - x_1^m) + a_{m-1}(y_j^{m-1} - x_1^{m-1}) + \cdots + a_1(y_j - x_1) = 2$$

在上式中，$a_i(i=1,2,\cdots,m)$ 都是整数，并且左端含有因子 $y_j - x_1$，所以 $y_j - x_1$ 可整除 2，从而
$$y_j - x_1 \leqslant 2 \qquad ⑨$$

但这与 ⑧ 矛盾。这就证明了我们的命题。

第16届国际数学奥林匹克英文原题

The sixteenth International Mathematical Olympiads was held from July 4th to July 17th 1974 in the cities of Weimar and Erfurt.

❶ Three players A, B and C are playing a game with three cards; on each card a positive integer is printed. The three printed numbers are supposed to be distinct. A game consists to mix up the cards, to distribute one card to each player and then to assign to the player the number printed on his card. The next game proceeds in the same way and the points are added. After a number of games, at least two games, player A has 20 points, player B has 10 points and player C has 9 points. It is known that the player B had the greatest card last game.

Which of these three players did have the middle card in the first game? (USA)

❷ Let ABC be a triangle. Prove that there exists a point D on the segment AB such that CD is the geometric mean of AD and BD if and only of
$$\sin A \sin B \leqslant \sin^2 \frac{C}{2}$$
(Finland)

❸ Show that for any positive integer n the number
$$\sum_{k=0}^{n} \binom{2n+1}{2k+1} 2^{3k}$$
is nondivisible by 5. (Romania)

❹ The 8×8 chess-board is divided into p disjoint rectangles in the following way: (Bulgaria)

a) each rectangle contains an integer number of unit squares of the chess-board, the same number of white squares and black squares;

b) if $a_1, a_2, \cdots, a_p$ are the numbers of white squares in these rectangles then $a_1 < a_2 < \cdots < a_p$.

Find the greatest value of p for which such a decomposition exists and then, find for such p, all sequences $a_1, a_2, \cdots, a_p$ arising from the decomposition.

❺ Find the range of the sum
$$S = \frac{a}{a+b+d} + \frac{b}{a+b+c} + \frac{c}{b+c+d} + \frac{d}{a+c+d}$$

(Netherlands)

❻ Let $p(x)$ be a nonconstant integer polynomial and let $n(p)$ be the number of integers k such that $p^2(k) = 1$. Prove that
$$n(p) - \deg(p) \leqslant 2$$
$\deg(p)$ denotes the degree of P.

(Sweden)

第16届国际数学奥林匹克各国成绩表

1974，民主德国

名次	国家或地区	分数（满分320）	金牌	银牌	铜牌	参赛队人数
1.	苏联	256	2	3	2	8
2.	美国	243	—	5	3	8
3.	匈牙利	237	1	3	3	8
4.	德意志民主共和国	236	—	5	3	8
5.	南斯拉夫	216	2	1	2	8
6.	奥地利	212	1	1	4	8
7.	罗马尼亚	199	1	1	3	8
8.	法国	194	1	1	3	8
9.	英国	188	—	1	3	8
10.	瑞典	187	1	1	1	8
11.	保加利亚	171	—	1	4	8
12.	捷克斯洛伐克	158	—	—	2	8
13.	越南	146	1	1	2	5
14.	波兰	138	—	—	2	8
15.	荷兰	112	—	—	1	8
16.	芬兰	111	—	—	1	8
17.	古巴	65	—	—	—	7
18.	蒙古	60	—	—	—	8

第16届国际数学奥林匹克预选题

❶ 把一个 8×8 的国际象棋棋盘分成 p 个内部互不相交的矩形,使得每个矩形内部的黑格子的数目和白格子的数目相等. 假设 $a_1 < a_2 < \cdots < a_p$,其中 a_i 表示第 i 个矩形中的白格子数. 求出使这种分划可能成立的最大的 p,并且对这个 p 定出所有可能的对应于它的数列 $a_1, a_2, \cdots, a_p$.

注 此题为第 16 届国际数学奥林匹克竞赛题第 4 题.

❷ 设 $\{u_n\}$ 为 Fibonacci 数列,即 $u_0 = 0, u_1 = 1, u_n = u_{n-1} + u_{n-2}$(当 $n > 1$ 时). 证明:存在无穷多个素数 p,使得 p 整除 u_{p-1}.

❸ 设 $ABCD$ 是一个任意的四边形,以这个四边形的各边为边在它的外部分别做四个正方形 $ABB_1A_2, BCC_1B_2, CDD_1C_2$ 和 DAA_1D_2. 设四边形 AA_1PA_2 和四边形 CC_1QC_2 是平行四边形,对四边形 $ABCD$ 内任意一点 P,做平行四边形 $RASC$ 和 $RPTQ$. 证明:这两个平行四边形必有两个公共顶点.(译者注:原文可能存在印刷错误. 由于 $A, B, C, D, A_1, B_1, C_1, D_1$ 和 A_2, B_2, C_2, D_2 都是给定的点,因此 P, Q 两点已被确定,并必定位于四边形 $ABCD$ 的外部. 而点 R 却允许有一定任意性,因此"对四边形 $ABCD$ 内任意一点 P"可能应是"对四边形 $ABCD$ 内任意一点 R")

❹ 设分别以 O_a, O_b, O_c 为圆心的圆 K_a, K_b, K_c 都是 $\triangle ABC$ 的旁切圆,分别和 $\triangle ABC$ 的边 BC, CA, AB 的内部切于点 T_a, T_b, T_c. 证明:直线 O_aT_a, O_bT_b, O_cT_c 相交于一点 P,且等式 $PO_a = PO_b = PO_c = 2R$ 成立,这里 R 表示 $\triangle ABC$ 的外接圆半径. 并证明 $\triangle ABC$ 的外接圆圆心 O 是线段 PJ 的中点,这里 J 是 $\triangle ABC$ 的内心.

❺ 在长方体 B 中给定了一个直圆锥,其顶点为长方体的一个顶点,比如说 T. 而它的底分别和长方体的与 T 相对的三个

面相接触,圆锥的轴线是长方体的通过 T 的对角线.设 V_1 和 V_2 分别表示锥和长方体的体积,证明

$$V_1 \leqslant \frac{\sqrt{3}\pi V_2}{27}$$

❻ 证明:两个自然数与它们的和的乘积不可能是一个自然数的三次方.

❼ 设 P 是一个素数而 n 是一个自然数,证明

$$N = \frac{1}{p^{n^2}} \prod_{i=1,2\nmid i}^{2n-1} [((p-1)i)!\, C_{p^2 i}^{pi}]$$

是一个不能被 p 整除的自然数.

❽ 设 x, y, z 是实数,其绝对值都不等于 $\frac{1}{\sqrt{3}}$,并使得 $x + y + z = xyz$.证明

$$\frac{3x - x^3}{1 - 3x^2} + \frac{3y - y^3}{1 - 3y^2} + \frac{3z - z^3}{1 - 3z^2} = \frac{3x - x^3}{1 - 3x^2} \cdot \frac{3y - y^3}{1 - 3y^2} \cdot \frac{3z - z^3}{1 - 3z^2}$$

❾ 解下面的以 $x_1, x_2, \cdots, x_n (n \geqslant 2)$ 为未知数和以 $c_1, c_2, \cdots, c_n$ 为参数的线性方程组

$$\begin{aligned}
2x_1 - x_2 &= c_1 \\
-x_1 + 2x_2 - x_3 &= c_2 \\
-x_2 + 2x_3 - x_4 &= c_3 \\
&\vdots \\
-x_{n-2} + 2x_{n-1} - x_n &= c_{n-1} \\
-x_{n-1} + 2x_n &= c_n
\end{aligned}$$

❿ 设正 10 边形 P 的内接圆 k 的直径为 1.k 被一个正 16 边形所环绕,而这个正 16 边形又嵌入在 P 中,并从 P 中割出 8 个等腰三角形.对多边形 P 来说,再添加 3 个这种等腰三角形就恰可使得这些三角形都是两两相邻的,而且没有任何两个三角形是正相对顶的.这样就得到一些 11 边形.记这种 11 边形为 P'.

给定一个位于 P 中的有限点集 M 使得其中任意两点之间的距离都不超过 1,证明必有某一个 11 边形 P' 包含 M 的所有的点.

⓫ 在平面上给出一条直线和一个三角形,构造一个等边三角形,使得它的一个顶点位于直线上,而另两个顶点平分三角形的周长.

❶❷ 在平面上给出一个半径为 r 的圆 K 以及 K 上一点 D，一个以 S 为顶点，以射线 a,b 为边的钝角. 构造一个平行四边形，使得 A 和 B 分别位于 a 和 b 上，C 位于 K 上，并且 $SA + SB = r$.

❶❸ 证明：$2^{147} - 1$ 可被 343 整除.

❶❹ 设 n 和 k 是自然数而 $a_1, a_2, \cdots, a_n$ 是使得 $a_1 + a_2 + \cdots + a_n = 1$ 的正实数. 证明
$$a_1^{-k} + a_2^{-k} + \cdots + a_n^{-k} \geqslant n^{k+1}$$

❶❺ 设给出了一个 $\triangle ABC$，证明：当且仅当 $\sqrt{\sin A \sin B} \leqslant \sin \dfrac{C}{2}$ 时，存在一个位于边 AB 上的点 D，使得 CD 是 AD 和 BD 的几何平均.

证法 1 如果我们对线段 AB 上的点 D 设 $\angle ACD = \gamma_1$ 以及 $\angle BCD = \gamma_2$，那么由正弦定理就得出
$$f(D) = \frac{CD^2}{AD \cdot BD} = \frac{CD}{AD} \cdot \frac{CD}{BD} = \frac{\sin \alpha \sin \beta}{\sin \gamma_1 \sin \gamma_2}$$
最右边式子的分母是
$$\sin \gamma_1 \sin \gamma_2 = \frac{1}{2}(\cos(\gamma_1 - \gamma_2) - \cos(\gamma_1 + \gamma_2)) =$$
$$\frac{1}{2}(\cos(\gamma_1 - \gamma_2) - \cos \gamma) \leqslant \frac{1 - \cos \gamma}{2} = \sin^2 \gamma$$

由此我们得出 $f(D)$ 的值域是 $\left[\dfrac{\sin \alpha \sin \beta}{\sin^2 \dfrac{\gamma}{2}}, +\infty\right)$. 因此当且仅当 $\sin \alpha \sin \beta \leqslant \sin^2 \dfrac{\gamma}{2}$ 或 $\sqrt{\sin \alpha \sin \beta} \leqslant \sin \dfrac{\gamma}{2}$ 时，才可能成立 $f(D) = 1$(等价的, $CD^2 = AD \cdot BD$).

证法 2 设 E 是线段 CD 和 $\triangle ABC$ 的外接圆 k 的第二个交点，由于 $AD \cdot BD = CD \cdot ED$ (D 关于 k 的幂)，因而 $CD^2 = AD \cdot BD$ 等价于 $ED \geqslant CD$. 显然比 $\dfrac{ED}{CD}$ ($D \in AB$) 当 E 为圆的不包含点 C 的弧段 AB 的中点时取到最小值(这可以从 $ED : CD = E'D : C'D$ 得出，其中 E' 和 C' 分别是 E 和 C 在 AB 上的投影). 另一方面，可以直接说明
$$\frac{ED}{CD} = \frac{\sin^2 \dfrac{\gamma}{2}}{\sin \alpha \sin \beta}$$

这就得出所需的结果.

❶⑥ $2n$ 张卡片由 n 个不同的卡片对组成,每一对卡片是完全相同的,它们互称为另一张的孪生卡片. 两个人 A 和 B 用这些卡片做游戏, 另有一个称为发牌人的第三者负责将卡片一张接一张的面朝上的放在桌子上. 一个称为接收者的玩家取走桌上的卡片, 以使得他手中没有对子的牌可以凑成对. 如果他已无法配对, 则他的对手就将牌取走并成为接收者. A 一开始时是接收者并取走第一张牌. 首先获得全套对子的游戏者就是赢家. 采取何种策略才能使 A 赢? 证明你的答案的正确性.

❶⑦ 证明: 在球面上存在一个由 15 个不同的圆组成的集合 S. S 中所有的圆的半径都相同, 使得其中有 5 个圆恰好和 5 个圆相切, 5 个圆恰好和 4 个圆相切, 5 个圆恰好和 3 个圆相切.

❶⑧ 设 A_r, B_r, C_r 是圆 S 的圆周上的点, $\triangle r$ 表示 $\triangle A_r B_r C_r$. 构造点 $A_{r+1}, B_{r+1}, C_{r+1}$, 使得 $A_{r+1}A_r$ 平行于 $B_r C_r$, $B_{r+1}B_r$ 平行于 $C_r A_r$, $C_{r+1}C_r$ 平行于 $A_r B_r$. 如此由 $\triangle r$ 可得出 $\triangle(r+1)$, $\triangle 1$ 的每个角的度数都是整数且都不是 45 的倍数. 证明: 在 $\triangle 1, \triangle 2, \cdots, \triangle 15$ 中, 至少有两个是全等的.

证明 假设所有的角都是有定向的, 并且都是对模 180° 度量的. 用 $\alpha_i, \beta_i, \gamma_i$ 分别表示 $\triangle i$ 的角 A_i, B_i, C_i. 让我们确定 $\triangle(i+1)$ 的角度. 设 D_i 是直线 $B_i B_{i+1}$ 和 $C_i C_{i+1}$ 的交点, 那么我们有

$$\angle B_{i+1}A_{i+1}C_{i+1} = \angle D_i B_i C_{i+1} = \angle B_i D_i C_{i+1} + \angle D_i C_{i+1} B_i =$$
$$\angle B_i D_i C_i - \angle B_i C_{i+1} C_i = -2\angle B_i A_i C_i$$

因此我们得出
$$\alpha_{i+1} = -2\alpha_i$$
类似的有
$$\beta_{i+1} = -2\beta_i \quad 和 \quad \gamma_{i+1} = -2\gamma_i$$

由此又得出 $\alpha_{r+t} = (-2)^t \alpha_r$. 然而, 由于 $(-2)^{12} \equiv 1 \pmod{45}$, 因此有 $(-2)^{14} \equiv (-2)^2 \pmod{180}$. 这就得出 $\alpha_{15} = \alpha_3$, 由于所有的角度值都是对模 180° 度量的, 因此类似的有 $\beta_{15} = \beta_3$ 和 $\gamma_{15} = \gamma_3$. 这说明 $\triangle 3$ 和 $\triangle 15$ 是嵌入在同一个圆内的三角形, 因而有 $\triangle 3 \cong \triangle 15$.

❶❾ 证明:对 $n \geqslant 4$,存在由空间中 $3n$ 个相等的圆组成的集合 S,使得可以把 S 分成三个子集 s_1, s_2, s_3,其中每个子集都包含 n 个圆,而 s_r 中的每个圆都恰和 S 中的 r 个圆相切.

❷⓿ 对哪些自然数 n,恰存在 n 个自然数 $a_i, 1 \leqslant i \leqslant n$,使得 $\sum_{i=1}^{n} a_i^{-2} = 1$?

❷❶ 设 M 是 $\mathbf{Z}^+$ 的非空子集,M 中的每个元素 x 都使得 $4x$ 和 $[\sqrt{x}]$ 也属于 M. 证明 $M = \mathbf{Z}^+$.

❷❷ 设 a, b, c, d 是任意的正实数,求出表达式
$$S = \frac{a}{a+b+d} + \frac{b}{a+b+c} + \frac{c}{b+c+d} + \frac{d}{a+c+d}$$
的所有可能的值.

解法 1 显然
$$\frac{a}{a+b+c+d} + \frac{b}{a+b+c+d} + \frac{c}{a+b+c+d} + \frac{d}{a+b+c+d} < S$$
以及
$$S < \frac{a}{a+b} + \frac{b}{a+b} + \frac{c}{c+d} + \frac{d}{c+d}$$
因而等价地有
$$1 < S < 2$$

另一方面,所有 $(1,2)$ 中的值都可达到. 因为当 $(a,b,c,d) = (0,0,1,1)$ 时,$S=1$,当 $(a,b,c,d) = (0,1,0,1)$ 时,$S=2$. 由于连续性,所有 $(1,2)$ 中的值都可达到. 例如,对于 $(a,b,c,d) = (x(1-x), x, 1-x, 1)$,当 x 通过 $(0,1)$ 时即可.

解法 2 设 $S_1 = \frac{a}{a+b+d} + \frac{c}{b+c+d}$ 以及 $S_2 = \frac{b}{a+b+c} + \frac{d}{a+c+d}$. 不失一般性,我们可设 $a+b+c+d=1$,设 $a+c=x$ 以及 $b+d=y$(因此 $x+y=1$),我们就得出表达式 $S_1 = \frac{a}{1-c} + \frac{c}{1-a} = \frac{2ac+x-x^2}{ac+1-x}$ 的值域是 $\left(x, \frac{2x}{2-x}\right)$. 完全类似地,我们得出 $S = S_1 + S_2$ 的值可以取 $\left(x+y, \frac{2x}{2-x} + \frac{2y}{2-y}\right)$. 由于 $x+y=1$,因此
$$\frac{2x}{2-x} + \frac{2y}{2-y} = \frac{4-4xy}{2+xy} \leqslant 2$$
等号在 $xy = 0$ 时成立,而 S 的值可以对 $(1,2)$ 中所有的值达到.

㉓ 证明:可把边长为 $\frac{1}{1}, \frac{1}{2}, \frac{1}{3}, \cdots$ 的正方形放入到一个边长为 $\frac{3}{2}$ 的正方形中,使得它们之中的任何两个正方形都没有公共的内点.

证明 我们用 q_i 表示边长为 $\frac{1}{i}$ 的正方形,再用平行线把大的正方形分成一些矩形 r_i,其中 r_i 的大小为 $\frac{3}{2} \times i, i=1$,以及 $\frac{3}{2} \times \frac{1}{2^i}, i=2,3,\cdots$(由于 $1+\sum_{i=2}^{\infty}\frac{1}{2^i}=\frac{3}{2}$,因此这种分划是可能的).

如图 16.12,在矩形 r_1 中,我们可以放进正方形 q_1, q_2, q_3,由于 $\frac{1}{2^i}+\cdots+\frac{1}{2^{i+1}-1}<2^i \cdot \frac{1}{2^i}=1<\frac{3}{2}$,因此,对每个 $r_i, i \geqslant 2$,我们可以放进正方形 $q_{2^i},\cdots,q_{2^{i+1}-1}$. 这就完成了证明.

注记:正方形 q_1, q_2 不可能放进任何边长小于 $\frac{3}{2}$ 的正方形内.

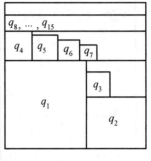

图 16.12

㉔ 设 a_i, b_i 是互素的正整数,$i=1,2,\cdots,k$,而 m 是 $b_1,\cdots,b_k$ 的最小公倍数. 证明 $a_1\frac{m}{b_1},\cdots,a_k\frac{m}{b_k}$ 的最大公约数等于 $a_1,\cdots,a_k$ 的最大公约数.

证法 1 考虑一个任意的素数 p,如果 $p \mid m$,那么就存在一个 b_i 使得它可被 p 的某个幂整除,而 p 的这个幂次对于 m 和 b_i 是相同的. 那样,由于 $(a_i, b_i)=1$,因此 p 既不能整除 $a_i\frac{m}{b_i}$ 也不能整除 a_i. 如果 $p \nmid m$,那么对任何 i,$\frac{m}{b_i}$ 都不能被 p 整除,因此 p 整除 a_i 和 $a_i \cdot \frac{m}{b_i}$ 的幂次相同. 因此 $(a_1,\cdots,a_k)$ 和 $\left(a_1 \cdot \frac{m}{b_1},\cdots,a_k \cdot \frac{m}{b_k}\right)$ 有相同的因数,因而相等.

证法 2 对 $k=2$,由于 $[b_1,b_2](b_1,b_2)=b_1b_2$,因此容易验证公式 $\left(m\frac{a_1}{b_1}, m\frac{a_2}{b_2}\right)=\frac{m}{b_1b_2}(a_1b_2, a_2b_1)=\frac{1}{b_1b_2}[b_1,b_2](a_1,a_2)(b_1,b_2)=(a_1,a_2)$. 我们可归纳地推进
$$\left(m\frac{a_1}{b_1},\cdots,m\frac{a_k}{b_k}, a_{k+1}\frac{m}{b_{k+1}}\right)=\left(\frac{m}{[b_1,\cdots,b_k]}(a_1,\cdots,a_k), a_{k+1}\frac{m}{b_{k+1}}\right)=(a_1,\cdots,a_k,a_{k+1})$$

25 设 $f: \mathbf{R} \to \mathbf{R}$ 为 $f(x) = x + \varepsilon \sin x$,其中 $0 < |\varepsilon| \leqslant 1$. 对任意 $x \in \mathbf{R}$,定义

$$x_n = \underbrace{f \circ \cdots \circ f(x)}_{n \text{次}}$$

证明:对每个 $x \in \mathbf{R}$,存在一个整数 k 使得 $\lim_{n \to \infty} x_n = k\pi$.

26 设 $g(k)$ 表示集合 M 的 $k-$元素分划的数目,即 M 的使得 $A_i \cap A_j = \varnothing, i \neq j, \bigcup_{i=1}^{n} A_i = M$ 的族 $\{A_1, A_2, \cdots, A_s\}$ 的数目. 证明

$$n^n \leqslant g(2n) \leqslant (2n)^{2n}$$

27 设 C_1 和 C_2 是同一平面上的两个圆,P_1 和 P_2 分别是 C_1 和 C_2 上的两个任意的点,Q 是 $P_1 P_2$ 的中点. 求出当 P_1 和 P_2 通过所有可能的位置时点 Q 的点迹.

或另一种选择:设 C_1, C_2 和 C_3 是同一平面上的三个圆,求出当 P_1, P_2 和 P_3 分别通过 C_1, C_2 和 C_3 上所有可能的位置时,$\triangle P_1 P_2 P_3$ 的重心的点迹.

28 设 M 是一个有限集,而 $P = \{M_1, M_2, \cdots, M_k\}$ 是集合 M 的一个分划(即 $\bigcup_{i=1}^{k} M_i = M, M_i \neq \varnothing, M_i \cap M_j = \varnothing$,对所有 $i, j \in \{1, 2, \cdots, k\}, i \neq j$),我们定义如下的对于 P 的初等运算:

选择 $i, j \in \{1, 2, \cdots, k\}$ 使得 $i \neq j$,且 M_i 中有 a 个元素,M_j 中有 b 个元素,而 $a \geqslant b$. 然后从 M_i 中取出 b 个元素并将其放入 M_j 中,即将 M_j 变成它本身和 M_i 的一个 $b-$元素子集的并,而同时从 M_i 中减去相同的子集(如果 $a = b$,那么从分划中将 M_i 去除).

证明:对每个 M 的分划,存在一个序列 $P = P_1, P_2, \cdots, P_r$ 使得 P_{i+1} 是 P_i 经上述初等运算所得出的集合,而 $P_r = \{M\}$,这等价于"M 的元素的数目是 2 的幂".(译者注:"M 的元素的数目是 2 的幂"似应改为"M 的子集的数目是 2 的幂")

29 设 A, B, C, D 是空间中的点,如果对每个线段 AB 上的点 M,和

面积$(AMC) +$ 面积$(CMD) +$ 面积(DMB)

总是一个常数,证明:A, B, C, D 必位于同一平面内.

30 是否存在自然数 n，使得
$$\sum_{k=0}^{n}\binom{2n+1}{2k+1}2^{3k}$$
可被 5 整除？

注 此题为第 16 届国际数学奥林匹克竞赛题第 3 题.

31 设 $y^\alpha = \sum_{i=1}^{n} x_i^\alpha$，其中 $\alpha \neq 0, y > 0, x_i > 0$ 是实数，设 $\lambda \neq \alpha$ 也是实数. 证明：如果 $\alpha(\lambda - \alpha) > 0$，则 $y^\lambda > \sum_{i=1}^{n} x_i^\lambda$，而如果 $\alpha(\lambda - \alpha) < 0$，则 $y^\lambda < \sum_{i=1}^{n} x_i^\lambda$.

32 设 $a_1, a_2, \cdots, a_n$ 是 n 个实数，使得 $0 < a \leqslant a_k \leqslant b, i = 1, 2, \cdots, n$. 又设
$$m_1 = \frac{a_1 + a_2 + \cdots + a_n}{n}, m_2 = \frac{a_1^2 + a_2^2 + \cdots + a_n^2}{n}$$
证明：$m_2 \leqslant \frac{(a+b)^2}{4ab} m_1^2$，并且求出等号成立的充分必要条件.

33 设 a 是一个使得 $0 < a < 1$ 的实数，n 是一个正整数. 递归地定义序列 $a_0, a_1, a_2, \cdots, a_n$ 如下
$$a_0 = a, a_{k+1} = a_k + \frac{1}{n}a_k^2, k = 0, 1, \cdots, n-1$$
证明：存在一个依赖于 a 但不依赖于 n 的实数 A，使得
$$0 < n(A - a_n) < A^3$$

34 设 $P(x)$ 是一个整系数多项式，$n(p)$ 是使得 $p^2(k) = 1$ 的（不同的）整数 k 的数目. 证明
$$n(p) - \deg(p) \leqslant 2$$
这里 $\deg(p)$ 表示多项式 p 的次数.

注 此题为第 16 届国际数学奥林匹克竞赛题第 6 题.

㉟ 设 p 和 q 是不同的素数,那么存在整数 x_0 和 y_0,使得 $1 = px_0 + qy_0$. 确定 $b-a$ 的最大值,其中 a,b 是具有以下性质的正整数:如果 $a \leqslant t \leqslant b$,并且 t 是一个整数,那么就存在整数 x, y 使得 $t = px + qy$,并且 $0 \leqslant x \leqslant q-1, 0 \leqslant y \leqslant p-1$. (译者注:其实只要 p 和 q 是互素的整数,就存在整数 x_0 和 y_0,使得 $1 = px_0 + qy_0$)

㊱ 考虑一个无穷的图表
$$D = \begin{matrix} \vdots \\ n_{20} \ n_{21} \ n_{22} \cdots \\ n_{10} \ n_{11} \ n_{12} \cdots \\ n_{00} \ n_{01} \ n_{02} \cdots \end{matrix}$$

其中只有有限个数等于零. 对角线方向的三个数的下标如果如下:(1) $n_{ij}, n_{i,j+1}, n_{i,j+2}$,或者 (2) $n_{ij}, n_{i+1,j}, n_{i+2,j}$,或者 (3) $n_{i+2,j}, n_{i+1,j+1}, n_{i,j+2}$,则称之为相邻的. 定义一个把相邻数变换为相邻数的运算如下:它把三个相邻元素 n_{ij} 变换为 n'_{ij},使得 $|n_{ij} - n'_{ij}| = 1$. 称此变换为图表的一个初等运算. 两个图表称为等价的,如果其中一个是另一个经初等运算所得. 请问存在多少种不等价的图表?

㊲ 设 a, b 和 c 表示一个等边三角形形状的台球桌的三个边. 一个弹子置放在 a 的中点处,并向着 b 边以一个确定的角度 θ 射出. 问对 θ 的哪些值,弹子将按 b, c, a 的顺序击中台球桌的边?

㊳ 考虑二项式系数 $\binom{n}{k} = \dfrac{n!}{k!(n-k)!}$ $(k = 1, 2, \cdots, n)$. 确定所有使得
$$\binom{n}{1}, \binom{n}{2}, \cdots, \binom{n}{n-1}$$
都是偶数的正整数 n.

㊴ 设 n 是一个正整数, $n \geqslant 2$,并且考虑多项式方程
$$x^n - x^{n-2} - x + 2 = 0$$
对每个 n,确定所有满足方程且使得模 $|x| = 1$ 的复数 x.

❹⓿ Alice，Betty 和 Carol 参加了一些考试．每次考试有三种成绩，一种是 A，一种是 B，一种是 C，其中 A,B,C 是不同的正整数．最后的考试成绩为

Alice	Betty	Carol
20	10	9

如果 Betty 的算术成绩是第一名，谁的西班牙语考试的成绩是第二名？

解 设 n 表示考试的次数，我们有 $n(A+B+C)=20+10+9=39$，显然有 $n\geq 2$，并且由于 A,B,C 是不同的正整数，因此 $A+B+C\geq 1+2+3\geq 6$，因而 $n\leq \dfrac{39}{A+B+C}\leq \dfrac{39}{6}=6.5$．而由于 n 是 39 的因数，因此必有 $n=3$，而 $A+B+C=13$．

我们的目标是根据上述数据，填出下面的表：

	Alice	Betty	Carol	
算术		A		13
西班牙语				13
第三次考试				13
	20	10	9	

或至少填出上表的第二行来．在填充上表时，必须遵循每行中的三个字母必须都不相同的原则．

不失一般性，可设 $A>B>C$．那么由观察法可以得出，把 13 按加数从大到小的顺序分解成三个不相等的加数的方法共有以下几种

$$A+B+C=13=10+2+1 \quad ①$$
$$=9+3+1 \quad ②$$
$$=8+4+1 \quad ③$$
$$=8+3+2 \quad ④$$
$$=7+5+1 \quad ⑤$$
$$=7+4+2 \quad ⑥$$
$$=6+5+2 \quad ⑦$$
$$=6+4+3 \quad ⑧$$

分解式 ① 是不可能的，否则第二列之和将大于 10．从上面的分解式可以推出

Betty 的另两次成绩只可能是 C,否则第二列之和将大于 10.

Carol 的最高分只可能是 B,否则第三列之和将大于 9,因此只可能得一次 B,两次 C,或三次 C,或两次 B,一次 C.然而如果她得两次 C,或三次 C,那么表中必有一行包含两个 C,这不可能,因而 Carol 的得分只可能是两次 B,一次 C.

Alice 至少要得两次 A,并且最低成绩不可能是 C,否则第一列之和将小于 20.因此她的得分只可能是两次 A,一次 B.

根据上述推论,即可将上表填充如下:

	Alice	Betty	Carol	
算术	B	A	C	13
西班牙语	A	C	B	13
第三次考试	A	C	B	13
	20	10	9	

由此表通过解一个三元一次方程组即可得出
$$A=8, B=4, C=1$$

❹① 在任意锐角三角形的外接圆 O 中作弦 A_1A_2, B_1B_2, C_1C_2 分别平行于三角形的边 BC, CA, AB.设 R 是外接圆的半径,证明
$$A_1O \cdot OA_2 + B_1O \cdot OB_2 + C_1O \cdot OC_2 = R^2$$

❹② 在某种语言中的单词是用字母表中的三个字母来构成的,两个字母和更多的字母都是不允许的,并且任意两个不同的单词中的字母数(称为这个单词的长度)都是不同的.证明:可以构造任意长的单词,使此单词中不包括任何不允许使用的单词.

证明 我们说一个字是"好"的,如果它不包含任何不允许的字.设 a_n 是长度为 n 的好的字的数目,如果我们通过在一个长度为 n 的好的字的末尾添加一个字母的方式来拼出一个字(那样,共可获得 $3a_n$ 个字),那么我们得到:

(1) 一个长度为 $n+1$ 的好的字,或者

(2) 一个长度为 $n+1$ 的形如 XY 的字,其中 X 是一个好的字,而 Y 是一个不允许的字.

形如(2)中的,Y 的长度为 k 的字的数目恰为 a_{n+1-k},因此形如(2)的字的总数不会超过 $a_{n-1} + \cdots + a_1 + a_0$(其中 $a_0 = 1$).因此
$$a_{n+1} \geqslant 3a_n - (a_{n-1} + \cdots + a_1 + a_0), a_0 = 1, a_1 = 3 \quad ①$$

我们用归纳法证明,对一切 n 成立 $a_{n+1} > 2a_n$. 对 $n=1$,断言是平凡的. 如果断言对 $i \leqslant n$ 成立,那么 $a_i \leqslant 2^{i-n} a_n$,那样,我们从 ① 就得出

$$a_{n+1} > a_n \left(3 - \frac{1}{2} - \frac{1}{2^2} - \cdots - \frac{1}{2^n}\right) > 2a_n$$

因此由数学归纳法就证明了对一切 n 成立 $a_{n+1} > 2a_n$. 此外,从 ① 还可得出 $a_n \geqslant (n+2)2^{n-1}$,因此必存在长度为 n 的好的字.

注:如果存在两个长度都大于 1 的不允许的字(而不是 1 个),则所述的结论不再成立.

❸ 给定一个 $(n^2+n+1) \times (n^2+n+1)$ 的 0-1 矩阵,如果没有 4 个 1 同时位于一个矩形的顶点处,证明:1 的数目不超过 $(n+1) \times (n^2+n+1)$.

❹ 在空间中给出质量相等的 n 个质点. 定义一个点的序列如下:O_1 是任意一个位于 n 个质点的至少一个点的单位距离之内的点,O_2 是 n 个质点中那些位于以 O_1 为圆心的单位圆中的点的重心,O_3 是 n 个质点中那些位于以 O_2 为圆心的单位圆中的点的重心,等等. 证明:从某个 m 开始,所有的点 O_m, $O_{m+1}, O_{m+2}, \cdots$ 都是重合的.

❺ 5 个实数 a_1, a_2, a_3, a_4, a_5 的平方和等于 1,证明:在形如 $(a_i - a_j)^2$ 的数中,其中 $i, j = 1, 2, 3, 4, 5$,并且 $i \neq j$,至少有一个不超过 $\frac{1}{10}$.

证明 不失一般性,可设 $a_1 \leqslant a_2 \leqslant a_3 \leqslant a_4 \leqslant a_5$. 又设 m 是 $|a_i - a_j|, i \neq j$ 的最小值,那么对 $i = 1, 2, \cdots, 5$ 有 $a_{i+1} - a_i \geqslant m$,由此又可得出对任意 $i, j \in \{1, \cdots, 5\}, i > j$,有 $a_i - a_j = (a_i - a_{i-1}) + (a_{i-1} - a_{i-2}) + \cdots + (a_{j+1} - a_j) \geqslant (i-j)m$. 这样就得出

$$\sum_{i>j} (a_i - a_j)^2 \geqslant m^2 \sum_{i>j} (i-j)^2 = 50m^2$$

另一方面,从条件又可得出

$$\sum_{i>j} (a_i - a_j)^2 = 5 \sum_{i=1}^{5} a_i^2 - (a_1 + \cdots + a_5)^2 \leqslant 5$$

由此即可得出 $50m^2 \leqslant 5$,即 $m^2 \leqslant \frac{1}{10}$.

46 在任意 △ABC 之外，作 △ADB 和 △BCE 使得 ∠ADB = ∠BEC = 90°，而 ∠DAB = ∠EBC = 30°. 在线段 AC 上选点 F 使得 AF = 3FC. 证明
$$\angle DFE = 90° \quad 且 \quad \angle FDE = 30°$$

47 在平面 P 之外给定两点 A, B. 在平面 P 上求出使得 $\frac{MA}{MB}$ 比值最小以及最大的点 M 的位置.

48 设 a 是一个不等于零的数. 定义 $S_n = a^n + a^{-n}$，其中 n 是任意整数. 证明：如果对某个整数 k，S_k 和 S_{k+1} 都是整数，那么对任意整数 n，S_n 都是整数.

49 确定一个整系数三次方程，使得它以 $\sin \frac{\pi}{14}$, $\sin \frac{5\pi}{14}$ 和 $\sin -\frac{3\pi}{14}$ 为根.

50 设 m 和 n 是自然数，$m > n$. 证明
$$2(m-n)^2(m^2-n^2+1) \geqslant 2m^2 - 2mn + 1$$

51 在一张平的纸片上有 n 个点，它们互相之间的距离至少是 2. 一个学生不小心把墨水洒到纸上，总的受污染的面积为 $\frac{3}{2}$. 证明：存在两个长度都小于 1 并且相等的向量，其和具有指定的方向，使得经过一个由这两个向量确定的变换后，所给的点中没有一个点还留在受污染的区域内.

52 一只狐狸位于一个等边三角形的中心处，一只兔子位于这个等边三角形的顶点处. 狐狸可以在整个等边三角形区域内运动，而兔子只能沿着区域的边界运动，狐狸和兔子的最大速度分别为 u 和 v. 证明：

(1) 如果 $2u > v$，那么不论兔子如何运动，狐狸都可以追上兔子；

(2) 如果 $2u \leqslant v$，那么兔子总可以摆脱狐狸.

第二编
第17届国际数学奥林匹克

第 17 届国际数学奥林匹克题解

保加利亚,1975

> **❶** 设 $x_i, y_i (i=1,2,\cdots,n)$ 为实数,且 $x_1 \geqslant x_2 \geqslant \cdots \geqslant x_n$,又 $y_1 \geqslant y_2 \geqslant \cdots \geqslant y_n$. 证明:若 $z_1, z_2, \cdots, z_n$ 为 $y_1, y_2, \cdots, y_n$ 的任一排列,则
> $$\sum_{i=1}^{n}(x_i - y_i)^2 \leqslant \sum_{i=1}^{n}(x_i - z_i)^2$$

捷克斯洛伐克命题

证法 1 因为
$$\sum_{i=1}^{n}(x_i - y_i)^2 = \sum_{i=1}^{n}x_i^2 - 2\sum_{i=1}^{n}x_i y_i + \sum_{i=1}^{n}y_i^2$$
$$\sum_{i=1}^{n}(x_i - z_i)^2 = \sum_{i=1}^{n}x_i^2 - 2\sum_{i=1}^{n}x_i z_i + \sum_{i=1}^{n}z_i^2$$

又
$$\sum_{i=1}^{n}x_i y_i \geqslant \sum_{i=1}^{n}x_i z_i$$

所以,要证的不等式相当于不等式
$$\sum_{i=1}^{n}x_i y_i \geqslant \sum_{i=1}^{n}x_i z_i \qquad ①$$

式 ① 左边的和,其各项的因子 y_i 的大小次序是递降的,而右边和的各项的因子 z_i 则可能不是递降的,即可能在 $x_k z_k$ 与 $x_l z_l$ 的和中,当 $k < l$ 时,有
$$x_k \geqslant x_l \quad , \quad z_k < z_l \qquad ②$$

在这种情形下,我们交换 z_k 与 z_l,即用 $x_k z_l + x_l z_k$ 项代换 $x_k z_k + x_l z_l$,我们认为这样置换不会减少 ① 右边的和. 因为由 ② 知,乘积
$$(x_k - x_l)(z_k - z_l) = x_k z_k + x_l z_l - (x_k z_l + x_l z_k) \leqslant 0$$
因此
$$x_k z_k + x_l z_l \leqslant x_k z_l + x_l z_k.$$

经有限次如此交换,① 右边的和是用 $\sum_{i=1}^{n}x_i z'_i$ 代换,不会减少,这里 $z'_1 \geqslant z'_2 \geqslant \cdots \geqslant z'_n$. 这样我们得 $z'_i = y_i$. 因此 ① 右边的和小于等于 $\sum_{i=1}^{n}x_i y_i$,这便证明该论断.

证法 2 当 $n=1$ 时,命题显然成立.

假定当 $n=k$ 时,命题成立.

当 $n=k+1$ 时,我们考察 $\sum_{i=1}^{k+1}(x_i-z_i)^2$,如果其中 $z_{k+1}=y_{k+1}$,则显然有

$$\sum_{i=1}^{k+1}(x_i-z_i)^2 = \sum_{i=1}^{k}(x_i-z_i)^2 + (x_{k+1}+z_{k+1})^2 \geqslant$$
$$\sum_{i=1}^{k}(x_i-y_i)^2 + (x_{k+1}-y_{k+1})^2 = \sum_{i=1}^{k+1}(x_i-y_i)^2$$

如果其中 $z_{k+1} \neq y_{k+1}$,不失一般性,设 $y_{k+1}=z_t(t \neq k+1)$,现在另外构造一个数列 $\{z'_i\}$,使得

$$z'_1=z_1, z'_2=z_2, \cdots, z'_t=z_{k+1}, \cdots, z'_k=z_k$$

于是 $\sum_{i=1}^{k+1}(x_i-z_i)^2 = \sum_{i=1}^{k}(x_i-z'_i)^2 + (x_{k+1}-z_{k+1})^2 +$
$$(x_t-z_t)^2 - (x_t-z'_t)^2$$

从而 $\sum_{i=1}^{k+1}(x_i-z_i)^2 - \sum_{i=1}^{k+1}(x_i-y_i)^2 =$
$$\sum_{i=1}^{k}(x_i-z_i)^2 - \sum_{i=1}^{k}(x_i-y_i)^2 + (x_{k+1}-z_{k+1})^2 +$$
$$(x_t-z_t)^2 - (x_t-z_{k+1})^2 - (x_{k+1}-y_{k+1})^2 \geqslant$$
$$(x_{k+1}-z_{k+1})^2 + (x_t-y_{k+1})^2 - (x_t-z_{k+1})^2 -$$
$$(x_{k+1}-y_{k+1})^2 =$$
$$2(x_t z_{k+1} + x_{k+1} y_{k+1} - x_{k+1} z_{k+1} - x_t y_{k+1}) =$$
$$2(x_{k+1}-x_t)(y_{k+1}-z_{k+1}) > 0$$

即当 $n=k+1$ 时,命题仍然成立. 证毕.

---

❷ 设 $a_1, a_2, \cdots$ 是一正整数序列,且对所有 $k \geqslant 1$ 有 $a_k < a_{k+1}$. 证明:在上述序列中有无限多个 a_m 可用下式表示,即
$$a_m = x a_p + y a_q$$
其中,x, y 为适当的正整数且 $p \neq q$.

英国命题

证法 1 据假设,有 $a_2 > 1$. 因为对于模 a_2 只存在有限多个剩余类,故必有一个剩余类包含所给序列的一个无限多项的子序列.

设 a_p 是这子序列中大于 a_2 的最小项. 由于所给序列的严格单调性,在子序列中必有无限多个 $a_m, a_m > a_p$,且
$$a_m \equiv a_p \pmod{a_2}$$

即存在适当的正整数 y 使下式成立,即
$$a_m = a_p + y a_2$$

所以,当 $x=1, a_q=a_2$ 时,就能满足本题的要求,这是因为由 $a_p > a_2$ 还可得到 $p \neq q$.

证法 2 注意到 $a_2 > 1$,以 a_2 去除这数列 $\{a_n\}$ 中的各项 $a_t(t>2)$,分别得到商 Q_t 和余数 r_t,于是有
$$a_t = Q_t a_2 + r_t, 0 \leqslant r_t \leqslant a_2 - 1$$

现在,我们把每一组余数 r_t 相同的 a_t,作为数列 $\{a_n\}$ 的一个子数列 $\{b_{r_t}\}$,显然这样的子数列不超过 a_2 个. 不难证明,这些子数列中至少有一个是无穷数列. 事实上,如果它们都是有穷数列,则数列 $\{a_n\}$ 的项数等于这些数列的项数的总和加 2,也将是有穷数列,与题设矛盾.

不失其一般性,设这个无穷子数列的余数 $r_t = r$,则属于这个子数列的两项 $a_m, a_p (m > p > 2)$ 满足如下关系式,即
$$a_m = Q_m a_2 + r, a_p = Q_p a_2 + r$$
从而有
$$a_m - a_p = a_2(Q_m - Q_p)$$

注意到数列 $\{a_n\}$ 是严格递增的,因而满足条件 $m > p$ 的 $a_m > a_p$,同时 $Q_m > Q_p$,且这样的 a_m 是无限的.

现在取 $x=1, y=Q_m - Q_p, a_q = a_2$,则得
$$a_m = x a_p + y a_q$$
由于 $p > 2$,则 $p \neq q$,完全符合题设条件,从而命题得证.

> **❸** 在一个任意 $\triangle ABC$ 三边上,向外作 $\triangle ABR, \triangle BCP$ 和 $\triangle CAQ$,使 $\angle CBP = \angle CAQ = 45°, \angle BCP = \angle ACQ = 30°$, $\angle ABR = \angle BAR = 15°$. 证明:$\angle QRP = 90°$,且 $QR = RP$.

荷兰命题

证法 1 复数证法. 我们把 A, B, C, P, Q 与 R 看作复数平面上的点. 点与相应的复数用相同字母(复数以小写字母)表示.

不失一般性,设 $a=-1, b=+1, P_1$ 与 Q_1 分别为从 P 与 Q 向 BC 与 CA 所作的垂线的垂足,如图 17.1 所示,则有
$$r = -i \cdot \tan 15° = -i\sqrt{\frac{1-\cos 30°}{1+\cos 30°}} = i(\sqrt{3}-2) \qquad ①$$

另外,由下列计算可得 p
$$\frac{c-p_1}{p_1-b} = \frac{\cot 30°}{\cot 45°} = \sqrt{3}$$
由
$$c - p_1 = c - b - (p_1 - b)$$
可得
$$p_1 - b = \frac{1}{\sqrt{3}+1}(c-b)$$
由 $p - b = \sqrt{2}(p_1 - b)(\cos(-45°) + i \cdot \sin(-45°)), b = 1$
可得

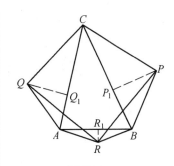

图 17.1

$$p = \frac{\sqrt{3}-1}{2}(1-i)c - \frac{\sqrt{3}-1}{2}(1-i) + 1 \qquad ②$$

至于 q 的计算,我们现在只要注意到它是按顺时针方向转过了 $45°$,以及 $a=-1$. 所以可得

$$q = \frac{\sqrt{3}-1}{2}(1+i)c + \frac{\sqrt{3}-1}{2}(1+i) - 1 \qquad ③$$

由 ① 与 ② 得

$$p - r = \frac{\sqrt{3}-1}{2}(1-i)c + \frac{3-\sqrt{3}}{2} + \frac{3-\sqrt{3}}{2}i \qquad ④$$

由 ① 与 ③ 得

$$q - r = \frac{\sqrt{3}-1}{2}(1+i)c + \frac{\sqrt{3}-3}{2} + \frac{3-\sqrt{3}}{2}i \qquad ⑤$$

由 ④ 与 ⑤ 直接可以看出

$$(p-r)i = q-r$$

这表明 $|p-r|=|q-r|$,且 $q-r$ 是由 $p-r$ 旋转 $90°$ 而得到的. 所以证明了 $\angle QRP = 90°$ 与 $QR = PR$.

证法 2 如图 17.2 所示,$\angle AQC = \angle BPC = 105°$,$AR = BR$,$\angle ARB = 150°$. 作 $RX \perp RB$ 使 $RX = RB$,并联结 AX. 因 $\angle ARB = 150°$,$\angle XRB = 90°$,故 $\angle ARX = 60°$,这说明等腰 $\triangle ARX$ 是等边三角形.

现有 $\angle XAQ = \angle A + 45°$,$\angle BAX = 60° - 15° = 45°$,故

$$\angle XAQ = \angle BAQ - \angle BAX = \angle A$$

应用正弦定理于 $\triangle ACQ$,得

$$\frac{AQ}{AC} = \frac{\sin 30°}{\sin 105°} = \frac{\sin 30°}{\sin 75°} = \frac{2\sin 15° \cdot \cos 15°}{\cos 15°} = 2\sin 15°$$

于 $\triangle ABR$,得

$$\frac{AR}{AB} = \frac{\sin 15°}{\sin 150°} = \frac{\sin 15°}{\sin 30°} = \frac{\sin 15°}{\frac{1}{2}} = 2\sin 15°$$

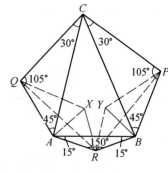

图 17.2

因而得

$$\frac{AR}{AB} = \frac{AX}{AB} = \frac{AQ}{AC} \qquad ⑥$$

于是有 $\dfrac{AX}{AQ} = \dfrac{AB}{AC}$,$\triangle AXQ \backsim \triangle ABC$

从而有 $\angle AQX = \angle C$,$\angle AXQ = \angle B$

于是 $\angle RBP = 15° + \angle B + 45° = 60° + \angle B$

但 $\angle RXQ = 60° + \angle AXQ = 60° + \angle B$

所以

$$\angle RBP = \angle RXQ \qquad ⑦$$

如前，作 $RY \perp RA$ 使 $RY = RA$，又得等边 $\triangle BRY$. 仿上可得 $\triangle YBP \hookrightarrow \triangle ABC$，所以 $\triangle AXQ \hookrightarrow \triangle YBP$. 现在它们的对应边 $AX = YB$，故知 $\triangle AXQ \cong \triangle BYP$. 所以
$$XQ = BP \qquad \qquad ⑧$$
把 $\triangle RBP$ 绕 R 旋转 $90°$ 到 $\triangle RXQ$，就得到 $RQ \perp RP$，并且 $RQ = RP$.

证法 3 如图 17.3 所示，在 AB 边上向外作正 $\triangle ABZ$，联结 RZ, CZ. 今 $\angle ZAR = 60° - 15° = 45°$，故 $\angle QAR = 60° + \angle A = \angle CAZ$. 如前证法，由 ⑥ 得
$$\frac{AQ}{AR} = \frac{AC}{AB}$$
因 $AB = AZ$. 故
$$\triangle AQR \hookrightarrow \triangle ACZ, \triangle BPR \hookrightarrow \triangle BCZ \qquad ⑨$$
又因 $\triangle CAQ \hookrightarrow \triangle CBP, \frac{AC}{AQ} = \frac{BC}{BP} = k$. 所以 ⑨ 中的两对三角形的相似比相等.

今把 $\triangle AQR$ 绕点 A 依顺时针方向转 $45°$，并按比 k 放大，而把 $\triangle BPR$ 绕 B 依逆时针方向转 $45°$，并按比 k 放大. 该变换把 QR 变为 CZ，并把 PR 也变为 CZ. 故 $QR = PR$，且夹成一个为 $2 \times 45° = 90°$ 的角，即 $QR \perp PR$.

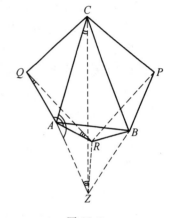

图 17.3

证法 4 如图 17.4 所示，设 $\triangle ABC$ 的三边为 a, b, c，三边所对的角依次为 A, B, C，外接圆半径为 R'，由正弦定理，易得
$$BP = 4R' \cdot \sin 15° \cdot \sin A$$
$$CP = \frac{\sqrt{2} R' \cdot \sin A}{\cos 15°} = 4\sqrt{2} R' \cdot \sin 15° \cdot \sin A$$
$$AQ = 4R' \cdot \sin 15° \cdot \sin B$$
$$CQ = \frac{\sqrt{2} R' \cdot \sin B}{\cos 15°} = 4\sqrt{2} R' \cdot \sin 15° \cdot \sin B$$
又 $$AR = BR = 4R' \cdot \sin 15° \cdot \sin C$$
于是，在 $\triangle AQR$ 中，由
$$\angle QAR = 15° + A + 45° = 60° + A$$
有 $RQ^2 = AR^2 + AQ^2 - 2AR \cdot AQ \cdot \cos(60° + A) =$
$16R'^2 \cdot \sin^2 15°(\sin^2 C + \sin^2 B - 2\sin B \cdot \sin C \cdot \cos(60° + A))$

同理，在 $\triangle BPR$ 中
$PR^2 = 16R'^2 \cdot \sin^2 15°(\sin^2 C + \sin^2 A - 2\sin A \cdot \sin C \cdot \cos(60° + B))$
但 $2\sin A \cdot \sin C \cdot \cos(60° + B) - 2\sin B \cdot \sin C \cdot \cos(60° + A) =$

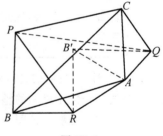

图 17.4

$$\sin C(\sin(A+B+60°) + \sin(A-B-60°) -$$
$$\sin(B+A+60°) - \sin(B-A-60°)) =$$
$$\sin C(-\sin(60°-(A-B)) + \sin(60°+(A-B))) =$$
$$\sin C(2\cos 60° \cdot \sin(A-B)) = \sin(A+B) \cdot \sin(A-B) =$$
$$\sin^2 A - \sin^2 B$$

因此
$$\sin^2 A - 2\sin A \cdot \sin C \cdot \cos(60°+B) =$$
$$\sin^2 B - 2\sin B \cdot \sin C \cdot \cos(60°+A)$$

从而
$$\sin^2 C + \sin^2 A - 2\sin A \cdot \sin C \cdot \cos(60°+B) =$$
$$\sin^2 C + \sin^2 B - 2\sin B \cdot \sin C \cdot \cos(60°+A)$$

所以 $PR^2 = RQ^2, PR = RQ$

又 $PR^2 + RQ^2 = 2PR^2 = 32R^2 \cdot \sin^2 15°(\sin^2 C + \sin^2 A - 2\sin A \cdot \sin C \cdot \cos(60°+B))$

而在 △PCQ 中
$$PQ^2 = CQ^2 + CP^2 - 2CQ \cdot CP \cdot \cos(60°+C) =$$
$$32R'^2 \cdot \sin^2 15°(\sin^2 A + \sin^2 B -$$
$$2\sin A \cdot \sin B \cdot \cos(60°+C))$$

仿上易证
$$2\sin A \cdot \sin B \cdot \cos(60°+C) - 2\sin A \cdot \sin C \cdot \cos(60°+B) =$$
$$\sin^2 B - \sin^2 C$$

从而得 $PR^2 + RQ^2 = PQ^2$，所以 $\angle PRQ = 90°$.

❹ 设 A 是十进制数 $4\,444^{4\,444}$ 的各位数字的和，B 是 A 的各位数字的和，求 B 的各位数字的和（所有讨论的数都是在十进制数系中）.

苏联命题

解 我们的题解将利用常用对数的若干基本性质及下面的补题:"任何十进制的整数 n 同它数字的和对于模 9 是同余的".

这个补题的证明如下.

以 $d_1, d_2, d_3, \cdots$ 表示 n 的个位数，十位数，百位数，$\cdots$，则
$$n = d_1 + 10d_2 + 100d_3 + \cdots + 10^k d_{k+1} =$$
$$d_1 + d_2 + 9d_2 + d_3 + 99d_3 + \cdots + d_{k+1} +$$
$$(10^k - 1)d_{k+1} \equiv d_1 + d_2 + \cdots + d_{k+1} \pmod 9$$

因为 $10^m - 1$ 形各数均可被 9 除尽. 补题证毕.

现在把数 $4\,444^{4\,444}$ 简记为 x，从这补题可推得
$$4\,444 \equiv 16 \equiv 7 \pmod 9$$

故
$$4\,444^3 \equiv 7^3 \equiv 1 \pmod 9$$

又因
$$4\,444 = 3 \times 1\,481 + 1$$

故 $x = 4\,444^{4\,444} = 4\,444^{3 \times 1\,481} \times 4\,444 \equiv 1 \times 7 \equiv 7 \pmod 9$

因此,这补题告诉我们
$$x \equiv A \equiv B \equiv B \text{ 的各位数字的和} \equiv 7 \pmod 9$$
另一方面,设 $\lg x$ 为 x 的常用对数,则
$$\lg x = 4\ 444 \lg 4\ 444 < 4\ 444 \lg 10^4 = 4\ 444 \times 4$$
即
$$\lg x < 17\ 776$$

今若一整数的常用对数小于 C,则该整数最多有 C 位数字. 故 x 最多有 17 776 位数字. 即使它们都是 9,x 数字的和最多是 $9 \times 17\ 776 = 159\ 984$. 所以
$$A \leqslant 159\ 984$$
在所有小于或等于 159 984 的自然数中,其数字的和为最大者是 99 999,故得 $B \leqslant 45$;又在小于或等于 45 的诸自然数中,39 有最大的数字的和,即 12. 故 B 的数字的和小于等于 12,但不超过 12 且对模 9 与 7 同余的唯一自然数是 7. 故 7 为本题的解.

❺ 找出并证明,是否可在单位圆周上找到 1 975 个点,使得其中任二点间的距离都是有理数.

苏联命题

解法 1 我们将证明确有无限多点在单位圆上,使其中任意二点间的距离为有理数. 这些点是以单位圆的直径 AB 为公共斜边的直角三角形的顶点,如图 17.5 所示.

今有一个直角三角形具有有理数的边 a,b,c 满足 $a^2+b^2=c^2$,当我们把 a,b,c 皆乘以它们的公分母 d,所得的整数也满足勾股定理关系,即
$$(ad)^2 + (bd)^2 = (cd)^2$$
一组正整数 α,β,γ 如满足 $\alpha^2+\beta^2=\gamma^2$,则称正整数 α,β,γ 为毕达哥拉斯三数组(或勾股数). 这样的三数组可以作出无限多个,只要取任意自然数 m,n 且令
$$\alpha = 2mn, \beta = m^2 - n^2 \qquad ①$$
则
$$\gamma^2 = \alpha^2 + \beta^2 = (m^2+n^2)^2, \gamma = m^2+n^2$$

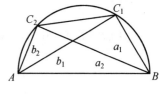

图 17.5

在我们的问题中,斜边是单位圆的直径,故其长为 2,我们把 α,β,γ "正规化",将各数除以 $\frac{1}{2}(m^2+n^2)$,便得有理数的长
$$a = \frac{4mn}{m^2+n^2}, b = \frac{2(m^2-n^2)}{m^2+n^2}, c = 2 \qquad ②$$
每一对不同的互素自然数 m,n 产生一个不同的三数组 $a,b,2$,又因对有理数施行有理运算(加、减、乘、除)仍产生有理数,故我们可由 ② 造出无限多个直角三角形,其两腰长为有理数 a 与 b,斜边长为 2,它们的顶点皆在这个单位圆上.

其次,我们指出若 $\triangle ABC_1$ 和 $\triangle ABC_2$ 为两个直角三角形,其

两腰长均为有理数,斜边 AB 长为 2,则其顶点间距离 C_1C_2 也为有理数. 为此,我们将把 C_1C_2 用有理数结合有理运算表示. 我们可用两种不同的方法表示它.

(1) 考虑内接四边形 ABC_1C_2,如图 17.5 所示. 根据托勒密定理"圆内接四边形两组对边乘积的和等于两对角线的乘积",故

$$C_1C_2 \cdot AB + AC_2 \cdot AC_1 = AC_1 \cdot BC_2$$

或

$$C_1C \cdot 2 + b_2 a_1 = a_2 b_1$$

这里 a_i, b_i 表示 $\triangle ABC_i$ 两腰 BC_i, AC_i 的长. 由此可得 C_1C_2 有有理数值,即

$$C_1C_2 = \frac{1}{2}(a_2 b_1 - a_1 b_2)$$

(2) 把单位圆的圆心放在坐标原点,使直径 AB 在 x 轴上. 引 $C_1D \perp AB$ 于 D,如图 17.6 所示. 若 a 与 b 为有理数,顶点 C_1 有有理数坐标 (x_1, y_1). 这是因为

$$\triangle AC_1B \backsim \triangle ADC_1 \backsim \triangle C_1DB$$

则

$$\frac{1-x}{b} = \frac{b}{2} = \frac{y}{a}$$

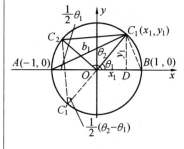

图 17.6

故得 $x = \frac{b^2}{2} - 1, y = \frac{ab}{2}$. 因此坐标 x, y 皆为有理数. 设 θ_1 为 C_1O 与 OB 所成的角,则 $\angle C_1AB = \frac{1}{2}\theta_1$,且

$$\cos\frac{\theta_1}{2} = \frac{1+x}{b}, \sin\frac{\theta_1}{2} = \frac{y}{b} \qquad ③$$

均为有理数. 如前,设 C_1 与 C_2 为"有理"三角形顶点,且令 $\theta_1 = \angle C_1OB, \theta_2 = \angle C_2OB$,引直径 $C_1OC'_1$ 与弦 $C_2C'_1$,并注意到 $\angle C_1OC_2 = \theta_2 - \theta_1$,则 $\angle C_1C'_1C_2 = \frac{1}{2}(\theta_2 - \theta_1)$,今在 $\text{Rt}\triangle C_1C_2C'_1$ 中

$$C_1C_2 = 2\sin(\frac{\theta_2}{2} - \frac{\theta_1}{2}) = 2(\sin\frac{\theta_2}{2} \cdot \cos\frac{\theta_1}{2} - \cos\frac{\theta_2}{2} \cdot \sin\frac{\theta_1}{2})$$

从 ③ 知此为有理数.

解法 2 在单位圆上,任意一点的坐标可设为 $(\cos\theta, \sin\theta)$,则二点 $P(\cos\theta, \sin\theta)$ 与 $Q(\cos\varphi, \sin\varphi)$ 的距离为

$$PQ = \sqrt{(\cos\theta - \cos\varphi)^2 + (\sin\theta - \sin\varphi)^2} = $$
$$\sqrt{2 - 2(\cos\theta \cdot \cos\varphi + \sin\theta \cdot \sin\varphi)} = $$
$$\sqrt{2(1 - \cos(\theta - \varphi))} = 2|\sin\frac{1}{2}(\theta - \varphi)|$$

要解本题,我们必须找出 1 975 个角 $\theta_1, \theta_2, \cdots$ 使

$$\sin \frac{1}{2}(\theta_k - \theta_j) \qquad ④$$

为有理数,从棣莫弗公式

$$\cos n\theta + \mathrm{i} \cdot \sin n\theta = (\cos \theta + \mathrm{i} \cdot \sin \theta)^n$$

可知,若 $\cos \theta$ 与 $\sin \theta$ 均为有理数,则 $\cos n\theta$ 与 $\sin n\theta$ 对于 $n=1$, $2,\cdots$ 也为有理数. 因此一切点

$$\cos 2k\theta + \mathrm{i} \cdot \sin 2k\theta = (\cos \theta + \mathrm{i} \cdot \sin \theta)^{2k}, k=0,1,2,\cdots,N \quad ⑤$$

均有有理坐标,又

$$\sin \frac{1}{2}(2k\theta - 2j\theta) = \sin(k-j)\theta$$

为有理数,故这些点彼此间的距离也皆为有理数. 余下要证明的即对于任何 N,θ 可以如此选择使 $\cos \theta$ 与 $\sin \theta$ 为有理数,或对于 ⑤ 的一切点均为相异的点.

ⅰ 设 a,b,c 为任意毕达哥拉斯三数组,例如,$3,4,5$,则 $\cos \theta = \dfrac{a}{c} = \dfrac{3}{5}$, $\sin \theta = \dfrac{b}{c} = \dfrac{4}{5}$ 为有理数.

ⅱ 要证明当 $\theta = \arccos \dfrac{a}{c}$ 时,对于 ⑤ 的一切点均为相异的,我们要援引下一补题: "若 $\cos \theta, \sin \theta$ 均为有理数 $\dfrac{a}{c}, \dfrac{b}{c}$,其值异于 $0,1$ 与 -1,则 θ 不是 π 的有理倍数."

今假设 ⅱ 不成立,若

$$\cos 2l\theta + \mathrm{i} \cdot \sin 2l\theta = \cos 2m\theta + \mathrm{i} \cdot \sin 2m\theta, l \neq m$$

即两个 θ 的不同倍数在单位圆上产生同一个点,则其差 $(m-l)\theta$ 为 2π 的一个倍数,此与补题相反,所以对任意数 N,特别对于 $N = 1\,975$,⑤ 中各点都是彼此相异的.

解法 3 设圆 O 的半径为 1. 先来讨论一下如何计算圆 O 上两点的直线距离. 为讨论方便起见,不妨设点 $P_i(i=1,2,\cdots,1\,975)$ 依次排列在圆 O 上,并且 $\angle P_i O P_{i+1}$ 为正向角,记为 α_i,如图 17.7 所示. 不难看出,如果点 $P_i, P_{i+1}, \cdots, P_{i+k}$ 在同一半圆上,那么 P_i 与 P_{i+k} 间的直线距离 $d_{i,i+k}$ 的计算公式为

$$d_{i,i+k} = 2\sin\left(\sum_{j=i}^{i+k-1} \frac{\alpha_j}{2}\right) \qquad ⑥$$

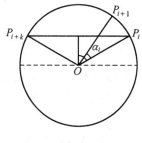

图 17.7

从而根据加法定理可知,如果对所有的 $j(j=i,\cdots,i+k-1)$,$\sin \dfrac{\alpha_j}{2}$ 和 $\cos \dfrac{\alpha_j}{2}$ 都是有理数,那么根据 ⑥ 求得的 $d_{i,i+k}$ 也是有理数. 这样问题就转化成求使 $\sin \dfrac{\alpha_j}{2}$ 和 $\cos \dfrac{\alpha_j}{2}$ 都是有理数的角 $\alpha_j(j=1,2,\cdots,1\,974)$.

为此，我们考虑下面的等式
$$\left(\frac{r^2-1}{r^2+1}\right)^2+\left(\frac{2r}{r^2+1}\right)^2=1 \qquad ⑦$$
其中，r 取有理数. 因为
$$\lim_{r\to +\infty}\frac{2r}{r^2+1}=0 \qquad ⑧$$
所以，对于任意 $\delta>0$，存在一个有理数 r，使
$$0<\frac{2r}{r^2+1}<\delta \qquad ⑨$$
又因为正弦函数 $y=\sin x$ 是连续函数，并且由 ⑦ 可知 $\frac{2r}{r^2+1}\leqslant 1$，所以对每个有理数 r 必存在一个角 x，使得
$$\sin x=\frac{2r}{r^2+1}$$
同时由于正弦函数 $y=\sin x$ 在区间 $\left[0,\frac{\pi}{2}\right]$ 上是单调递增的，因而可知，当 $\frac{2r}{r^2+1}$ 是任意充分小的非负有理数时，角 x 也是充分小的非负数.

今取
$$\delta=\sin\frac{\pi}{4\,000}$$
根据上面的讨论可知存在一个正有理数 r 和一个正数 α，满足条件
$$0<\alpha<\frac{\pi}{4\,000},\,0<\frac{2r}{r^2+1}<\delta$$
并且 $\qquad \sin\alpha=\frac{2r}{r^2+1},\cos\alpha=\frac{r^2-1}{r^2+1}$

都是有理数. 这样，若取
$$\frac{\alpha_j}{2}=\alpha,\,j=1,2,\cdots,1\,974$$
则由 $\qquad \sum_{j=1}^{1\,974}\frac{\alpha_j}{2}=1\,974\alpha<1\,974\cdot\frac{\pi}{4\,000}<\frac{\pi}{2}$

可知点 $P_1,P_2,\cdots,P_{1\,975}$ 位于同一个半圆上，从而由上面的讨论得到，这 1 975 个点中任意两点间的直线距离都是有理数.

解法 4 根据公式
$$\left(\frac{2uv}{u^2+v^2}\right)^2+\left(\frac{u^2-v^2}{u^2+v^2}\right)^2=1$$
不难在直径为 1 的半圆上找到除直径端点 R,S 以外的 1 973 个点：依次排列为 $A_1,A_2,A_3,\cdots,A_{1\,973}$，如图 17.8 所示.

设半圆 O 的直径 $RS=1$，令 $k=1\,973$.

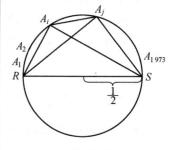

图 17.8

选择 u_i, v_i,使 $u_1=1, v_1=k, u_2=2, v_2=\dfrac{k}{2}, \cdots, u_{1973}=1973$, $v_{1973}=\dfrac{k}{1973}$. 易知

$$2u_1v_1 = 2u_2v_2 = \cdots = 2u_{1973}v_{1973} = 2 \cdot 1973$$

但 $\quad u_1^2+v_1^2 > u_2^2+v_2^2 > \cdots > u_{1973}^2+v_{1973}^2$

于是 $\quad \dfrac{2u_1v_1}{u_1^2+v_1^2} < \dfrac{2u_2v_2}{u_2^2+v_2^2} < \cdots < \dfrac{2u_{1973}v_{1973}}{u_{1973}^2+v_{1973}^2}$

这样,在直径为 1 的半圆周上自 R 起顺时针方向取点 A_1, $A_2, \cdots, A_{1973}$,使得

$$A_iR = \dfrac{2u_iv_i}{u_i^2+v_i^2}, i=1,2,\cdots,1973$$

由于 $\dfrac{2u_iv_i}{u_i^2+v_i^2} < 1$,这完全可以办到.

由勾股定理,有

$$A_iS = \dfrac{u_i^2-v_i^2}{u_i^2+v_i^2}$$

余下我们证明,所有这些点两两间的距离都是有理数. 由于圆 O 的直径为 1,由正弦定理得

$A_iA_j = \sin\angle A_iRA_j = \sin(\angle A_iRS - \angle A_jRS) =$
  $\sin\angle A_iRS \cdot \cos\angle A_jRS - \cos\angle A_iRS \cdot \sin\angle A_jRS$

因为线段 A_iR, A_iS, A_jR, A_jS 都是有理数,而

$$\sin\angle A_iRS = A_iS, \cos\angle A_iRS = A_iR$$
$$\sin\angle A_jRS = A_jS, \cos\angle A_jRS = A_jS$$

都是有理数,所以 A_iA_j 是有理数.(其中 i,j 取值 $1,2,3,4,\cdots$, 1973,且 $i \neq j$)

以 O 为位似中心,把圆位似放大 2 倍,这时半径为 $\dfrac{1}{2}$ 的圆变为半径为 1 的圆. 小半圆上 R 及 $A_1, A_2, \cdots, A_{1973}, S$ 这 1975 个点变为大半圆上 $R', A_1', A_2', \cdots, A_{1973}', S'$ 这 1975 个象点. 它们位于半径为 1 的圆上,显然任意两点之间的距离都是有理数.

解法 5 先引入以下几个引理.

引理 1 单位圆上弦长 l 如果是有理数,则这弦所对圆周角 α 的正弦也是有理数.

命题的正确性是显然的. 因为 $l = 2 \cdot 1 \cdot \sin\alpha$.

引理 2 如果两角 α_1, α_2 的正弦、余弦值是有理数,则 $\alpha = \alpha_1 \pm \alpha_2$ 的正弦、余弦值也是有理数.

事实上,由

$$\sin\alpha = \sin(\alpha_1 \pm \alpha_2) = \sin\alpha_1 \cdot \cos\alpha_2 \pm \sin\alpha_2 \cdot \cos\alpha_1$$

$$\cos \alpha = \cos(\alpha_1 \pm \alpha_2) = \cos \alpha_1 \cdot \cos \alpha_2 \mp \sin \alpha_1 \cdot \sin \alpha_2$$
可知,命题的正确性也是显然的.

引理 3 如果 $\alpha(\alpha \leqslant \frac{\pi}{2})$ 的正弦、余弦都是有理数,则一定可以找到一对角 α_1, α_2 满足下列条件:

ⅰ $\alpha_1 + \alpha_2 = \alpha$;

ⅱ $\sin \alpha_1, \sin \alpha_2, \cos \alpha_1, \cos \alpha_2$ 均为有理数.

引理 3 的证明 因 $\sin \alpha, \cos \alpha$ 为有理数,故可设
$$\sin \alpha = \frac{a}{c}, \cos \alpha = \frac{b}{c}$$
其中,a, b, c 为正整数,且 $a^2 + b^2 = c^2$.

根据勾股数的性质,一定存在唯一的两个自然数 m, n,使得
$$m^2 + n^2 = c, m^2 - n^2 = a, 2mn = b$$

现在选取另一自然数 n_1,使得 $n < n_1 < m$. 于是有
$$c_1 = m^2 + n_1^2, a_1 = m^2 - n_1^2, b_1 = 2mn_1$$

满足 $a_1^2 + b_1^2 = c_1^2$. 因此可得 $\sin \alpha_1 = \frac{a_1}{c_1}, \cos \alpha_1 = \frac{b_1}{c_1}$,故
$$\sin \alpha_1 = \frac{a_1}{c_1} = \frac{m^2 - n_1^2}{m^2 + n_1^2} < \frac{m^2 - n^2}{m^2 + n^2} = \sin \alpha$$

从而得 $\alpha_1 < \alpha$.

如果 $m - n = 1$,则将关系式改写为
$$4m^2 + 4n^2 = 4c, 4m^2 - 4n^2 = 4a, 8mn = 4b$$
此时,相应的取
$$c_1 = 4m^2 + (2n+1)^2, a_1 = 4m^2 - (2n+1)^2, b_1 = 4m(2n+1)$$
显然,同样地有
$$\sin \alpha_1 = \frac{a_1}{c_1} = \frac{4m^2 - (2n+1)^2}{4m^2 + (2n+1)^2} < \frac{4m^2 - 4n^2}{4m^2 + 4n^2} = \frac{4a}{4c} = \sin \alpha$$

从而有 $\alpha_1 < \alpha$,且 $\cos \alpha_1 = \frac{b_1}{c_1}$ 亦为有理数. 由此
$$\sin(\alpha - \alpha_1) = \sin \alpha \cdot \cos \alpha_1 - \cos \alpha \cdot \sin \alpha_1$$
$$\cos(\alpha - \alpha_1) = \cos \alpha \cdot \cos \alpha_1 + \sin \alpha \cdot \sin \alpha_1$$
均为有理数.

取 $\alpha_2 = \alpha - \alpha_1$,显然 $\alpha_2 < \alpha_1$. 因此 $\alpha_1 + \alpha_2 = \alpha$,从而引理 3 得证.

下面证明本题.

当单位圆周上的点的个数 $h = 2$ 时,命题显然成立,因为单位圆的直径两端点的距离为 2 是有理数,即符合条件,这里 $\sin \alpha = 1$,$\cos \alpha = 0$ 均为有理数.

假定 $h = k$ 时,结论成立. 为方便计算,设存在这样的 k 个点,它们在单位圆周上按顺序排成 $A_i (1 \leqslant i \leqslant k)$,且满足下列条件,即弦 $A_i A_{i+1} (1 \leqslant i \leqslant k, A_{k+1}$ 与 A_1 重合) 所张圆周角顺次为 α_1, α_2,

$\alpha_3, \cdots, \alpha_k$,且 $\sin \alpha_i, \cos \alpha_i$ 均为有理数.

根据引理 1,2 推断,弦 $A_iA_j(1 \leqslant i \leqslant k, i = j)$ 必为有理数.

注意到 $h=2$ 时,所取两点为单位圆直径. 因此,至少有相邻的两点所连之弦 A_mA_n 所对圆周角 $\alpha \leqslant \dfrac{\pi}{2}$. 现在按引理 3 作如下划分:找出一对角 β, γ,使得 $\beta + \gamma = \alpha$,且 $\sin \beta, \cos \beta, \sin \gamma, \cos \gamma$ 均为有理数.

这样,就可以对应地在 $\overparen{A_mA_n}$ 上找出一点 A_{k+1},将 $\overparen{A_mA_n}$ 分成两部分 $\overparen{A_mA_{k+1}}, \overparen{A_{k+1}A_n}$,且使它们所张圆周角分别为 β 及 γ. 这样,就在单位圆上找到 $k+1$ 个点.

根据引理 1,2,不难证明这 $k+1$ 个点满足题设条件. 这就证明了对于任意自然数 h,这个命题的结论是肯定的. 亦即单位圆上存在 1 975 个点,其中任两点之间的距离均为有理数.

❻ 求一切含两个变量的多项式 p 满足下列条件:

(1) 对一正整数 n 和一切实数 t, x, y 有
$$p(tx, ty) = t^n p(x, y)$$
即 p 为 n 次齐次式.

(2) 对所有实数 a, b, c 有
$$p(a+b, c) + p(b+c, a) + p(c+a, b) = 0$$

(3) $p(1, 0) = 1$.

英国命题

解法 1 我们将指出满足 (1)~(3) 三条件的函数 $p(x, y)$ 是唯一的连续函数
$$p(x, y) = (x+y)^{n-1}(x-2y) \qquad ①$$
如此,原设 $p(x, y)$ 是多项式实际上是多余的,于 (2) 令 $b = 1-a$, $c = 0$,得
$$p(1-a, a) + p(a, 1-a) + p(1, 0) = 0$$
因 $p(1, 0) = 1$,得
$$p(1-a, a) = -1 - p(a, 1-a) \qquad ②$$

其次,令 $1-a-b = c$,根据 (2) 得
$$p(1-a, a) + p(1-b, b) + p(a+b, 1-a-b) = 0$$
由 ②,这意指
$$-2 - p(a, 1-a) - p(b, 1-b) + p(a+b, 1-a-b) = 0$$
或等价于
$$p(a+b, 1-a-b) = p(a, 1-a) + p(b, 1-b) + 2 \qquad ③$$
令 $f(x) = p(x, 1-x) + 2$,式 ③ 则变成
$$f(a+b) - 2 = f(a) - 2 + f(b) - 2 + 2$$

即
$$f(a+b) = f(a) + f(b) \qquad ④$$
因 $p(x,y)$ 是连续的,故 $f(x)$ 也是连续的.

柯西一重要定理断言满足 ④ 的函数 $f(x)$ 是唯一的连续函数 $f(x)=kx$,其中 k 为一常数.现在应用它去求常数 k,我们注意到
$$f(1) = p(1,0) + 2 = 1 + 2 = 3$$
可知 $k=3$,所以
$$f(x) = 3x$$
既然依定义有
$$f(x) = p(x, 1-x) + 2$$
故得
$$p(x, 1-x) = 3x - 2 \qquad ⑤$$
今若 $a+b \neq 0$,我们可在(1)中令 $t=a+b, x=\dfrac{a}{a+b}, y=\dfrac{b}{a+b}$,便得
$$p(a,b) = (a+b)^n p\left(\dfrac{a}{a+b}, \dfrac{b}{a+b}\right) \qquad ⑥$$
等式 ⑤ 取 $x=\dfrac{a}{a+b}$,则 $1-x=\dfrac{b}{a+b}$,故得
$$p\left(\dfrac{a}{a+b}, \dfrac{b}{a+b}\right) = \dfrac{3a}{a+b} - 2 = \dfrac{a-2b}{a+b}$$
把上式代入 ⑥,得
$$p(a,b) = (a+b)^n \dfrac{a-2b}{a+b} = (a+b)^{n-1}(a-2b)$$
$$a+b \neq 0$$
既然 $p(x,y)$ 是连续的,便知恒等式
$$p(a,b) = (a+b)^{n-1}(a-2b)$$
即使 $a+b=0$ 仍然成立.因此唯一的连续函数能满足已知条件的是 ① 所定义的多项式 $p(x,y)$;反之,不难证明这多项式满足 (1)～(3).

现在回头证明前面引用的柯西定理.

定理 设 $f(x)$ 为一实变量 x 的连续函数,f 对一切 a,b 均满足函数方程 $f(a+b)=f(a)+f(b)$,则 $f(x)=kx$,其中 $k=f(1)$.

定理的证明 先指明对一切正整数 n 有
$$f(nx) = nf(x) \qquad ⑦$$
这证明可对 n 用数学归纳法.很显明,当 $n=1$ 时 ⑦ 成立.设它对于某整数 $n \geq 1$ 成立,则用函数方程
$$f(a+b) = f(a) + f(b)$$
得
$$f((n+1)x) = f(nx+x) = f(nx) + f(x) = nf(x) + f(x) = (n+1)f(x)$$

故 ⑦ 对于 $n+1$ 也成立,完成了归纳法的证明.

今设 $k=f(1)$,若 q 为任一正整数,由 ⑦ 得 $n=q, x=\frac{1}{q}$, $f(1)=qf(\frac{1}{q})$. 故 $f(\frac{1}{q})=\frac{k}{q}$,其次,设 p 为任一正整数,设 ⑦ 中 $n=p, x=\frac{1}{q}$,得

$$f(\frac{p}{q})=pf(\frac{1}{q})=p\frac{k}{q}=k\frac{p}{q}$$

换言之,方程 $f(x)=kx$ 对 x 为一正有理数 $\frac{p}{q}$ 的任何值均成立. 因有理数在实直线上处处稠密,且 f 是连续的,故 $f(x)=kx$ 对一切非负实数 x 均成立. 特别是 $f(0)=0$,故

$$f(x)+f(-x)=f(x-x)=f(0)=0$$

故 $f(-x)=f(x)$. 这说明恒等式 $f(x)=kx$ 对 x 的负值仍然成立.

解法 2 现给一种比较系数的解法. 设 $p(x,y)$ 是一多项式,并设 $a=b=c$,对于一切 a,由条件(2) 有

$$3p(2a,a)=0$$

因此 $p(x,y)=0$,因 $x-2y=0$. 不难证明(这留给读者去证明) p 有一个因子是 $x-2y$,即

$$p(x,y)=(x-2y)Q(x,y) \qquad ⑧$$

其中,Q 为一个 $n-1$ 次多项式. 我们注意 $Q(1,0)=p(1,0)=1$,由 (2) 并用 $b=c$,得

$$p(2b,a)+2p(a+b,b)=0$$

此式用 Q 表示,Q 是如 ⑧ 所定义的,得

$$(2b-2a)Q(2b,a)+2(a-b)Q(a+b,b)=$$
$$2(a-b)(Q(a+b,b)-Q(2b,a))=0$$

因此,若 $a\neq b$,则

$$Q(a+b,b)=Q(2b,a) \qquad ⑨$$

显然此式当 $a=b$ 时也成立. 令 $a+b=x, b=y$,则 $a=x-y$,⑨ 变成

$$Q(x,y)=Q(2y,x-y)$$

这函数方程说明把 Q 的第一与第二自变量各易以第二的 2 倍与第一减去第二,不会改变 Q 的值. 重复这原理导出

$$Q(x,y)=Q(2y,x-y)=Q(2x-2y,3y-x)=$$
$$Q(6y-2x,3x-5y)=\cdots \qquad ⑩$$

这里自变量的和常为 $x+y$. ⑩ 的各式可写成

$$Q(x,y)=Q(x+d,y-d)$$

其中

$$d = 0, 2y-x, x-2y, 6y-3x, \cdots \qquad ⑪$$

容易看出如果 $x \neq 2y$, 诸 d 的值相异. 对 x 与 y 的任何定值, 方程
$$Q(x+d, y-d) - Q(x,y) = 0$$
是 d 的 $n-1$ 次多项式方程, 且当 $x \neq 2y$ 时有无限多个解答 (有些由 ⑪ 给出). 所以, 若 $x \neq y$, 方程
$$Q(x+d, y-d) = Q(x,y)$$
对一切 d 均成立. 由连续性知当 $x = 2y$ 时也成立. 但这是指 $Q(x,y)$ 为单一变量 $x+y$ 的函数. 既然它是 $n-1$ 次齐次式, 那么
$$Q(x,y) = c(x+y)^{n-1}$$
其中, c 是一常数. 又 $Q(1,0) = 1$, 故 $c = 1$. 因此
$$p(x,y) = (x-2y)(x+y)^{n-1}$$

解法 3 在第二个条件中, 令 $a = b = c = x$, 则得 $p(2x, x) = 0$, 即对于 $x = 2y$, 此多项式取值为 0. 因此有表达式
$$p(x,y) = (x-2y)Q_{n-1}(x,y) \qquad ⑫$$
其中, Q_{n-1} 是 $n-1$ 次的齐次多项式.

在第二个条件中令 $a = b = x, c = 2y$, 则得
$$p(2x, 2y) = -2p(x+2y, x)$$
且由齐次性, 有
$$2^{n-1} p(x,y) = -p(x+2y, x) \qquad ⑬$$
在表达式 ⑬ 中, 以 ⑫ 代入, 则得
$$2^{n-1}(x-2y)Q_{n-1}(x,y) = -(2y-x)Q_{n-1}(x+2y, x)$$
因而
$$2^{n-1} Q_{n-1}(x,y) = Q_{n-1}(x+2y, x) \qquad ⑭$$
把第三个条件代入 ⑫, 得
$$Q_{n-1}(1,0) = 1 \qquad ⑮$$
我们在 ⑭ 中令 $x = 1, y = 0$, 且由 ⑮ 可得
$$2^{n-1} = Q_{n-1}(1,1) \qquad ⑯$$
现在在 ⑭ 中令 $x = 1, y = 1$, 则由 ⑯ 得
$$4^{n-1} = Q_{n-1}(3,1) \qquad ⑰$$
这样, 我们逐次可得
$$8^{n-1} = Q_{n-1}(5,3)$$
$$16^{n-1} = Q_{n-1}(11,5)$$
$$32^{n-1} = Q_{n-1}(21,11)$$
$$\vdots$$

从 ⑭ 可见, 一方面, 左边的那些项每次乘以 2^{n-1} 而各式的右边变量和总是 $2x+2y$. 所以, 存在无限多对 (x,y), 对它有

$$(x+y)^{n-1} = Q_{n-1}(x,y) \qquad ⑱$$

因为 Q_{n-1} 看作是一个多项式,关系式 ⑱ 是恒等式. 由此,代回 ⑫ 就得

$$p(x,y) = (x-2y)(x+y)^{n-1} \qquad ⑲$$

容易验证,等式 ⑲ 满足题给的所有条件.

解法 4 在(2)中令 $a=b=c$,得 $p(2a,a)=0$(对所有 a),此即

$$p(x,y) = (x-2y)Q(x,y) \qquad ⑳$$

其中,Q 是一个 $n-1$ 次的齐次多项式. 由于 $p(1,0)=Q(1,0)=1$. 在条件(2)中令 $b=c$,得

$$p(2b,a) + 2p(a+b,b) = 0$$

而由 ⑳ 知

$$(2b-2a)Q(2b,a) + 2(a-b)Q(a+b,b) =$$
$$2(a-b)(Q(a+b,b) - Q(2b,a))$$

于是,对任意 $a \neq b$,有

$$Q(a+b,b) = Q(2b,a) \qquad ㉑$$

但是 ㉑ 对 $a=b$ 也成立. 令 $a+b=x, b=y, a=x-y$,㉑ 变为

$$Q(x,y) = Q(2y, x-y)$$

反复利用这个递推式,可得

$$Q(x,y) = Q(2y, x-y) = Q(2x-2y, 3y-x) =$$
$$Q(6y-2x, 3x-5y) = \cdots \qquad ㉒$$

其中两个变量之和都是 $x+y$. 且 ㉒ 中每一项都具有形式

$$Q(x,y) = Q(x+d, y-d)$$

其中

$$d = 0, 2y-x, x-2y, 6y-3x, \cdots \qquad ㉓$$

当 $x \neq 2y$ 时,上面的 d 的值两两不同. 对任意固定的 x,y,方程 $Q(x+d, y-d) - Q(x,y) = 0$ 的左边是一个关于 d 的 $n-1$ 次多项式. 且若 $x \neq 2y$,该方程有无穷多个解,其中一部分解由 ㉓ 给出. 因此,对 $x \neq 2y$,等式 $Q(x+d, y-d) = Q(x,y)$ 对所有 d 均成立. 由连续性可知上述结论在 $x=2y$ 时也成立. 从而 $Q(x,y)$ 是关于 $x+y$ 的单变量函数. 而 Q 是一个 $n-1$ 次齐次多项式. 从而 $Q(x,y) = c(x+y)^{n-1}$. 其中 c 为常数,由 $Q(1,0)=1$,可知 $c=1$. 所以

$$p(x,y) = (x-2y)(x+y)^{n-1}$$

第 17 届国际数学奥林匹克英文原题

The seventeenth International Mathematical Olympiads was held from July 3rd to July 16th 1975 in Burgas and Sofia.

❶ Let $x_1 \geq x_2 \geq \cdots \geq x_n$ and $y_1 \geq y_2 \geq \cdots \geq y_n$ be sequences of real numbers and $z_1, z_2, \cdots, z_n$ be a permutation of the sequence $y_1, y_2, \cdots, y_n$. Prove that the following inequality holds
$$\sum_{i=1}^{n}(x_i - y_i)^2 \leq \sum_{i=1}^{n}(x_i - z_i)^2$$
(Czechoslovakia)

❷ Let $a_1 < a_2 < \cdots < a_n < \cdots$ be a sequence of positive integers. Show that infinitely many terms a_m of the sequence can be expressed under the form $a_m = xa_p + ya_q$, where $p \neq q$ and x, y are positive integers. (United Kingdom)

❸ Let ABC be a triangle. The triangles ABR, BCP, CAQ are drawn externally on the sides AB, BC, CA respectively, such that $\angle PBC = \angle CAQ = 45°$, $\angle BCP = \angle QCA = 30°$ and $\angle RBA = \angle RAB = 15°$. Show that $\angle QRP = 90°$ and $QR = RP$. (Netherlands)

❹ Let A be the sum of digits of the number $4\,444^{4\,444}$ and B be the sum of digits of A. Find the sum of digits of B. (USSR)

❺ Find with proof whether or not it is possible to consider 1 975 points on the unit circle such that the distances between any two points are rational numbers (the distance being taken on the chord). (USSR)

❻ Find all polynomials in two real variables $P(x,y)$ which satisfy the following conditions:

a) P is homogeneous of degree n, i.e.
$$P(tx,ty)=t^n P(x,y)$$
for all real numbers t,x,y.

b) For all real numbers a,b,c one has
$$P(a+b,c)+P(b+c,a)+P(c+a,b)=0$$

c) $P(1,0)=1$.

(United Kingdom)

第17届国际数学奥林匹克各国成绩表

1975,保加利亚

名次	国家或地区	分数（满分320）	金牌	银牌	铜牌	参赛队人数
1.	匈牙利	258	—	5	3	8
2.	德意志民主共和国	249	—	4	4	8
3.	美国	247	3	1	3	8
4.	苏联	246	1	3	4	8
5.	英国	239	2	2	3	8
6.	奥地利	192	1	1	2	8
7.	保加利亚	186	—	1	4	6
8.	罗马尼亚	180	—	1	3	8
9.	法国	176	1	1	1	8
10.	越南	175	—	1	3	7
11.	南斯拉夫	163	—	1	1	8
12.	捷克斯洛伐克	162	—	—	2	8
13.	瑞典	160	—	2	—	8
14.	波兰	124	—	1	1	6
15.	希腊	95	—	1	—	8
16.	蒙古	75	—	—	1	8
17.	荷兰	67	—	—	1	8

第17届国际数学奥林匹克预选题

❶ 在湖中有 6 个港口,是否有可能组织一次满足下列条件的旅游方案:
 (1) 每条旅游路线恰包括三个港口;
 (2) 任何两条路线中的三个港口都不完全相同;
 (3) 方案允诺对每个希望访问两个不同港口的旅游者恰提供两条路线?

解 可能:例如 (A,B,C), (A,B,D), (A,C,E), (A,D,F), (A,E,F), (B,D,E), (B,E,F), (B,C,F), (C,D,E), (C,D,F),即是一组方案. 假如 (A,B,C), (A,B,D) 是两条路线,那么包括 A,C 的路线只能是 (A,C,E)(不计次序),然后,其他的路线就被唯一确定了. 由于从 5 个地点中选 2 个的方法共有 $C_5^2 = 10$ 中,而 2 个地点选定后,可以唯一的选定一个第 3 个地点,因此这套方案共包括 $C_5^2 = 10$ 条路线.

❷ 设 $x_1 \geqslant x_2 \geqslant \cdots \geqslant x_n$ 和 $y_1 \geqslant y_2 \geqslant \cdots \geqslant y_n$ 是两个 n 元的数,证明
$$\sum_{i=1}^n (x_i - y_i)^2 \leqslant \sum_{i=1}^n (x_i - z_i)^2$$
其中 $z_1, z_2, \cdots, z_n$ 表示 $y_1, y_2, \cdots, y_n$ 的任一种其他形式的排列.

注 此题为第 17 届国际数学奥林匹克竞赛题第 1 题.

❸ 求出 $\left[\sum_{n=1}^{10^9} n^{-\frac{2}{3}}\right]$ 所表示的整数,其中 $[x]$ 表示小于或等于 x 的最大整数(例如 $[\sqrt{2}] = 1$).

解 从
$$((k+1)^{\frac{2}{3}} + (k+1)^{\frac{1}{3}}k^{\frac{1}{3}} + k^{\frac{2}{3}})((k+1)^{\frac{1}{3}} - k^{\frac{1}{3}}) = 1$$

和
$$3k^{\frac{2}{3}} < (k+1)^{\frac{2}{3}} + (k+1)^{\frac{1}{3}}k^{\frac{1}{3}} + k^{\frac{2}{3}} < 3(k+1)^{\frac{2}{3}}$$
我们得出
$$3((k+1)^{\frac{1}{3}} - k^{\frac{1}{3}}) < k^{-\frac{2}{3}} < 3(k^{\frac{1}{3}} - (k-1)^{\frac{1}{3}})$$
从 1 到 n 求和,我们得出
$$1 + 3((n+1)^{\frac{1}{3}} - 2^{\frac{1}{3}}) < \sum_{k=1}^{n} k^{-\frac{2}{3}} < 1 + 3(n^{\frac{1}{3}} - 1)$$
特别地,对 $n=10^9$,上述不等式给出
$$2\,997 < 1 + 3((10^9+1)^{\frac{1}{3}} - 2^{\frac{1}{3}}) < \sum_{k=1}^{10^9} k^{-\frac{2}{3}} < 2\,998$$
因此 $\left[\sum_{k=1}^{10^9} k^{-\frac{2}{3}}\right] = 2\,997$.

❹ 设 $a_1, a_2, \cdots, a_n, \cdots$ 是满足条件 $0 \leqslant a_n \leqslant 1$ 和
$$a_n - 2a_{n+1} + a_{n+2} \geqslant 0, n = 1, 2, 3, \cdots$$
的实数序列. 证明
$$0 \leqslant (n+1)(a_n - a_{n+1}) \leqslant 2, n = 1, 2, 3, \cdots$$

证明 设 $\Delta a_n = a_n - a_{n+1}$,则由所给的条件得出 $\Delta a_n \geqslant \Delta a_{n+1}$. 假设对某个 $n, \Delta a_n < 0$,那么对每个 $k \geqslant n$ 就有 $\Delta a_k < \Delta a_n$,因此 $a_n - a_{n+m} = \Delta a_n + \cdots + \Delta a_{n+m-1} < m\Delta a_n$. 因而对充分大的 m 将有 $a_n - a_{n+m} < -1$,而这是不可能的. 这就证明了不等式的第一部分.

其次,我们看出 $n \geqslant \sum_{k=1}^{n} a_k = na_{n+1} + \sum_{k=1}^{n} k\Delta a_k \geqslant (1 + 2 + \cdots + n)\Delta a_n = \frac{n(n+1)}{2}\Delta a_n$,因此 $(n+1)\Delta a_n \leqslant 2$.

❺ 设 M 是所有十进制整数中不包括数字 9 的整数的集合. 如果 $x_1, \cdots, x_n$ 是 M 中任意的但互不相同的元素,证明
$$\sum_{j=1}^{n} \frac{1}{x_j} < 80$$

证明 在 M 中共有 $8 \cdot 9^{k-1}$ 个 k-位数(由于第一个数字共有 8 种选法,而其他位上的数字则有 9 种选法),最小的 k-位数是 10^k,因此有
$$\sum_{x_j < 10^k} \frac{1}{x_j} = \sum_{i=1}^{k} \sum_{10^{i-1} \leqslant x_j \leqslant 10^i} \frac{1}{x_j} < \sum_{i=1}^{k} \sum_{10^{i-1} \leqslant x_j \leqslant 10^i} \frac{1}{10^{i-1}} =$$

$$\sum_{i=1}^{k} \frac{8 \cdot 9^{i-1}}{10^{i-1}} = 80\left(1 - \frac{9^k}{10^k}\right) < 80$$

❻ 设 A 是数 $4\,444^{4\,444}$ 的各位数字之和,而 B 是 A 的各位数字之和. 求 B 的各位数字之和.

解 此题为第 17 届国际数学奥林匹克竞赛题第 4 题.

❼ 证明:从 $x+y=1(x,y \in \mathbf{R})$ 可以得出
$$x^{m+1}\sum_{j=0}^{n}\binom{m+j}{j}y^{j} + y^{n+1}\sum_{i=0}^{m}\binom{n+i}{i}x^{i} = 1, m,n = 0,1,2,\cdots$$

证法 1 我们对 m 实行数学归纳法. 用 S_m 表示要证的等式的左边. 首先由于 $x=1-y$, 因此我们有
$$S_0 = (1-y)(1+y+\cdots+y^n) + y^{n+1} = 1$$
进而有
$$S_{m+1} - S_m = \binom{m+n+1}{m+1}x^{m+1}y^{n+1} + x^{m+1} \cdot$$
$$\sum_{j=0}^{n}\left(\binom{m+j+1}{j}xy^j - \binom{m+j}{j}y^j\right) =$$
$$\binom{m+n+1}{m+1}x^{m+1}y^{n+1} +$$
$$x^{m+1}\sum_{j=0}^{n}\left[\binom{m+1+j}{j}y^j - \binom{m+j}{j}y^j - \binom{m+1+j}{j}y^{j+1}\right] =$$
$$x^{m+1}\left\{\binom{m+n+1}{n}y^{n+1} + \sum_{j=0}^{n}\left[\binom{m+j}{j-1}y^j - \binom{m+j+1}{j}y^{j+1}\right]\right\} = 0$$

即对每个 m 都有 $S_{m+1} = S_m = 1$.

证法 2 设我们给出一个不公平的硬币, 当抛掷这枚硬币时, 它以概率 x 出现正面, 而以概率 y 出现反面. 注意 $x^{m+1}\binom{m+j}{j}y^j$ 是抛掷到第 $m+1$ 次正面出现时, 反面恰出现 j ($j < n+1$) 次的概率. 类似的, $y^{n+1}\binom{n+i}{i}x^i$ 是在第 $n+1$ 次反面出现之前, 正面恰出现 i 次的概率. 因此上述的和表示或者在第 $n+1$ 次反面出现之前, 出现 $m+1$ 次正面, 或者反之的概率, 因而

显然是 1.

❽ 在任意 $\triangle ABC$ 的边上, $\triangle BPC, \triangle CQA$ 和 $\triangle ARB$ 恰使得
$$\angle PBC = \angle CAQ = 45°$$
$$\angle BCP = \angle QCA = 30°$$
$$\angle ABR = \angle BAR = 15°$$
证明: $\angle QRP = 90°$ 以及 $QR = BP$.

解 此题为第 17 届国际数学奥林匹克竞赛题第 3 题.

❾ 设 $f(x)$ 是定义在闭区间 $0 \leqslant x \leqslant 1$ 上的连续函数. 设 $G(f)$ 表示 $f(x)$ 的图: $G(f) = \{(x,y) \in \mathbf{R}^2 \mid 0 \leqslant x \leqslant 1, y = f(x)\}$. 设 $G_a(f)$ 表示平移函数 $f(x-a)$ 的图(经过距离 a 的平移), 其定义为 $G_a(f) = \{(x,y) \in \mathbf{R}^2 \mid a \leqslant x \leqslant a+1, y = f(x-a)\}$. 是否可能求出一个 a 和一个定义在 $0 \leqslant x \leqslant 1$ 上的连续函数 $f(x)$, 使得 $f(0) = f(1) = 0$, 且 $G(f)$ 和 $G_a(f)$ 是不相交的点集?

解 设 n 是使得 $na \leqslant 1 \leqslant (n+1)a$ 的自然数, 如果具有所述性质的函数 f 存在, 那么 $f_a(a) = 0$. 不失一般性, 可设 $f(a) > 0$. 或者等价地, 设 f_a 的图位于 f 的图之下. 在这种情况下, 也必须有 $f(2a) > f(a)$, 否则 f 和 f_a 的图将在 a 和 $2a$ 之间相交. 同理可得 $0 = f(0) < f(a) < f(2a) < \cdots < f(na)$. 那样, 如果 $na = 1$, 即 $a \neq \frac{1}{n}$, 那么所说的 f 将不可能存在. 另一方面, 如果 $a \neq \frac{1}{n}$, 那么类似的, 我们得出 $f(1) > f(1-a) > f(1-2a) > \cdots > f(1-na)$. 选择 f 在 $ia, 1-ia$ $(i=1,2,\cdots,n)$ 处的值, 使得 $f(1-na) < \cdots < f(1-a) < 0 < f(a) < \cdots < f(na)$, 我们可以用线性内插的方法将函数 f 延伸到在 $[0,1]$ 上其他的点处, 这样所得的函数就具有所需的性质.

❿ 函数 $f(x,y)$ 是 x, y 的 n 次齐次多项式. 如果 $f(1,0) = 1$, 且对 a, b, c 成立
$$f(a+b,c) + f(b+c,a) + f(c+a,b) = 0$$
证明
$$f(x,y) = (x-2y)(x+y)^{n-1}$$

证明 我们将证明, 对所有使得 $x+y=1$ 的 $x, y, f(x,y) =$

$x-2y$ 成立. 在这种情况下, $f(x,y)=f(x,1-x)$ 可以看成是 $z=x-2y=3x-2$ 的多项式. 设 $f(x,1-x)=F(z)$, 将此式代入到所给的关系式 $a=b=\frac{x}{2},c=1-x$ 中去, 我们得出 $f(x,1-x)+2f\left(1-\frac{x}{2},\frac{x}{2}\right)=0$, 因此 $F(z)+2F\left(-\frac{z}{2}\right)=0$. 现在 $F(1)=1$, 因而我们得出对所有的 k, 成立 $F((-2)^k)=(-2)^k$. 那样, 对无穷多个 z 的值成立 $F(z)=z$. 所以 $F(z)\equiv z$, 因而如果 $x+y=1$, 则 $f(x,y)=x-2y$. 对一般的使得 $x+y\neq 0$ 的 x,y, 由于 f 是齐次的, 因此我们有

$$f(x,y)=(x+y)^n f\left(\frac{x}{x+y},\frac{x}{x+y}\right)=$$
$$(x+y)^n f\left(\frac{x}{x+y}-2\frac{x}{x+y}\right)=$$
$$(x+y)^{n-1}(x-2y)$$

由于 f 是一个多项式, 因此上式对使得 $x+y=0$ 的 x,y 同样成立.

⑪ 设 $a_1,a_2,\cdots,a_n,\cdots$ 是任意的正整数的递增序列(对每个整数 $i>0, a_{i+1}>a_i$). 证明: 有无限多个 m, 对此 m 可求出正整数 x,y,h,k, 使得
$$0<h<k<m, \text{且 } a_m=xa_h+ya_k$$

注 此题为第 17 届国际数学奥林匹克竞赛题第 2 题.

⑫ 考虑第一象限内的单位圆, 做弧使得弧 $AM_1=x_1$, $AM_2=x_2, AM_3=x_3,\cdots,AM_\nu=x_\nu$, 并且使得 $x_1<x_2<x_3<\cdots<x_\nu$. 证明
$$\sum_{i=0}^{\nu-1}\sin 2x_i-\sum_{i=0}^{\nu-1}\sin(x_i-x_{i+1})<\frac{\pi}{2}+\sum_{i=0}^{\nu-1}\sin(x_i+x_{i+1})$$

证明 由于 $\sin 2x_i=2\sin x_i\cos x_i$ 以及 $\sin(x_i+x_{i+1})+\sin(x_i-x_{i+1})=2\sin x_i\cos x_{i+1}$, 因而问题中的不等式等价于

$$(\cos x_1-\cos x_2)\sin x_1+(\cos x_2-\cos x_3)\sin x_2+\cdots+$$
$$(\cos x_{\nu-1}-\cos x_\nu)\sin x_{\nu-1}<\frac{\pi}{4} \qquad ①$$

考虑圆心在 $O(0,0)$ 的单位圆和它上面的点 $M_i(\cos x_i,\sin x_i)$. 同时, 考虑点 $N_i(\cos x_i,0)$ 和点 $M_i'(\cos x_{i+1},\sin x_i)$. 显然 $(\cos x_i-\cos x_{i+1})\sin x_i$ 等于矩形 $M_iN_iN_{i+1}M_i'$ 的面积. 由于

所有这些矩形都是不相交的且都位于面积为 $\frac{\pi}{4}$ 的第一象限中的单位圆内,由此就得出不等式 ①.

> **⓵⓷** 设 $A_0, A_1, \cdots, A_n$ 是平面上的点,使得:
> (1) $A_0 A_1 \leqslant \frac{1}{2} A_1 A_2 \leqslant \cdots \leqslant \frac{1}{2^{n-1}} A_{n-1} A_n$ 和
> (2) $0 < \angle A_0 A_1 A_2 < \angle A_1 A_2 A_3 < \cdots < \angle A_{n-2} A_{n-1} A_n < 180°$,
> 其中所有的角度都有相同的定向. 证明:对每个使得 $0 \leqslant k \leqslant m-2 < n-2$ 的 k 和 n,线段 $A_k A_{k+1}$ 和 $A_m A_{m+1}$ 不可能相交.

证明 假设对某个 $k, m > k+1, A_k A_{k+1} \cap A_m A_{m+1} \neq \varnothing$. 不失一般性,可设 $k=0, m=n-1$(也就是说,设 k 是使对某个 $k, m > k+1, A_k A_{k+1} \cap A_m A_{m+1} \neq \varnothing$ 成立的最小的正整数,然后不管前面的一段,把 A_k 看成 A_0,只看从 A_k 到 A_{m+1} 这一段,并设 $k=0, m=n-1$). 这样,由 k 的最小性可知,对 $0 \leqslant k < m-1 < n-1$,除了 $k=0, m=n-1$ 之外,$A_k A_{k+1}$ 和 $A_m A_{m+1}$ 都不相交. 另外由于最后一段如何倾斜不影响前面各线段的相交情况,因此通过减小 $\angle A_{n-2} A_{n-1} A_n$,不妨假设 $A_0 \in A_{n-1} A_n$. 最后,由关于角度的假设 (2) 显然可以看出,由 $A_0, A_1, \cdots, A_n$ 构成的折线段是凸的.

如果 $n=3$,那么 $A_1 A_2 \geqslant 2 A_0 A_1$ 蕴含 $A_0 A_2 > A_0 A_1$,因此 $\angle A_0 A_1 A_2 > \angle A_1 A_2 A_3$,矛盾.

如果 $n=4$,从 $A_3 A_2 > A_1 A_2$ 将得出 $\angle A_3 A_1 A_2 > \angle A_1 A_3 A_2$,再利用不等式 $\angle A_0 A_3 A_2 > \angle A_0 A_1 A_2$ 就得出 $\angle A_0 A_3 A_1 > \angle A_0 A_1 A_3$,而这蕴含 $A_0 A_1 > A_0 A_3$. 现在我们有 $A_2 A_3 < A_3 A_0 + A_0 A_1 + A_1 A_2 < 2 A_0 A_1 + A_1 A_2 \leqslant 2 A_1 A_2 \leqslant A_2 A_3$,这不可能.

现在设 $n \geqslant 5$. 如果 α_i 是 A_i 的外角,那么 $\alpha_1 > \cdots > \alpha_{n-1}$,因此 $\alpha_{n-1} < \frac{360°}{n-1} \leqslant 90°$,因而 $\angle A_{n-2} A_{n-1} A_0 \geqslant 90°$ 以及 $A_0 A_{n-2} > A_{n-1} A_{n-2}$. 另一方面,又有
$$A_0 A_{n-2} < A_0 A_1 + A_1 A_2 + \cdots + A_{n-3} A_{n-2}$$
$$< \left(\frac{1}{2^{n-2}} + \frac{1}{2^{n-3}} + \cdots + \frac{1}{2}\right) A_{n-1} A_{n-2} < A_{n-1} A_{n-2}$$

这和前面的式子矛盾.

⑭ 设 $x_0 = 5$ 以及 $x_{n+1} = x_n + \dfrac{1}{x_n}$ $(n = 0, 1, 2, \cdots)$,证明:$45 < x_{1\,000} < 45.1$.

证明 我们将证明对所有的正整数 n,成立 $\sqrt{2n+25} \leqslant x_n \leqslant \sqrt{2n+25} + 0.1$,对 $n = 1\,000$,这就给出所要的式子.

首先注意,所给的迭代关系等价于
$$2x_k(x_{k+1} - x_k) = 2 \qquad \text{①}$$

由于 $x_0 < x_1 < \cdots < x_k < \cdots$,从 ① 我们就得出
$$x_{k+1}^2 - x_k^2 = (x_{k+1} + x_k)(x_{k+1} - x_k) > 2$$

对上式求和,我们就得出 $x_n^2 \geqslant x_0^2 + 2n$,这就证明了第一个不等式.

另一方面,对 $x_k \geqslant 5$,我们有 $x_{k+1} = x_k + \dfrac{1}{x_k} \leqslant x_k + 0.2$,因此,从 ① 又可导出
$$x_{k+1}^2 - x_k^2 - 0.2(x_{k+1} - x_k) = (x_{k+1} + x_k - 0.2)(x_{k+1} - x_k) \leqslant 2$$

同样对上式从 $k = 0$ 到 $k = n - 1$ 求和就得出
$$x_n^2 \leqslant 2n + x_0^2 + 0.2(x_n - x_0) = 2n + 24 + 0.2x_n$$

解对应的二次方程,我们就得出
$$x_n < 0.1 + \sqrt{2n + 24.01} < 0.1 + \sqrt{2n + 25}$$

⑮ 是否可能在半径为 1 的圆上用笔点 1 975 个点使得它们之中任意两点之间的距离都是一个有理数(距离用弦测度)?

注 此题为第 17 届国际数学奥林匹克竞赛题第 5 题.

第三编
第18届国际数学奥林匹克

第18届国际数学奥林匹克题解

奥地利,1976

1 平面上,一凸四边形的面积为 32 cm^2,两条对边和一条对角线长度之和为 16 cm,试确定另一条对角线所有可能的长.

捷克斯洛伐克命题

解法1 设 $ABCD$ 是凸四边形.如果我们不知其面积,但知其一条对角线的变化范围,最小为 0,最大可到 16.这样我们就可以去求四边形的最大面积,因为另一个极值的情形是面积趋于零.

这个最大面积是当 AB 和 CD 垂直于 AC 时达到的,如图18.1所示,设
$$AB = a, CD = c, AC = d$$
则此时面积为
$$K = \frac{1}{2}(a+c)d$$
但
$$(a+c)+d = 16$$

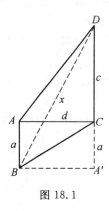

图 18.1

是常数,而由算术 — 几何中项不等式便可知:$(a+c)d$ 仅当 $a+c = d = 8$ 时达到最大值.此时面积 $K = 32$.所以在已给的条件下,四边形有最大面积,因而可用勾股定理去求第二条对角线的长 x.因为
$$x^2 = (a+c)^2 + d^2 = 128$$
故 $x = 8\sqrt{2}$.

解法2 设题中平面凸四边形为 $ABCD$,所求对角线是 BD.设 $BA = b, AC = a, CD = c, \angle BAC = \alpha, \angle ACD = \beta$,如图18.2所示,则得
$$a + b + c = 16 \quad \text{①}$$
$$S_{ABCD} = S_{\triangle ABC} + S_{\triangle ACD}$$
$$32 = \frac{1}{2}ab \cdot \sin\alpha + \frac{1}{2}ac \cdot \sin\beta$$
$$64 = a(b \cdot \sin\alpha + c \cdot \sin\beta) \quad \text{②}$$
因为 $0 < \sin\alpha \leqslant 1, 0 < \sin\beta \leqslant 1$,故由 ② 得
$$64 \leqslant a(b+c) \quad \text{③}$$
由 ① 得 $b+c = 16-a$,代入 ③ 得
$$64 \leqslant a(16-a)$$

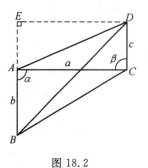

图 18.2

$$a^2 - 16a + 64 \leqslant 0$$
$$(a-8)^2 \leqslant 0 \qquad ④$$

但因 $(a-8)^2$ 不能为负,故 ④ 只能取等号,即 ③ 只能取等号.据此必有
$$a = 8, b + c = 8, \sin\alpha = \sin\beta = 1, \alpha = \beta = 90°$$

为求 BD,延长 BA 至 E,使 $AE = CD$,在 Rt$\triangle BDE$ 中
$$BD = \sqrt{BE^2 + ED^2} = \sqrt{(AB+AE)^2 + AC^2} =$$
$$\sqrt{(b+c)^2 + a^2} = \sqrt{8^2 + 8^2} = 8\sqrt{2}$$

解法 3 用解析法求另一条对角线 BD.为方便记,我们取对角线 AC 所在直线为 x 轴,过 D(过 B 亦可)垂直于 AC 的直线为 y 轴,建立平面直角坐标系,如图 18.3 所示.

设四边形 $ABCD$ 诸顶点坐标依次为
$$A(-r, 0), B(s, -u), C(t, 0), D(0, v)$$
其中,r, u, t, v 皆为非负实数,s 为实数.则由题意得
$$\begin{cases} \dfrac{1}{2}(r+t)u + \dfrac{1}{2}(r+t)v = 32 \\ \sqrt{(r+s)^2 + u^2} + \sqrt{t^2 + v^2} + (r+t) = 16 \end{cases}$$

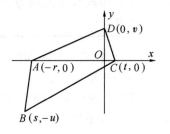

图 18.3

即
$$\begin{cases} (r+t)(u+v) = 64 & ⑤ \\ \sqrt{(r+s)^2 + u^2} + \sqrt{t^2 + v^2} = 16 - (r+t) & ⑥ \end{cases}$$

又易知
$$\sqrt{(r+s)^2 + u^2} \geqslant u \qquad ⑦$$
$$\sqrt{t^2 + v^2} \geqslant v \qquad ⑧$$

⑦ + ⑧,并代入 ⑥ 得
$$u + v \leqslant 16 - (r+t) \qquad ⑨$$

⑨ 代入 ⑤,得
$$(r+t)(16-(r+t)) \geqslant 64$$
$$((r+t) - 8)^2 \leqslant 0 \qquad ⑩$$

由于任何实数的平方都是非负数,故 ⑩ 只能取等号,因而 ⑦ 与 ⑧ 也都只能取等号,这样就有
$$\begin{cases} r + t - 8 = 0 \\ r + s = 0 \\ t = 0 \end{cases}$$

解得 $r = 8, s = -8, t = 0$.

将 r 与 t 的值代入 ⑤,得
$$u + v = 8$$

所以另一条对角线的长度为

$$|BD| = \sqrt{s^2+(u+v)^2} = \sqrt{8^2+8^2} = 8\sqrt{2}$$

❷ 已知 $P_1(x) = x^2 - 2$ 及 $P_j(x) = P_1(P_{j-1}(x)), j = 2, 3, \cdots$,求证:对任何正整数 n,方程
$$P_n(x) = x$$
所有的根都是实的,且各不相同.

芬兰命题

证法 1 首先,因为 $P_n(x) = x$ 是 2^n 次方程,故至多有 2^n 个根.其次,当 $x > 2$ 时
$$P_1(x) > x, P_2(x) = P_1(P_1(x)) > P_1(x) > x$$
由归纳法的假定可知
$$P_n(x) > x > 2$$
同样,当 $x < -2$ 时
$$P_1(x) > 2 > x$$
$$\vdots$$
$$P_n(x) > 2 > x$$
所以 $P_n(x)$ 的实根都在闭区间 $[-2, +2]$ 内.

今假定根有如下之形式
$$x = 2\cos t \text{(切比雪夫函数)}$$
则
$$P_1 \cdot 2\cos t = 4\cos^2 t - 2 = 2\cos 2t$$
$$P_2 \cdot 2\cos t = P_1 \cdot 2\cos 2t = 2\cos 4t$$
一般有
$$P_n \cdot 2\cos t = 2\cos 2^n t$$
但 $2\cos 2^n t = 2\cos t$ 有 2^n 个不相同的解,即
$$t = \frac{2m\pi}{2^n - 1}, m = 0, 1, \cdots, 2^{n-1} - 1$$
$$t = \frac{2m\pi}{2^n + 1}, m = 1, 2, \cdots, 2^{n-1} - 1$$
它们都是实数,且互不相同.

证法 2 多项式
$$P_n(x) = (\cdots((x^2 - 2)^2 - 2)^2 - \cdots)^2 - 2$$
为 2^n 次,且为偶函数,即
$$P_n(-x) = P_n(x)$$
我们看到 P_1 把区间 $[-2, 2]$ 映到区间 $[-2, 2]$ 上.当 x 从 -2 增到 0,P_1 由 2 减少到 -2,又因 P_1 是偶函数,故当 x 从 0 增到 2,P_1 从 -2 增到 2,如图 18.4 所示.

其次,考虑 $P_2(x) = P_1(P_1)$.当 x 从 -2 增到 0,引起 P_1 从 2 变到 -2,再由 P_1 把这些值映到区间 $[-2, 2]$ 上,如图 18.4 中 $-2 \leqslant x \leqslant 0$ 区间部分(对于 $0 \leqslant x \leqslant 2$ 的图像视为对称图像).同理,P_3 的图像,其纵坐标从 2 降到 -2 的次数为 P_2 的二倍,等等.

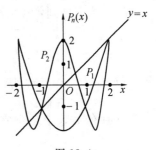

图 18.4

因此，$P_n(x)$ 重复 $(-2,2)2^n$ 次. $P_n(x)=x$ 的解为 P_n 的图像与直线 $y=x$ 诸交点的横坐标. 这直线对于 $-2<x<2$，恰为 4×4 正方形的对角线，其中 P_n 起落走过 2^n 次. 故有 2^n 个不同交点给出 $P_n(x)=x$ 的 2^n 个相异实根. 又 $P_n(x)$ 的次数为 2^n，故 $P_n(x)=x$ 不能有多于 2^n 个根，所以它的所有根是相异实根.

> **❸** 一个长方体的盒子能够被单位立方块完全充满，如果在盒中尽可能多地放入体积为 2 的立方块，使它们的边与盒子的边平行，则恰好充满盒子体积的 40%. 试确定所有这种盒子的内尺寸大小（$\sqrt[3]{2}=1.2599\cdots$）.

荷兰命题

解法 1 设盒子的边长分别为 a_1,a_2,a_3. 由于盒子能被单位立方体填满，故知 a_1,a_2,a_3 都是正整数. 又体积是 2 个单位的立方体的边长应为 $\sqrt[3]{2}$ 个单位长度，并且对每个 $a_i(i=1,2,3)$ 都可找到一个正整数 b_i，使

$$b_i\sqrt[3]{2}<a_i<(b_i+1)\sqrt[3]{2}, i=1,2,3 \qquad ①$$

由于 a_i,b_i 都是整数，故不会出现等号.

由 ① 可知

$$b_i=\left[\frac{a_i}{\sqrt[3]{2}}\right], i=1,2,3 \qquad ②$$

由于体积是 2 个单位的立方体恰好填充到盒子体积的 40%，故知

$$\frac{40}{100}a_1a_2a_3=b_1\sqrt[3]{2}\cdot b_2\sqrt[3]{2}\cdot b_3\sqrt[3]{2}=2b_1b_2b_3$$

即

$$a_1a_2a_3=5b_1b_2b_3 \qquad ③$$

由此可见，a_1,a_2,a_3 中必有一数能被 5 整除，并且

$$\frac{b_1}{a_1}\cdot\frac{b_2}{a_2}\cdot\frac{b_3}{a_3}=\frac{1}{5} \qquad ④$$

将式 ① 的右端三个不等式相乘，并利用 ③ 得

$$5b_1b_2b_3<2(b_1+1)(b_2+1)(b_3+1) \qquad ⑤$$

为了区别各种情况，再推导出几个式子. 由于

$$\frac{5}{4}=1.25<\sqrt[3]{2}<1.26=\frac{63}{50}$$

故有 $\quad b_i=\left[\dfrac{a_i}{\sqrt[3]{2}}\right]\leqslant\left[\dfrac{a_i}{1.25}\right]\leqslant\dfrac{4}{5}a_i, i=1,2,3$

并且在上式中至少含有一个严格的不等号. 因为，若 $\left[\dfrac{a_i}{1.25}\right]=\dfrac{4}{5}a_i$，则由 $\sqrt[3]{2}>1.25$ 可知 $\dfrac{a_i}{\sqrt[3]{2}}<\dfrac{a_i}{1.25}$，从而 $\left[\dfrac{a_i}{\sqrt[3]{2}}\right]<\dfrac{a_i}{1.25}=\dfrac{4}{5}a_i$. 这样就得到一个在下面讨论中非常重要的不等式

$$\frac{b_i}{a_i} < \frac{4}{5}, i=1,2,3 \qquad ⑥$$

类似地,由 $b_i = \left[\dfrac{a_i}{\sqrt[3]{2}}\right] \geqslant \left[\dfrac{a_i}{1.26}\right] \geqslant \dfrac{50}{63}a_i - 1$

可得另一个非常重要的不等式,即

$$\frac{b_i}{a_i} \geqslant \frac{50}{63} - \frac{1}{a_i}, i=1,2,3 \qquad ⑦$$

特别地

当 $a_i \geqslant 4$ 时,$\dfrac{b_i}{a_i} \geqslant \dfrac{50}{63} - \dfrac{1}{4} = \dfrac{137}{252}$(记此数为 A_4)

当 $a_i \geqslant 6$ 时,$\dfrac{b_i}{a_i} \geqslant \dfrac{50}{63} - \dfrac{1}{6} = \dfrac{79}{126}$(记此数为 A_6) ⑧

当 $a_i \geqslant 9$ 时,$\dfrac{b_i}{a_i} \geqslant \dfrac{50}{63} - \dfrac{1}{9} = \dfrac{43}{63}$(记此数为 A_9)

⑥,⑦,⑧ 在下面的讨论中将用来检验各种情况下是否能求出满足题意的解. 为讨论方便起见,先根据 ② 将 $a_i, b_i, \dfrac{a_i}{b_i}(1 \leqslant i \leqslant 3)$ 的可取值列成一表(表中取 $\sqrt[3]{2} = 1.25$).

a_i	2	3	4	5	6	7	8	9	10	11	12	⋯
b_i	1	2	3	3	4	5	6	7	7	8	9	⋯
$\dfrac{a_i}{b_i}$	$\dfrac{2}{1}$	$\dfrac{3}{2}$	$\dfrac{4}{3}$	$\dfrac{5}{3}$	$\dfrac{6}{4}$	$\dfrac{7}{5}$	$\dfrac{8}{6}$	$\dfrac{9}{7}$	$\dfrac{10}{7}$	$\dfrac{11}{8}$	$\dfrac{12}{9}$	⋯

并且,不失一般性,假设

$$a_1 \leqslant a_2 \leqslant a_3 (即\ b_1 \leqslant b_2 \leqslant b_3) \qquad ⑨$$

我们将证明:当 $a_1 \geqslant 3$ 时,问题无解;当 $a_1 = 2$ 时,问题只有两解,$a_1 = 2, a_2 = 3, a_3 = 5$ 和 $a_1 = 2, a_2 = 5, a_3 = 6$. 为此,分别讨论各种情况如下.

(1) $a_1 = 3$.

我们证明,当 $a_1 = 3$(即 $b_1 = 2$)时,问题无解.

由 ⑤ 可知,此时有

$$10b_2 b_3 < 6(b_2+1)(b_3+1)$$

从而用 $6b_2 b_3$ 除上式两端得

$$\frac{5}{3} < \left(1+\frac{1}{b_2}\right)\left(1+\frac{1}{b_3}\right)$$

由于 $a_2 < a_3$,即 $b_2 < b_3$,故

$$\frac{5}{3} < \left(1+\frac{1}{b_2}\right)^2$$

即

$$\sqrt{\frac{5}{3}} < 1 + \frac{1}{b_2}$$

从而有
$$b_2 < \frac{1}{\sqrt{\frac{5}{3}-1}} < 4$$

由上表可知,$a_2 \leqslant 5$,但是 $a_2 \geqslant a_1 = 3$,故 $3 \leqslant a_2 \leqslant 5$,故知 a_2 仅能取 $3,4,5$.

ⅰ $a_2 = 3$.

由上表可知 $\frac{b_1}{a_1} = \frac{b_2}{a_2} = \frac{2}{3}$,根据 ④ 可算出
$$\frac{b_3}{a_3} = \frac{9}{20}$$

与 ⑧ 比较,由于 $\frac{9}{20} < A_4$,故 $a_3 < 4$;又因为 a_1,a_2 都不能被 5 整除,所以 a_3 应被 5 整除,从而又有 $a_3 \geqslant 5$,得出矛盾,由此可知此时问题无解.

ⅱ $a_2 = 4$.

类似地,一方面应有 $a_3 \geqslant 5$,另一方面,由 $\frac{b_3}{a_3} = \frac{2}{5} < A_4$,可知 $a_3 < 4$,故知此情形下问题也无解.

ⅲ $a_2 = 5$.

类似地,一方面应有 $a_3 \geqslant a_2 = 5$,另一方面,由 $\frac{b_3}{a_3} = \frac{1}{2} < A_4$ 可知 $a_3 < 4$,故知此情形下问题也无解.

(2) $a_1 > 3$.

我们证明,当 $a_1 > 3$(即 $b_1 \geqslant 3$)时,问题无解.

由 ⑤ 可知,此时有
$$\frac{5}{2} \cdot \frac{b_1}{b_1 + 1} < \left(1 + \frac{1}{b_2}\right)\left(1 + \frac{1}{b_3}\right)$$

因为当 $b_1 \geqslant 3$ 时,必有 $\frac{b_1}{b_1+1} > \frac{3}{4}$,故有
$$\frac{5}{2} \times \frac{3}{4} = \frac{15}{8} < \left(1 + \frac{1}{b_2}\right) \times \left(1 + \frac{1}{b_3}\right) < \left(1 + \frac{1}{b_2}\right)^2$$

从而可知
$$b_2 < \frac{1}{\sqrt{\frac{15}{8}}-1} = \frac{\sqrt{\frac{15}{8}}+1}{\frac{7}{8}} = \frac{1}{7} \times (\sqrt{120}+8) <$$
$$\frac{1}{7} \times (\sqrt{121}+8) < \frac{1}{7} \times 19 < 3$$

这和 $b_2 \geqslant b_1 \geqslant 3$ 矛盾.所以在此情形下问题无解.

(3) $a_1 = 2$.

首先证明,当 $a_1 = 2$(即 $b_1 = 1$)时,必有 $a_2 \leqslant 11$.

由 ⑤ 可知,此时有
$$5b_2b_3 < 4(b_2+1)(b_3+1)$$
又由 $b_2 \leqslant b_3$ 可知
$$\frac{5}{4} < \left(1+\frac{1}{b_2}\right)\left(1+\frac{1}{b_3}\right) \leqslant \left(1+\frac{1}{b_2}\right)^2$$
从而可知 $\quad b_2 < \dfrac{1}{\sqrt{\frac{5}{4}}-1} = \dfrac{2}{\sqrt{5}-2} < \dfrac{2}{0.23} < 9$

因此由上表可知 $a_2 \leqslant 11$.

其次证明,当 $a_1 = 2$ 并且 $6 \leqslant a_2 \leqslant 11$ 时,问题无解.

由于 $a_1 = 2, b_1 = 1$,故可根据 ④ 和上表算出 $a_2 = 6, \cdots, 11$ 时对应的 $\dfrac{b_3}{a_3}$ 值:

a_2	6	7	8	9	10	11
$\dfrac{b_3}{a_3}$	$\dfrac{2}{5} \times \dfrac{6}{4}$	$\dfrac{2}{5} \times \dfrac{7}{5}$	$\dfrac{2}{5} \times \dfrac{8}{6}$	$\dfrac{2}{5} \times \dfrac{9}{7}$	$\dfrac{2}{5} \times \dfrac{10}{7}$	$\dfrac{2}{5} \times \dfrac{11}{8}$

因为 $\quad \dfrac{6}{4} > \dfrac{7}{5} > \dfrac{8}{6} > \dfrac{9}{7}, \dfrac{6}{4} > \dfrac{10}{7} > \dfrac{11}{8}$

并且 $\quad \dfrac{2}{5} \times \dfrac{6}{4} = \dfrac{3}{5} < A_6$

故由 ⑧ 可知当 $a_1 = 2, 6 \leqslant a_2 \leqslant 11$ 时,应有 $a_3 < 6$,这是与 $a_3 \geqslant a_2 \geqslant 6$ 矛盾的,所以在此情形下问题无解.

最后,分别讨论 $a_2 = 2, 3, 4, 5$ 的情形.仍根据上述方法分别算出 a_2 对应的 $\dfrac{b_3}{a_3}$ 值:

a_2	2	3	4	5
$\dfrac{b_3}{a_3}$	$\dfrac{2}{5} \times \dfrac{2}{1}$	$\dfrac{2}{5} \times \dfrac{3}{2}$	$\dfrac{2}{5} \times \dfrac{4}{3}$	$\dfrac{2}{5} \times \dfrac{5}{3}$

由此分别讨论如下.

ⅰ $a_2 = 2$.

$\dfrac{b_3}{a_3} = \dfrac{4}{5}$,此与 ⑥ 矛盾,所以此时问题无解.

ⅱ $a_2 = 3$.

$\dfrac{b_3}{a_3} = \dfrac{6}{10} < A_6$,由 ⑧ 可知,$a_3 < 6$;又由 a_1, a_2 都不能被 5 整除知道,必有 5 整除 a_3,因而 $a_3 \geqslant 5$. 从而得 $a_3 = 5$. 也就是有
$$a_1 = 2, a_2 = 3, a_3 = 5$$
不难验证,这是问题的一个解.

ⅲ $a_2 = 4$.

$\dfrac{b_3}{a_3}=\dfrac{8}{15}<A_4$,由 ⑧ 可知,$a_3<4$,这与 $a_3\geqslant a_2=4$ 矛盾,所以此时问题无解.

iv $a_2=5$.

$\dfrac{b_3}{a_3}=\dfrac{10}{15}<A_3$,由 ⑧ 可知,$a_3<9$;又由 $15b_3=10a_3$ 可知 3 整除 a_3,因而 a_3 不会是 5,7,8. 由 $a_3\geqslant a_2=5$ 可知,只能有 $a_3=6$. 也就是有

$$a_1=2, a_2=5, a_3=6$$

不难验证,这是问题的一个解.

综上所述,盒子的大小只有两种,即

$$2\times 3\times 5(\text{体积单位}) \text{ 或 } 2\times 5\times 6(\text{体积单位})$$

解法 2 设盒子的边长分别为正整数 x_1, x_2, x_3,且 $x_1\leqslant x_2\leqslant x_3$. 又令

$$a_i=\left[\dfrac{x_i}{\sqrt[3]{2}}\right], i=1,2,3 \qquad ⑩$$

则由题设条件,得

$$2a_1a_2a_3=x_1x_2x_3\cdot \dfrac{40}{100}$$

$$\dfrac{a_1a_2a_3}{x_1x_2x_3}=\dfrac{1}{5} \qquad ⑪$$

由 ⑩ 知 $a_i>x_i-2$,因此

$$\dfrac{a_i}{x_i}>\dfrac{x_i-2}{x_i}=1-\dfrac{2}{x_i}, i=1,2,3 \qquad ⑫$$

第一步,求 x_1. 当 $x_1\geqslant 5$ 时,由 ⑫ 得

$$\dfrac{a_1}{x_1}>1-\dfrac{2}{5}=\dfrac{3}{5}$$

若 $x_1=4$,则由 ⑩ 得 $a_1=3$,此时

$$\dfrac{a_1}{x_1}=\dfrac{3}{4}>\dfrac{3}{5}$$

若 $x_1=3$,则由 ⑩ 得 $a_1=2$,此时

$$\dfrac{a_1}{x_1}=\dfrac{2}{3}>\dfrac{3}{5}$$

总之,只要 $x_1\geqslant 3$,就有 $\dfrac{a_1}{x_1}>\dfrac{3}{5}$,因而 $\dfrac{a_2}{x_2}$ 和 $\dfrac{a_3}{x_3}$ 均大于 $\dfrac{3}{5}$. 于是

$$\dfrac{a_1a_2a_3}{x_1x_2x_3}=\dfrac{a_1}{x_1}\cdot\dfrac{a_2}{x_2}\cdot\dfrac{a_3}{x_3}>(\dfrac{3}{5})^3=\dfrac{27}{125}>\dfrac{25}{125}=\dfrac{1}{5}$$

与 ⑪ 矛盾,故必须 $x_1<3$. 但显然 $x_1\neq 1$,所以 $x_1=2$,此时由 ⑩ 知 $a_1=1$.

第二步,求 x_2. 同理,当 $x_2\geqslant 6$ 时,有

$$\frac{a_2}{x_2} > 1 - \frac{2}{6} = \frac{2}{3}$$

因而 $\frac{a_3}{x_3}$ 也大于 $\frac{2}{3}$. 于是

$$\frac{a_1 a_2 a_3}{x_1 x_2 x_3} > \frac{1}{2}\left(\frac{2}{3}\right)^2 = \frac{4}{18} > \frac{4}{20} = \frac{1}{5}$$

与 ⑪ 矛盾,故必须 $x_2 < 6$,即 x_2 有 2,3,4,6 四种可能.

ⅰ 若 $x_2 = 2$,则 $a_2 = \left[\frac{x_2}{\sqrt[3]{2}}\right] = 1$. 又由 ⑪ 知

$$\frac{1}{2} \cdot \frac{1}{2} \cdot \frac{a_3}{x_3} = \frac{1}{5}, a_3 = \frac{4x_3}{5}$$

即 x_3 为 5 的倍数. 现设 $x_3 = 5k$(k 为自然数).

当 $k = 1$,则 $x_3 = 5, a_3 = \frac{4x_3}{5} = 4$. 这与由 ⑩ 所得

$$a_3 = \left[\frac{x_3}{\sqrt[3]{2}}\right] = \left[\frac{5}{\sqrt[3]{2}}\right] = [3.97] = 3$$

矛盾;

当 $k \geq 2$,则

$$a_3 = \frac{4x_3}{5} = 4k = 5k - k = x_3 - k \leq x_3 - 2$$

这也与由 ⑩ 所得 $a_3 > x_3 - 2$ 矛盾.

总之,在这种情况下,满足题意的答案是不存在的.

ⅱ 若 $x_2 = 3$,则 $a_2 = \left[\frac{3}{\sqrt[3]{2}}\right] = 2$,又由 ⑪ 知

$$\frac{1}{2} \cdot \frac{2}{3} \cdot \frac{a_3}{x_3} = \frac{1}{5}, a_3 = \frac{3x_3}{5}$$

即 x_3 为 5 的倍数. 现设 $x_3 = 5k$(k 为自然数).

当 $k = 1$,则 $x_3 = 5, a_3 = 3$. 易知,这正好满足题目的要求.

当 $k \geq 2$,则

$$a_3 = \frac{3x_3}{5} = 3k = 5k - 2k = x_3 - 2k \leq x_3 - 4$$

这同样与由 ⑩ 所得 $a_3 > x_3 - 2 > x_3 - 4$ 矛盾.

可见,在这种情况下,有且仅有满足题意的答案为

$$x_1 = 2, x_2 = 3, x_3 = 5$$

ⅲ 若 $x_2 = 4$,则 $a_2 = \left[\frac{x_2}{\sqrt[3]{2}}\right] = 3$. 又由 ⑪ 知

$$\frac{1}{2} \cdot \frac{3}{4} \cdot \frac{a_3}{x_3} = \frac{1}{5}, a_3 = \frac{8x_3}{15}$$

于是可令 $x_3 = 15k$(k 为自然数).

当 $k = 1$,则 $x_3 = 15, a_3 = 8$,这与由 ⑩ 所得

$$a_3 = \left[\frac{x_3}{\sqrt[3]{2}}\right] = \left[\frac{15}{\sqrt[3]{2}}\right] = [11.91] = 11$$

矛盾；

当 $k \geqslant 2$，则

$$a_3 = \frac{8x_3}{15} = 8k = 15k - 7k = x_3 - 7k \leqslant x_3 - 14$$

这与由 ⑩ 所得 $a_3 > x_3 - 2 > x_3 - 14$ 矛盾.

总之，在这种情况下，满足题意的答案是不存在的.

ⅳ 若 $x_2 = 5$，则 $a_2 = \left[\frac{x_3}{\sqrt[3]{2}}\right] = 3$. 又由 ⑪ 知

$$\frac{1}{2} \cdot \frac{3}{5} \cdot \frac{a_3}{x_3} = \frac{1}{5}, a_3 = \frac{2x_3}{3}$$

于是可令 $x_3 = 3k$（k 为自然数）.

当 $k = 1$，则 $x_3 = 3, a_3 = 2$. 这已在 ⅱ 中讨论过；

当 $k = 2$，则 $x_3 = 6, a_3 = 4$. 易知，这正好满足题目的要求；

当 $k \geqslant 3$，则

$$a_3 = \frac{2x_3}{3} = 2k = 3k - k = x_3 - k \leqslant x_3 - 3$$

这与由 ⑩ 所得 $a_3 > x_3 - 2 > x_3 - 3$ 矛盾.

综上所述，符合题目要求的盒子的体积是

$2 \times 3 \times 5 = 30$（体积单位）或 $2 \times 5 \times 6 = 60$（体积单位）

解法 3 由 $a_i = \left[\frac{x_i}{\sqrt[3]{2}}\right], i = 1, 2, 3$ 可得

$$\sqrt[3]{2} a_1 < x_1 < \sqrt[3]{2}(a_1 + 1) \qquad ⑬$$

$$\sqrt[3]{2} a_2 < x_2 < \sqrt[3]{2}(a_2 + 1) \qquad ⑭$$

$$\sqrt[3]{2} a_3 < x_3 < \sqrt[3]{2}(a_3 + 1) \qquad ⑮$$

⑬ × ⑭ × ⑮，得

$$2a_1 a_2 a_3 < x_1 x_2 x_3 < 2(a_1 + 1)(a_2 + 1)(a_3 + 1)$$

因此，放入体积为 2 的小立方体的体积和 V_a 与盒子体积 V_x 之比为

$$\frac{2}{5} = \frac{40}{100} = \frac{V_a}{V_x} = \frac{2a_1 a_2 a_3}{x_1 x_2 x_3} >$$

$$\frac{2a_1 a_2 a_3}{2(a_1 + 1)(a_2 + 1)(a_3 + 1)} =$$

$$\frac{a_1}{a_1 + 1} \cdot \frac{a_2}{a_2 + 1} \cdot \frac{a_3}{a_3 + 1}$$

又因数列 $\left\{\frac{a_i}{a_i + 1}\right\}$ 不减，故有

$$\frac{2}{5} = \frac{V_a}{V_x} > \frac{a_1}{a_1+1} \cdot \frac{a_1}{a_1+1} \cdot \frac{a_1}{a_1+1} = \left(\frac{a_1}{a_1+1}\right)^3$$

取 $a_1 = 2$,有
$$\left(\frac{a_1}{a_1+1}\right)^3 = \left(\frac{2}{3}\right)^3 = \frac{8}{27} < \frac{40}{100}$$

取 $a_1 = 3$,有
$$\left(\frac{a_1}{a_1+1}\right)^3 = \left(\frac{3}{4}\right)^3 = \frac{27}{64} > \frac{40}{100}$$

由于 $\left\{\left(\frac{a_1}{a_1+1}\right)^3\right\}$ 不减,所以 a_1 只能取 1 或 2.

(1) 当 $a_1 = 1$,由 ⑬ 知 $x_1 = 2$,故有
$$\frac{2}{5} = \frac{a_2 a_3}{x_2 x_3} > \frac{a_2 a_3}{\sqrt[3]{2}(a_2+1) \cdot \sqrt[3]{2}(a_3+1)} > \frac{1}{\sqrt[3]{4}}\left(\frac{a_2}{a_2+1}\right)^2 \quad ⑯$$

这里,仅当 $a_2 \leqslant 3$ 时 ⑯ 成立.

ⅰ 当 $a_2 = 1$,则由 ⑭ 知 $x_2 = 2$,故有
$$\frac{2}{5} = \frac{a_3}{2x_3}, x_3 = \frac{5}{4}a_3 = 1.25 a_3 < \sqrt[3]{2} a_3$$

与 ⑮ 矛盾.

ⅱ 当 $a_2 = 2$,则由 ⑭ 知 $x_2 = 3$,故有
$$\frac{2}{5} = \frac{2a_3}{3x_3}, x_3 = \frac{5}{3}a_3$$

因而由 ⑮ 得
$$\frac{5}{3}a_3 - \sqrt[3]{2}a_3 < \sqrt[3]{2}$$
$$a_3 < \frac{\sqrt[3]{2}}{\frac{5}{3} - \sqrt[3]{2}} \approx 3.09$$

即 a_3 可取 2 或 3. 考虑到 x_3 为整数,故取 $a_2 = 3$,从而 $x_3 = 5$. 此时得到盒子的体积为
$$x_1 x_2 x_3 = 2 \times 3 \times 5 = 30 (\text{体积单位})$$

ⅲ 当 $a_2 = 3$,则由 ⑭ 知 $x_2 = 4$ 或 5. 对应于 $a_2 = 3, x_2 = 4$,有 $x_3 = \frac{15}{8}a_3$. 由 ⑮ 得
$$\frac{15}{8}a_3 - \sqrt[3]{2}a_3 < \sqrt[3]{2}$$
$$a_3 < \frac{\sqrt[3]{2}}{\frac{15}{8} - \sqrt[3]{2}} \approx 2.05 < 3 = a_2$$

这与 $a_2 \leqslant a_3$ 矛盾;

对应于 $a_2 = 3, x_2 = 5$,有 $x_3 = \frac{3}{2}a_3$. 由 ⑮ 得
$$\frac{3}{2}a_3 - \sqrt[3]{2}a_3 < \sqrt[3]{2}$$

$$a_3 < \frac{\sqrt[3]{2}}{1.5 - \sqrt[3]{2}} \approx 5.25$$

即 a_3 可取 3,4 或 5. 考虑到 x_3 为整数, 故取 $a_3 = 4$, 从而 $x_3 = 6$. 此时得到盒子的体积为

$$x_1 x_2 x_3 = 2 \times 5 \times 6 = 60 \text{(体积单位)}$$

(2) 当 $a_1 = 2$, 由 ⑬ 知 $x_1 = 3$, 故有 $\frac{2}{5} = \frac{4 a_2 a_3}{3 x_2 x_3}$, 即

$$\frac{3}{10} = \frac{a_2 a_3}{x_2 x_3} > \frac{a_2 a_3}{\sqrt[3]{4}(a_2+1)(a_3+1)} > \frac{1}{\sqrt[3]{4}}\left(\frac{a_2}{a_2+1}\right)^2 \qquad ⑰$$

这里, 仅当 $a_2 \leqslant 2$ 时 ⑰ 成立. 但已有 $a_1 = 2$, 所以 a_2 不能取 1, 只能取 2.

对于 $a_2 = 2$, 由 ⑭ 得 $x_2 = 3$. 此时

$$\frac{9}{20} = \frac{a_3}{x_3} > \frac{a_3}{\sqrt[3]{2}(a_3+1)}$$

解出 $a_3 < \dfrac{\sqrt[3]{2}}{\frac{20}{9} - \sqrt[3]{2}} \approx 1.31$, 即 $a_3 = 1$. 这显然不可能, 因为 a_3 不应小于 $a_2 = 2$.

综上所述, 盒子的体积为 30 个体积单位或 60 个体积单位. 这与前两种解法所得的结果一致.

❹ 将 1 976 分拆成正整数之和, 再将其相乘, 试求(并证明)所有这种乘积中之最大者.

美国命题

解 首先, 这个问题是有解的, 因为将 1 976 分拆成正整数之和的方法个数是有限的, 所以其中必有最大者.

其次, 假定我们有一种分拆法

$$a_1 + a_2 + \cdots + a_n = 1\ 976$$

若 $a_i > 4$, 则 $a_i - 4 > 0$. 在这个不等式的两边加上 a_i 可得 $2a_i - 4 > a_i$. 此即乘积

$$2(a_i - 2) > a_i$$

由此我们若用 $a_i - 2$ 和 2 来代替 a_i, 便能得到一个更大的乘积, 所以可限制 a_i 可能取的值在集合 $\{1, 2, 3, 4\}$ 中.

若 $a_i = 4$, 则可用 2 和 2 来代替 a_i, 而不改变乘积, 于是 a_i 的可能值限制在 $\{1, 2, 3\}$ 中.

若 $a_i = 1$, 只要将它加到某一个 a_j 上, 就变成 $a_j + 1$, 然而 $a_j + 1 > a_j \times 1$. 这样一来, 最大的乘积必定是 $2^x 3^y$ 这种形式. 但 $2 \times 2 \times 2 < 3 \times 3$, 故我们可用两个 3 来取代三个 2, 保持和不变, 而积增大.

所以,最大乘积为 $2^a 3^b$ 这种形式,其中 $a=0,1,2$ 三者之一. 对于 1 976 有分拆
$$1\,976 = 3 \times 658 + 2$$
故最大的乘积是 2×3^{658}.

推广

此推广属于胡德成

定义 $\mathrm{e} = \lim\limits_{n \to \infty} \left(1 + \dfrac{1}{n}\right)^n$.

引理 1 $\left(1 + \dfrac{1}{n}\right)^{n+1} > \mathrm{e} > \left(1 + \dfrac{1}{n}\right)^n$.

引理 2 有 k 个正数的和为 p,则它们积的最大值是 $\left(\dfrac{p}{k}\right)^k$.

引理 3 对于 $x > -1$,有
$$(1+x)^a \leqslant 1 + ax, \quad 0 < a < 1$$
$$(1+x)^a \geqslant 1 + ax, \quad a < 0 \text{ 或 } a > 1$$

引理 4 对于任何实数 a,有 $\mathrm{e}^a \geqslant 1 + a$.

主要结果

定理 1 若干个正数的和为 $n\mathrm{e}$(n 是自然数),则它们积的最大值是 e^n.

定理 1 的证明 设 k 个正数的和为 $n\mathrm{e}$,由引理 2 知这 k 个数的积的最大值为 $\left(\dfrac{n\mathrm{e}}{k}\right)^k$.

另一方面,在引理 4 的不等式 $\mathrm{e}^a \geqslant 1 + a$ 中,取 $a = \dfrac{k}{n} - 1$,得到 $\mathrm{e}^{\frac{k}{n}-1} \geqslant \dfrac{n}{k}$ 或 $\mathrm{e}^{\frac{k}{n}} \geqslant \dfrac{n}{k}\mathrm{e}$,两边 k 次方后,得到 $\mathrm{e}^n \geqslant \left(\dfrac{n\mathrm{e}}{k}\right)^k$,此即表明 k 个数的积的最大值,永远不超过 e^n,然而当 $k=n$ 时,$\left(\dfrac{n}{k}\mathrm{e}\right)^k$ 达到 e^n,因而 e^n 是最大值,这就证明了定理 1.

定理 2 若干个正数的和为 $p = n\mathrm{e} + r$(n 是非负整数,$0 < r < \mathrm{e}$),它们积的最大值是 $\left(\dfrac{p}{n}\right)^n$ 与 $\left(\dfrac{p}{n+1}\right)^{n+1}$ 之中的较大者.

定理 2 的证明 由引理 2 知,k 个正数的和为 p,则它们积的最大值为 $\left(\dfrac{p}{k}\right)^k$. 现在我们证明,当 k 取 $1,2,3$ 等自然数时,数 $\left(\dfrac{p}{k}\right)^k$ 中的最大者必定是 $\left(\dfrac{p}{n}\right)^n$ 或 $\left(\dfrac{p}{n+1}\right)^{n+1}$. 为此,我们先证不等式
$$\left(\dfrac{p}{n}\right)^n > \left(\dfrac{p}{n-1}\right)^{n-1}$$
事实上,由不等式
$$\left(1 + \dfrac{1}{n-1}\right)^{n-1} < \mathrm{e} < \dfrac{n\mathrm{e} + r}{n} = \dfrac{p}{n}$$

两端同乘以 $(\frac{p}{n})^{n-1}$，即得
$$(\frac{p}{n-1})^{n-1} < (\frac{p}{n})^n$$

同理由
$$(1+\frac{1}{n-2})^{n-2} < e < \frac{(n-1)e+r}{n-1} < \frac{ne+r}{n-1} = \frac{p}{n-1}$$

两端乘以 $(\frac{p}{n-1})^{n-2}$，即得
$$(\frac{p}{n-2})^{n-2} < (\frac{p}{n-1})^{n-1}$$

如此下去，有
$$(\frac{p}{n})^n > (\frac{p}{n-1})^{n-1} > (\frac{p}{n-2})^{n-2} > \cdots > p$$

其次，我们再证不等式
$$(\frac{p}{n+1})^{n+1} > (\frac{p}{n+2})^{n+2}$$

事实上，由不等式
$$(1+\frac{1}{n+1})^{n+2} > e$$

可得
$$(1+\frac{1}{n+1})^{n+1} > e \cdot \frac{n+1}{n+2} = \frac{ne+e}{n+2} > \frac{ne+r}{n+2} = \frac{p}{n+2}$$

两端同乘以 $(\frac{p}{n+2})^{n+1}$，即得
$$(\frac{p}{n+1})^{n+1} > (\frac{p}{n+2})^{n+2}$$

类似地，可证得
$$(\frac{p}{n+1})^{n+1} > (\frac{p}{n+2})^{n+2} > (\frac{p}{n+3})^{n+3} > \cdots$$

由此可知，$(\frac{p}{n})^n$ 或 $(\frac{p}{n+1})^{n+1}$ 是诸数 $(\frac{p}{k})^k$ 中的最大者．这就证明了定理 2．

定理 3 在定理 2 的条件下，当
$$r = r(n) = \left((1+\frac{1}{n})^{n+1} - e\right)n$$

时，有
$$(\frac{p}{n})^n = (\frac{p}{n+1})^{n+1}$$

当 $r > r(n)$ 时，有
$$(\frac{p}{n})^n < (\frac{p}{n+1})^{n+1}$$

当 $r < r(n)$ 时，有

$$(\frac{p}{n})^n > (\frac{p}{n+1})^{n+1}$$

定理 3 的证明 令

$$k = (\frac{p}{n+1})^{n+1} : (\frac{p}{n})^n = \frac{pn^n}{(n+1)^{n+1}} = (ne+r)\frac{n^n}{(n+1)^{n+1}}$$

从而

$$r = \frac{(n+1)^{n+1}}{n^n}k - ne = \left((1+\frac{1}{n})^{n+1}k - e\right)n$$

由此不难得到当 $r = r(n)$ 时,$k = 1$;当 $r > r(n)$ 时,$k > 1$;当 $r < r(n)$ 时,$k < 1$.

这就是我们所要证的结果.

---

❺ 考虑 p 个方程 q 个未知数的方程组

$$\begin{cases} a_{11}x_1 + \cdots + a_{1q}x_q = 0 \\ a_{21}x_1 + \cdots + a_{2q}x_q = 0 \\ \quad\quad\quad \vdots \\ a_{p1}x_1 + \cdots + a_{pq}x_q = 0 \end{cases}$$

其中,$q = 2p$,系数 a_{ij} 取值于集合 $\{-1, 0, +1\}$. 求证:必定存在方程组的一组解 $(x_1, \cdots, x_q)$ 满足以下条件:

(1) 所有 $x_j (j = 1, \cdots, q)$ 皆为整数;

(2) 至少有一个 x_j 不为零;

(3) $|x_j| \leqslant q (j = 1, \cdots, q)$.

荷兰命题

证法 1 如果将整 q 数组 $(x_1, \cdots, x_q)$ 代入题目中方程组的第一个方程,此处 $|x_j| \leqslant p$,其结果不一定为 0,但其值介于 $-pq$ 和 $+pq$ 之间,即

$$|a_{11}x_1 + \cdots + a_{1q}x_q| \leqslant pq$$

由此可知 $a_{11}x_1 + \cdots + a_{1q}x_q$ 只能取 $2pq+1$ 个可能的值. 从而 p 个方程只能取 $(2pq+1)^p$ 组可能的值.

今 x_j 取从 $-p$ 到 $+p$ 之间的 $2p+1$ 个数值,诸 x_j 有 q 个,于是总共有 $(2p+1)^q$ 个可能的整 q 数组. 但

$$(2p+1)^q = (2p+1)^{2p} = (4p^2 + 4p + 1)^p$$

而

$$(2pq+1)^p = (4p^2+1)^p$$

故

$$(2p+1)^q > (2pq+1)^p$$

这就是说方程组的左边可能取的数值的个数比 q 数组的个数来得少.

于是由抽屉原则,必定存在两个 q 数组 $(y_1, \cdots, y_q)$ 和 $(z_1, \cdots, z_q)$,它们代入方程左边得到相同的数值,于是它们的差,即 $(y_1 - z_1, \cdots, y_n - z_n)$ 便满足问题的所有条件.

证法 2 用 A 表示方程组的系数矩阵，$\overline{0}$ 表示常数项矩阵，即

$$A = \begin{pmatrix} a_{11} & a_{12} & \cdots & a_{1q} \\ a_{21} & a_{22} & \cdots & a_{2q} \\ \vdots & \vdots & & \vdots \\ a_{p1} & a_{p2} & \cdots & a_{pq} \end{pmatrix}, \overline{0} = \begin{pmatrix} 0 \\ 0 \\ \vdots \\ 0 \end{pmatrix}. \quad \text{又令 } X = \begin{pmatrix} x_1 \\ x_2 \\ \vdots \\ x_q \end{pmatrix}$$

则原方程组可简写为 $AX = \overline{0}$.

易知，适合 $|x_j| \leqslant p(j=1,2,\cdots,q)$ 的不同的整数向量 X 共有 $(2p+1)^q$ 个. 因 $a_{ij} \in \{-1,0,1\}$，故对这样的向量 X，我们有

$$|a_{i1}x_1 + a_{i2}x_2 + \cdots + a_{iq}x_q| \leqslant |a_{i1}x_1| + |a_{i2}x_2| + \cdots + |a_{iq}x_q| \leqslant |x_1| + |x_2| + \cdots + |x_q| \leqslant pq$$

这说明向量 AX 至多有 $(2pq+1)^p$ 个. 但

$$(2p+1)^q = (2p+1)^{2p} = (4p^2 + 4p + 1)^p >$$
$$(4p^2 + 1)^p = (2pq + 1)^p$$

故必有两个相异的向量 X_1 与 X_2，使 $AX_1 = AX_2$，即

$$A(X_1 - X_2) = \overline{0}$$

所以，$X_1 - X_2$ 的分量满足下列条件.

ⅰ 因 X_1, X_2 为整数向量，即 $X_1 - X_2$ 为整数向量，其分量亦必为整数；

ⅱ 因 $X_1 \neq X_2$，故 $X_1 - X_2 \neq 0$，即至少有一分量不为零；

ⅲ 因 X_1, X_2 的分量依次满足 $|x_{j1}| \leqslant p$，$|x_{j2}| \leqslant p$，即

$$|x_j| = |x_{j1} - x_{j2}| \leqslant |x_{j1}| + |x_{j2}| \leqslant 2p = q$$

证毕.

> **❻** 数列 $\{u_n\}$ 定义如下
> $$u_0 = 2, u_1 = \frac{5}{2}, u_{n+1} = u_n(u_{n-1}^2 - 2) - u_1, n = 1, 2, \cdots$$
> 求证：对于正整数 n 有
> $$[u_n] = 2^{\frac{2^n - (-1)^n}{3}}$$
> 此处 $[x]$ 表示不超过 x 的最大整数.

英国命题

证法 1 首先由递归公式立即可算得

$$u_0 = 2 = 2^0 + 2^{-0}, u_1 = \frac{5}{2} = 2^1 + 2^{-1}$$

$$u_2 = \frac{5}{2} = 2^1 + 2^{-1}, u_3 = \frac{65}{8} = 2^3 + 2^{-3}$$

$$u_4 = \frac{1\,025}{32} = 2^5 + 2^{-5}$$

总结规律，可得

$$u_n = 2^{f(n)} + 2^{-f(n)}$$

我们假定这个方程当 $n = 0, 1, \cdots, k$ 时成立，再来看当 $n = k+1$ 时

如何. 代入得

$$u_{k+1} = (2^{f(k)} + 2^{-f(k)})((2^{f(k-1)} + 2^{-f(k-1)})^2 - 2) - \frac{5}{2} =$$

$$(2^{f(k)} + 2^{-f(k)})(2^{2f(k-1)} + 2^{-2f(k-1)}) - \frac{5}{2} =$$

$$(2^{f(k)+2f(k-1)} + 2^{-f(k)-2f(k-1)}) +$$

$$(2^{f(k)-2f(k-1)} + 2^{-f(k)+2f(k-1)}) - \frac{5}{2}$$

设
$$f(k+1) = f(k) + 2f(k-1)$$

与此相关联的差分方程是

$$E^2 - E - 2 = 0$$

它的根是 $2, -1$. 这样我们有

$$f(k) = A(2)^k + B(-1)^k$$

由前面计算所得的数值表, 可得

$$f(0) = 0, f(1) = 1$$

这使我们能定出 A 和 B, 最后可得

$$f(n) = \frac{2^n - (-1)^n}{3}$$

实际计算表明

$$2^{f(k)-2f(k-1)} + 2^{-f(k)+2f(k-1)} - \frac{5}{2} = 0$$

所以, 我们用归纳法证明了

$$u_n = 2^{f(n)} + 2^{-f(n)}, n = 0, 1, 2, \cdots$$

但 $f(n)$ 总是整数. 又因为

$$2 \equiv (-1) \pmod{3}$$
$$2^n \equiv (-1)^n \pmod{3}$$

故 $2^n - (-1)^n$ 总能被 3 整除.

最后, 因 $2^{f(n)}$ 是整数, 则 $2^{-f(n)}$ 是一个真分数. 故 $[u_n]$ 就等于 $2^{\frac{2^n-(-1)^n}{3}}$.

证法 2 我们证明, 对于 $n > 0$, 有

$$u_n = 2^{\frac{2^n-(-1)^n}{3}} + \frac{1}{2^{\frac{2^n-(-1)^n}{3}}} \qquad ①$$

现在用完全归纳法证明

$$u_1 = \frac{5}{2} = 2^1 + \frac{1}{2^1} = 2^{\frac{2^1-(-1)^1}{3}} + \frac{1}{2^{\frac{2^1-(-1)^1}{3}}}$$

与

$$u_2 = \frac{5}{2} = 2^{\frac{2^2-(-1)^2}{3}} + \frac{1}{2^{\frac{2^2-(-1)^2}{3}}}$$

归纳法假定: 公式 ① 对于 $n = k-1$ 与 $n = k$ 正确.

归纳法结论：公式 ① 对于 $n=k+1$ 也成立.

归纳法结论的证明：我们令 $a_n = \dfrac{2^n - (-1)^n}{3}$，则由关于 u_{k+1} 的递推公式得

$$u_{k+1} = \left(2^{a_k} + \dfrac{1}{2^{a_k}}\right)\left(\left(2^{a_{k-1}} + \dfrac{1}{2^{a_{k-1}}}\right)^2 - 2 - \dfrac{5}{2}\right) =$$

$$2^{a_k + 2a_{k-1}} + 2^{a_{k-1} - a_k} + 2^{a_k - 2a_{k-1}} + 2^{-(a_k + 2a_{k-1})} - \dfrac{5}{2}$$

今有

$$a_k + 2a_{k-1} = \dfrac{1}{3}(2^k - (-1)^k + 2 \cdot 2^{k-1} - 2 \cdot (-1)^k) = a_{k+1}$$

$$2a_{k-1} - a_k = \dfrac{1}{3}(2 \cdot 2^{k-1} - 2 \cdot (-1)^{k-1} - 2^k + (-1)^k) = (-1)^k$$

$$a_k - 2a_{k-1} = -(2a_{k-1} - a_k) = (-1)^{k+1}$$

利用

$$2^{(-1)^k} + 2^{(-1)^{k+1}} - \dfrac{5}{2} = 0$$

可得

$$u_{k+1} = 2^{a_{k+1}} + \dfrac{1}{2^{a_{k+1}}}$$

现在对于 $n \equiv 0 (\bmod\ 2)$ 有

$$2^n \equiv 2(\bmod\ 3), (-1)^n \equiv 1(\bmod\ 3)$$

对于 $n \equiv 1(\bmod\ 2)$，有

$$2^n \equiv 2(\bmod\ 3), (-1)^n \equiv 2(\bmod\ 3)$$

故

$$2^n - (-1)^n \equiv 0(\bmod\ 3)$$

成立，因而 $2^{\frac{2^n - (-1)^n}{3}}$ 是整数. 但对于所有的自然数 n，$2^{\frac{2^n - (-1)^n}{3}} > 1$，而 $\dfrac{1}{2^{\frac{2^n - (-1)^n}{3}}} < 1$，所以 $[u_n] = 2^{\frac{2^n - (-1)^n}{3}}$，此即所要证的.

第18届国际数学奥林匹克英文原题

The eighteenth International Mathematical Olympiads was held from July 7th to July 21st 1976 in the cities Eisenstadt, Lienz and Heiligenblut. The award ceremony held in Wien.

❶ We are given a convex quadrilateral. Its area is 32 cm² and the total length of two opposite sides and a diagonal is 16 cm. Find all possible lengths of the other diagonal. (Czechoslovakia)

❷ The sequence of polynomials $(P_n(x))_{n \geqslant 1}$ is difined as follows
$P_1(x) = x^2 - 2$ and $P_n(x) = P_1(P_{n-1}(x))$, for all $n = 2, 3, \cdots$

Show that for all positive integers n the roots of the equation $P_n(x) = x$ are distinct real numbers. (Finland)

❸ A rectangular parallelepiped box can be completely filled with unit cubs. If one places in the box the greatest number of cubes of volume 2, so that their edges are parallel to the edges of the box, on can fill exactly 40% of the box. Find possible dimensions of all such boxes(It is known that $\sqrt[3]{2} = 1.2599\cdots$). (Netherlands)

❹ Find with proof, the largest number which is the product of positive integers whose sum is 1 976. (U.S.A)

❺ Let
$$a_{11}x_1 + a_{12}x_2 + \cdots + a_{1q}x_q = 0$$
$$a_{21}x_1 + a_{22}x_2 + \cdots + a_{2q}x_q = 0$$
$$\vdots$$
$$a_{p1}x_1 + a_{p2}x_2 + \cdots + a_{pq}x_q = 0$$

be a linear system of equations where $q=2p$ and $a_{ij} \in \{-1, 0, 1\}$. Prove that there exists a solution $(x_1, x_2, \cdots, x_q)$ of the system with the following properties:

a) x_j is an integer number for any $j=1,2,\cdots,q$;
b) there exists j such that $x_j \neq 0$;
c) $|x_j| \leq q$ for any $j=1,2,\cdots,q$.

(Netherlands)

6 The sequence $\{u_n\}_{n \geq 0}$ is difined as follows: $u_0=2, u_1=\dfrac{5}{2}$ and

$$u_{n+1}=u_n(u_{n-1}^2-2)-u_1, \text{ for } n=1,2,\cdots$$

Prove that $[u_n]=2^{\frac{2^n-(-1)^n}{3}}$, for all $n>0$ ($[x]$ denotes the integer part of x).

(United Kingdom)

第18届国际数学奥林匹克各国成绩表

1976，奥地利

名次	国家或地区	分数（满分320）	奖牌			参赛队人数
			金牌	银牌	铜牌	
1.	苏联	250	4	3	1	8
2.	英国	214	2	4	1	8
3.	美国	188	1	4	1	8
4.	保加利亚	174	—	2	6	8
5.	奥地利	167	1	2	5	8
6.	法国	165	1	3	1	8
7.	匈牙利	160	—	3	4	8
8.	德意志民主共和国	142	—	2	3	8
9.	波兰	138	—	—	6	8
10.	瑞典	120	—	1	3	8
11.	罗马尼亚	118	—	1	3	8
12.	捷克斯洛伐克	116	—	1	3	8
13.	南斯拉夫	116	—	1	3	8
14.	越南	112	—	1	3	8
15.	荷兰	78	—	—	1	8
16.	芬兰	52	—	—	1	8
17.	希腊	50	—	—	—	8
18.	古巴	16	—	—	—	3
19.	德意志联邦共和国	—				2

第18届国际数学奥林匹克预选题

1 设 AA_1, BB_1, CC_1 是 $\triangle ABC$ 的角平分线($A_1 \in BC$,余类推),而 M 是它们的交点. 考虑 $\triangle MB_1A, \triangle MC_1A, \triangle MC_1B$, $\triangle MA_1B, \triangle MA_1C, \triangle MB_1C$ 及其内切圆. 证明: 如果这 6 个内切圆中有 4 个的半径相等,那么 $AB = BC = CA$.

证明 设 r 表示 $\triangle ABC$ 的内切圆半径. 四个内接圆半径都是 ρ 的三角形必有某两个以对顶角的形式交于点 M(译者注:在小三角形中的 6 个圆共构成 3 对圆,其中每一对圆所在的三角形都各有一个角互相形成对顶角. 从 6 个圆中任选 4 个圆相当于从 6 个圆中任意去掉两个圆,因此无论怎样去除,或无论怎样选,都不可能把处于对顶角位置的三角形都去掉,因而必有两个三角形处于对顶角位置). 假设它们是 $\triangle AMB_1$ 和 $\triangle BMA_1$. 我们将证明 $\triangle AMB_1 \cong \triangle BMA_1$. 实际上, 这两个三角形的高都等于 $\triangle ABC$ 的内切圆半径 r, 而它们在点 M 处的内角都等于某个角度 φ. 如果 P 是 $\triangle AMB_1$ 和 MB 的切点, 那么 $\dfrac{r}{\rho} = \dfrac{A_1M + BM + A_1B}{A_1B}$(译者注:这里应用了三角形内切圆半径的公式:$r = \dfrac{2S_{\triangle ABC}}{AB + BC + AC}$, 由于 $S_{\triangle A_1BM} = \dfrac{1}{2} r \cdot A_1B$, 因此 $\dfrac{r}{\rho} = \dfrac{2S_{\triangle A_1BM}/A_1B}{2S_{\triangle A_1BM}/(A_1M + MB + A_1B)} = \dfrac{A_1M + MB + A_1B}{A_1B}$)这也蕴含 $\dfrac{r - 2\rho}{\rho} = \dfrac{A_1M + BM - A_1B}{A_1B} = \dfrac{2MP}{A_1B} = \dfrac{2r\cot\dfrac{\varphi}{2}}{A_1B}$(译者注:此式中 $\dfrac{r\cot\dfrac{\varphi}{2}}{BA_1}$ 应是 $\dfrac{\rho\cot\dfrac{\varphi}{2}}{BA_1}$ 之误, 如图 18.5, 设 $\triangle MBA_1$ 的内切圆分别与它的边切于 P, Q, R 三点, 那么
$$A_1M + BM - A_1B = A_1M + BM - A_1R - BR =$$
$$A_1M - A_1Q + BM - BP =$$
$$MP + MQ = 2MP$$

又在 $\triangle MPO$ 中, 由于 P 是切点, 因此 $\triangle MPO$ 是直角三角形, 在此直角三角形中有 $\cot\dfrac{\varphi}{2} = \dfrac{MP}{MO} = \dfrac{MP}{\rho}$, 因此 $MP = \rho\cot\dfrac{\varphi}{2}$), 由

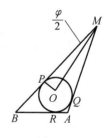

图 18.5

于类似地可得
$$\frac{r-2\rho}{\rho} = \frac{2r\cot\frac{\varphi}{2}}{B_1A}$$

(译者注：此处 $\dfrac{r\cot\frac{\varphi}{2}}{BA_1}$ 也是 $\dfrac{\rho\cot\frac{\varphi}{2}}{BA_1}$ 之误)，我们就得出 $A_1B = B_1A$，因而有 $\triangle AMB_1 \cong \triangle BMA_1$. 那样就有 $\angle BAC = \angle ABC$ 以及 $CC_1 \perp AB$. 现在再看两个内切圆中某一个圆的位置(我们称之为第三个圆)，由于出于对成型的考虑，从本质上说只有以下两种可能：

(1) 第三个圆位于 $\triangle AMC_1$ 内，即 $\triangle AMC_1$ 和 $\triangle AMB_1$ 的内切圆半径都等于 r (译者注：此处的 r 应为 ρ). 那么易于得出 $\triangle AMC_1 \cong \triangle AMB_1$，因此 $\angle AB_1M = \angle AC_1M = 90°$，从而 $\triangle ABC$ 是等边的.

(2) 第三个圆位于 $\triangle CMB_1$ 中，即 $\triangle AMB_1$ 和 $\triangle CMB_1$ 的内切圆半径都等于 r (译者注：此处的 r 应为 ρ). 这时设 $x = \angle MAC_1 = \angle MBC_1$. 在这种情况下 $\varphi = 2x$ 而 $\angle B_1MC = 90° - x$. 现在我们有
$$\frac{AB_1}{CB_1} = \frac{S_{\triangle AMB_1}}{S_{\triangle CMB_1}} = \frac{AM + MB_1 + AB_1}{CM + MB_1 + CB_1} = \frac{AM + MB_1 - AB_1}{CM + MB_1 - CB_1} = \frac{\cot x}{\cot(45° - \frac{x}{2})}$$

另一方面，我们又有 $\dfrac{AB_1}{CB_1} = \dfrac{AB}{BC} = 2\cos 2x$，那样我们就得出一个关于 x 的方程如下
$$\tan\left(45° - \frac{x}{2}\right) = 2\cos 2x \tan x$$

或等价的
$$2\tan\left(45° - \frac{x}{2}\right)\sin\left(45° - \frac{x}{2}\right)\cos\left(45° - \frac{x}{2}\right) = 2\cos 2x \sin x$$

因此
$$\sin 3x - \sin x = 2\sin^2\left(45° - \frac{x}{2}\right) = 1 - \sin x$$

这蕴含 $\sin 3x = 1$，即 $x = 30°$. 因此 $\triangle ABC$ 是等边的.

❷ 设 P 是 n 个点的一个集合而 S 是 l 个线段的一个集合. 已知：

(1) P 中没有 4 个点是共面的；

(2) S 中任意一个线段的端点在 P 中；

(3) 在 P 中有一个点，例如 g 所联的在 S 中的边是最多的，同时没有一个四面体，它的顶点所联的边全在 S 中.

证明：$l \leqslant \dfrac{n^2}{3}$.

❸ 设 $a_0, a_1, \cdots, a_n, a_{n+1}$ 是满足下列条件的实数
$$a_0 = a_{n+1} = 0$$
$$|a_{k-1} - 2a_k + a_{k+1}| \leqslant 1, k = 1, 2, \cdots, n$$

证明：$|a_k| \leqslant \dfrac{k(n+1-k)}{2}, k = 0, 1, \cdots, n+1.$

证明 设 $b_i = \dfrac{i(n+1-i)}{2}, c_i = a_i - b_i, i = 0, 1, \cdots, n+1.$ 易于验证 $b_0 = b_{n+1} = 0$ 以及 $b_{i-1} - 2b_i + b_{i+1} = -1.$ 用不等式 $a_{i-1} - 2a_i + a_{i+1} \geqslant -1$ 减去此式就得出 $c_{i-1} - 2c_i + c_{i+1} \geqslant 0,$ 即 $2c_i \leqslant c_{i-1} + c_{i+1},$ 我们也有 $c_0 = c_{n+1} = 0.$

现在假设存在某一个 $i \in \{1, \cdots, n\}$ 使得 $c_i > 0,$ 并设 c_k 是那种 c_i 的最大值. 不失一般性，设 $c_{k-1} < c_k,$ 于是我们得出 $c_{k-1} + c_{k+1} < 2c_k,$ 矛盾. 因此对所有的 i 都有 $c_i \leqslant 0,$ 即 $a_i \leqslant b_i.$

类似的，考虑序列 $c_i' = a_i + b_i$ 可以得出 $c_i' \geqslant 0,$ 即对所有的 $i,$ 有 $a_i \geqslant -b_i.$ 这就完成了证明.

❹ 求出所有使得 $2^m \cdot 3^n + 1$ 是完全平方数的自然数对 $(m, n).$

❺ 设 $ABCDS$ 是以四边形 $ABCD$ 为底的四面棱锥，并设通过顶点 A 的平面 α 分别和它的棱 SB 和 SD 交于点 M 和点 $N.$ 证明：如果平面 α 和棱锥 $ABCDS$ 的交是一个平行四边形，那么
$$SM \cdot SN > BM \cdot DN$$

❻ 设已给定了一个多面体，对空间中的每个点 $X,$ 设 $f(X)$ 表示点 X 到多面体各面的距离之和. 证明：如果 f 在多面体的某个内点处达到最大值，那么 f 必是一个常数.

❼ 设 P 是一个固定的点而 T 是一个包含点 P 的三角形,v 是一个固定的向量,而 T' 是 T 经过平移 v 后所得的三角形. 又设 r,R 分别是中心在 P,包含 $\triangle T$ 和 $\triangle T'$ 的最小的圆的半径. 证明
$$r+|v|\leqslant 3R$$
并求出一个等号成立的例子.

❽ 设凸四边形的面积为 $32\ cm^2$,两条不相邻的边和一条对角线之和为 $16\ cm$.

(1) 它的另一条对角线的长度是多少?

(2) 如果这个四边形的周长是最小的,那么它的各边的边长是多少?

(3) 是否可能选择一种边长,使其周长为最大?

解 (1) 设 $ABCD$ 是四边形,$16=d=AB+CD+AC$,并设其面积为 S. 那么
$$S\leqslant \frac{AC\cdot AB+AC\cdot CD}{2}=\frac{AC(d-AC)}{2}\leqslant \frac{d^2}{8}=32$$
其中等号当且仅当 $AB\perp AC\perp CD$ 且 $AC=AB+CD=8$ 时成立. 这时 $BD=8\sqrt{2}$.

(2) 设 A' 是使得 $\overrightarrow{DA'}=\overrightarrow{AC}$ 的点. 三角不等式蕴含 $AD+BC\geqslant AA'=8\sqrt{5}$,这样,当 $AB=CD=4$ 时,周长取到最小值.

(3) 不失一般性,设 $CD\leqslant AB$,那么点 C 位于 $\triangle BDA'$ 内部,因而
$$BC+AD=BC+CA'<BD+DA'$$
$BC+AD$ 的最大值 $BD+DA'$ 当 C 到达 D 时达到. 这时四边形是退化的.

❾ 求出下面方程组的所有(实数)解

$3x_1$	$-x_2$	$-x_3$		$-x_5$			$=0$
$-x_1$	$+3x_2$		$-x_4$		$-x_6$		$=0$
$-x_1$		$+3x_3$	$-x_4$			$-x_7$	$=0$
	$-x_2$	$-x_3$	$+3x_4$				$-x_8=0$
$-x_1$				$+3x_5$	$-x_6$	$-x_7$	$=0$
	$-x_2$			$-x_5$	$+3x_6$		$-x_8=0$
		$-x_3$		$-x_5$		$+3x_7$	$-x_8=0$
			$-x_4$		$-x_6$	$-x_7$	$+3x_8=0$

❿ 设 m 是一个正整数,证明:任何形如 $2(m^2+m+1)$ 的数的倒数都可以表示成序列 $\{a_j\}_{j=1}^{\infty}$ 中若干个相继的项之和,其中
$$a_j = \frac{1}{j(j+1)(j+2)}$$

⓫ 设 $P_1(x)=x^2-2, P_j(x)=P_1(P_{j-1}(x)), j=2,3,\cdots$. 证明:对任意 n,方程 $P_n(x)=x$ 的根都是互不相同的实数.

注 此题为第 18 届国际数数奥林匹克竞赛题第 2 题.

⓬ 单位球面上有 5 个点,求出它们之中两个点之间的最大距离和最小距离.

⓭ 设 n 是正整数,$u_{n+1}=u_n(u_{n-1}^2-2)-u_1, u_0=2, u_1=\frac{5}{2}$,证明:$3\log_2[u_n]=2^n-(-1)^n$. 其中 $[x]$ 是 x 的整数部分.

注 此题为第 18 届国际数学奥林匹克竞赛题第 6 题.

⓮ 设由递推关系 $u_1=2, u_2=u_3=7, u_{n+1}=u_n u_{n-1}-u_{n-2}$,$n\geqslant 3$;定义了整数序列 $\{u_n\}$. 证明:对 $n\geqslant 1, u_n$ 和某个完全平方数之差为 2.

⓯ 设 $\triangle ABC$ 和 $\triangle A'B'C'$ 是任意两个共面的三角形. L 是一个点,使得 $AL//BC, A'L//B'C', M, N$ 是两个类似定义的点. 直线 BC 和 $B'C'$ 在点 P 相交,Q 和 R 的定义相类似. 证明:PL, QM, RN 是共点的.

⓰ 证明:存在一个正整数 n,使得 7^n 的各位数字中有一个至少包含连续 m 个 0 的块,其中 m 是一个任意给定的正整数.

⓱ 证明:存在一个凸多面体,使得它的所有的顶点都在一个球面上,其所有的面都是全等的边长比为 $\sqrt{3}:\sqrt{3}:2$ 的等腰三角形.

⓲ 证明:数 $19^{1976}+76^{1976}$

(1) 可被(Fermat(费马))素数 $F_4=2^{2^4}+1$ 整除;

(2) 至少可被 4 个不同于 F_4 的素数整除.

⓳ 设 n 是一个正整数,$6^{(n)}$ 表示由 n 个 6 组成的自然数. 对所有的自然数 $m,k,1\leqslant k\leqslant m$,定义

$$\begin{bmatrix}m\\k\end{bmatrix}=\frac{6^{(m)}\cdot 6^{(m-1)}\cdot\cdots\cdot 6^{(m-k+1)}}{6^{(1)}\cdot 6^{(2)}\cdot\cdots\cdot 6^{(k)}}$$

证明:对所有的 m,k,$\begin{bmatrix}m\\k\end{bmatrix}$ 是一个恰由 $k(m+k-1)-1$ 个个位数组成的自然数.

⓴ 设 $\{a_n\},n=0,1,\cdots$ 是实数的序列,$a_0=0,a_{n+1}^3=\frac{1}{2}a_n^2-1$,$n=0,1,\cdots$,证明:存在一个正数 $q<1$,使得对所有的 $n=1,2,\cdots$ 有

$$|a_{n+1}-a_n|\leqslant q|a_n-a_{n-1}|$$

并给出一个具体的 q 的值.

㉑ (1) 求出最大的正实数 p(如果存在)使得对所有的实数和 x_i 与 (a)$n=2$;(b)$n=5$ 成立不等式

$$x_1^2+x_2^2+\cdots+x_n^2\geqslant p(x_1x_2+x_2x_3+\cdots+x_{n-1}x_n) \quad ①$$

(2) 求出最大的正实数 p(如果存在)使得对所有的实数和所有的自然数 $n,n\geqslant 2$,成立不等式①.

㉒ 给定一个边长为 s 的正五边形 $A_1A_2A_3A_4A_5$. 以每一个点 A_i 为圆心,作一个半径为 $\frac{s}{2}$ 的球面 K_i. 又有两个半径为 $\frac{s}{2}$ 的球面 K'_1 和 K'_2 与所有五个球面 K_i 都相切. 确定球面 K'_1 和 K'_2 是相交、相切还是相离.

㉓ 证明:在 Euclid 平面中存在无穷多个同心圆 C,使得每个同心圆中都存在一个至少有一条边的长度是无理数的内接三角形.

㉔ 设 $0\leqslant x_1\leqslant x_2\leqslant\cdots\leqslant x_n\leqslant 1$,证明:对所有的 $A\geqslant 1$,都存在一个长度为 $2\sqrt[n]{A}$ 的区间 I,使得对所有的 $x\in I$ 成立

$$|(x-x_1)(x-x_2)\cdots(x-x_n)|\leqslant A$$

㉕ 设给出一个有 p 个方程的方程组
$$a_{11}x_1 + \cdots + a_{1q}x_q = 0$$
$$a_{21}x_1 + \cdots + a_{2q}x_q = 0$$
$$\vdots$$
$$a_{p1}x_1 + \cdots + a_{pq}x_q = 0$$
对所有的 $i=1,2,\cdots,p, j=1,2,\cdots,q$，其系数 $a_{ij}=-1,0$ 或 $+1$. 证明：如果 $q=2p$，则此方程组必存在一组解 $x_1,x_2,\cdots,x_q$ 使得所有的 $x_j(j=1,2,\cdots,q)$ 都是整数，满足 $|x_j|\leqslant q$，且至少有一个 $x_j\neq 0$.

注 此题为第 18 届国际数学奥林匹克竞赛题第 5 题.

㉖ 一个长方体盒子可被单位正方体完全装满. 如果把装盒子的单位正方体换成一个各边都平行于盒子的边的，体积为 2 的正方体，则这样所得的盒子可恰用装满原来盒子的那些单位正方体填充到 40%. 确定盒子的所有可能的(内部的)大小尺寸.

注 此题为第 18 届国际数学奥林匹克竞赛题第 3 题.

㉗ 在平面上给出三个不在一条直线上的点 P,Q,R. 设 k,l,m 都是正数，构造一个 $\triangle ABC$，使得它的边分别通过 P,Q,R，且：

(1) P 把线段 AB 分成 $1:k$ 的比例；

(2) Q 把线段 BC 分成 $1:l$ 的比例；

(3) R 把线段 CA 分成 $1:m$ 的比例.

㉘ 设 Q 是平面上的一个单位正方形，$Q=[0,1]\times[0,1]$. 设 $T:Q\to Q$ 定义如下

$$T(x,y)=\begin{cases}\left(2x,\dfrac{y}{2}\right), & 0\leqslant x\leqslant \dfrac{1}{2}\\ \left(2x-1,\dfrac{y+1}{2}\right), & \dfrac{1}{2}\leqslant x\leqslant 1\end{cases}$$

证明：对每个圆盘 $D\subset Q$，都存在一个整数 $n>0$，使得 $T^n(D)\cap D\neq\varnothing$.

㉙ 设 $I = (0,1]$ 是实直线上的单位区间. 对给定的数 $a \in (0,1)$，定义一个映射 $T: I \to I$ 如下
$$T(x) = \begin{cases} x + (1-a), & 0 \leqslant x \leqslant a \\ x - a, & a < x \leqslant 1 \end{cases}$$
证明：对每个区间 $J \subset I$，都存在一个整数 $n > 0$，使得 $T^n(J) \cap J \neq \varnothing$.

证明 映射 T 把区间 $(0, a]$ 映到区间 $(1-a, 1]$ 中，而把区间 $(a, 1]$ 映到区间 $(0, 1-a]$ 中，显然 T 是保测的. 由于区间 $[0,1]$ 的测度是有限的，因此存在两个正整数 $k, l > k$ 使得 $T^k(J)$ 和 $T^l(J)$ 是不相交的. 但是由于映射 T 是 1—1 的，因此 $T^{l-k}(J)$ 和 J 是不相交的.

㉚ 证明：如果 $P(x) = (x-a)^k Q(x)$，其中 k 是一个正整数，a 是一个非零实数，$Q(x)$ 是非零多项式，则 $P(x)$ 至少有 $k+1$ 个非零系数.

㉛ 在四棱锥的每个侧面中有一个内接圆，且相邻的面中的内接圆互相相切. 证明：这些圆和底面的接触点都位于一个圆上.

㉜ 考虑一个覆盖全平面的无限的国际象棋盘. 在此国际象棋盘的每个方格中都有一个非负实数，且每个数都是与其相邻的四个方格中的数的算术平均. 证明：此国际象棋盘中每个方格中的数都相等.

㉝ 平面上由有限个点组成了一个具有以下性质的点集 P. 每条通过 P 中两个点的直线都至少包含一个 P 中的点. 证明：P 中所有的点都位于一条直线上.

㉞ 设 $\{a_n\}_0^\infty$ 和 $\{b_n\}_0^\infty$ 是两个由下列递推公式确定的序列
$$a_{n+1} = a_n + b_n$$
$$b_{n+1} = 3a_n + b_n, \quad n = 0, 1, 2, \cdots$$
其初值为 $a_0 = b_0 = 1$. 证明：对所有的非负整数 n，存在一个唯一确定的常数 c，使得 $n |ca_n - b_n| < 2$.

㉟ 设 P 是一个使得当 $x > 0$ 时，$P(x) > 0$ 的实系数多项式，证明：存在具有非负系数的多项式 Q 和 R，使得当 $x > 0$ 时，$P(x) = \dfrac{Q(x)}{R(x)}$（译者注：这句话中的当 $x > 0$ 时是多余的）.

证明 每个实系数多项式都可分解为实系数一次多项式和二次多项式的乘积,那样只需对实系数二次多项式 $P(x) = x^2 - 2ax + b^2, a > 0, b^2 > a^2$ 证明结果就够了.

利用恒等式

$$(x^2+b^2)^{2n} - (2ax)^{2n} = (x^2 - 2ax + b^2) \sum_{k=0}^{2n-1} (x^2+b^2)^k (2ax)^{2n-k-1}$$

如果我们能够选择 n 使得 $b^{2n} \binom{2n}{n} > 2^{2n} a^{2n}$,那么问题就已解决了.

然而易于验证 $2n \binom{2n}{n} < 2^{2n}$,因此只需取 n 使得 $\left(\frac{b}{a}\right)^{2n} > 2n$ 就够了. 由于 $\lim_{n \to \infty} (2n)^{\frac{1}{2n}} = 1 < \frac{b}{a}$,所以那种 n 总是存在的.

㊱ 三个以 O 为圆心的同心圆被一条公共弦依次截于点 A, B, C. 在 A, B, C 三点处分别作那点的切线,这些切线围成了一个三角形区域. 如果从点 O 到公共弦的距离为 p, 证明: 三角形区域的面积等于 $\dfrac{AB \cdot BC \cdot CA}{2p}$.

㊲ 从一个长宽各为 11 的正方形方格盘中去掉中心的正方形格子. 证明: 所余的 120 个格子不可能被 15 个 8×1 的块覆盖.

㊳ 设 $x = \sqrt{a} + \sqrt{b}$,其中 a 和 b 都是自然数而 x 不是一个整数,且 $x < 1\,976$. 证明: x 的分数部分必超过 $10^{-19.76}$.

㊴ $\triangle ABC$ 的内接圆和边 BC 切于点 X,证明: 联结 AX 的中点和边 BC 中点的线段必通过内接圆的中心 I.

㊵ 设 $g(x)$ 是一个给定的多项式,定义 $f(x) = x^2 + xg(x^3)$,证明: $f(x)$ 不可能被 $x^2 - x + 1$ 整除.

㊶ 求出和为 $1\,976$ 的若干个正整数的最大乘积.

注 此题为第 18 届国际数学奥林匹克竞赛题第 4 题.

㊷ 设 O 是 $\triangle ABC$ 中的一点,用 A_1, B_1, C_1 分别表示 AO, BO, CO 和对应的边的交点. 设 $n_1 = \dfrac{AO}{A_1O}, n_2 = \dfrac{BO}{B_1O}, n_3 = \dfrac{CO}{C_1O}$,问 n_1, n_2, n_3 是否可能都是正整数.

㊸ 证明:如果对多项式 $P(x,y)$ 成立
$$P(x-1, y-2x+1) = P(x,y)$$
则存在多项式 $\Phi(x)$,使得 $P(x,y) = \Phi(y-x^2)$.

㊹ 一个半径为1的圆沿着一个半径为 $\sqrt{2}$ 的圆滚动. 把初始的切点染成红色. 以后,当红点再和大圆接触时,继续把接触点染成红色. 当小圆的中心沿着大圆转了 n 圈时,大圆上共有多少红点?

㊺ 在平面上给出 $n(n \geq 5)$ 个圆,设每三个圆有一个公共点,证明:这 n 个圆都有公共点.

㊻ 对 $a \geq 0, b \geq 0, c \geq 0, d \geq 0$,证明:不等式
$$a^4 + b^4 + c^4 + d^4 \geq a^2b^2 + a^2c^2 + a^2d^2 + b^2c^2 + b^2d^2 + c^2d^2.$$

㊼ 证明:存在无穷多个正整数 n 使得 5^n 的十进制数字表示式中含有一个由连续的 1 976 个 0 所组成的段.

证明 我们用数学归纳法证明对每个 $k = 0, 1, \cdots$ 都有 $5^{2^k} - 1 = 2^{k+2} q_k$,其中 $q_k \in \mathbf{N}$. 实际上,命题对 $k = 0$ 成立. 假设命题对某个 k 成立,那么
$$5^{2^{k+1}} - 1 = (5^{2^k} + 1)(5^{2^k} - 1) = (5^{2^k} + 1) 2^{k+2} q_k = 2^{k+3} q_{k+1}$$

其中 $q_{k+1} = \frac{1}{2}(5^{2^k} + 1) q_k$ 是一个整数. 因此由数学归纳法就证明了所说的命题.

现在我们选 $n = 2^k + k + 2$,那样就有
$$5^n = 5^{2^k + k + 2} = 5^{k+2}(5^{2^k} - 1 + 1) = 5^{k+2}(5^{2^k} - 1) + 5^{k+2} = 10^{k+2} q_k + 5^{k+2}$$

从 $5^4 < 10^3$ 可知 5^{k+2} 中至多有 $\left[\frac{3(k+2)}{4}\right] + 2$ 个非零数字,而 $10^{k+2} q_k$ 中最后 $k+2$ 个数字都是 0,因此 5^n 的十进数字表示式中至少含有 $\left[\frac{(k+2)}{4}\right] - 2$ 个连续的 0. 现在,只需取 $k > 4.197\,8$ 即可. (译者注:实际上,可以给出关于 k 的更简单的估计式,解不等式 $5^{k+2} < 10^x$,可得 $x > (k+2)\lg 5 = 0.698\,97\cdots(k+2) > \frac{k+2}{2}$,因此我们只需把 k 换成 $2k$ 即可得出 5^{2k+2} 至多是一个 $k+2$ 位数,而 $10^{2k+2} q_k$ 中最后 $2k+2$ 个数字都是 0,因此 5^n 的十进数字表示式中至少含有 k 个连续的 0. 由于 k 是任意的,因此 5^n 的十进数字表示式中存在由任意多个全是 0 组成的段. 在这个问题中只需取

$k > 1976$ 即可.)

❹❽ 设多项式 $1976(x+x^2+\cdots+x^n)$ 被分解成了若干个形如 $a_1x+a_2x^2+\cdots+a_nx^n$ 的多项式的和,其中 $a_1,a_2,\cdots,a_n$ 都是不大于 n 的不同的正整数.求出所有使得这种分解可能的 n 的值.

解 假设可以把所给的多项式分解成 k 个那种多项式之和,那么其中每个多项式 $a_1x+a_2x^2+\cdots+a_nx^n$ 的系数之和就等于 $1+\cdots+n=n(n+1)/2$,而 $1976(x+x^2+\cdots+x^n)$ 的系数之和为 $1976n$.因此我们必须有 $1976n=kn(n+1)/2$,由此可推出 $(n+1) \mid 2\cdot 1976=3952=2^4\cdot 13\cdot 19$.换句话说 n 具有形式 $n=2^\alpha 13^\beta \cdot 19^\gamma - 1$,其中 $0\leqslant\alpha\leqslant 4, 0\leqslant\beta\leqslant 1, 0\leqslant\gamma\leqslant 1$ 都是非负整数.我们可以立即去除 $n=0$ 和 $n=3951$ 这两种情况,它们分别对应于 $\alpha=\beta=\gamma=0$ 和 $\alpha=4,\beta=\gamma=1$.

我们断言 n 的所有其他的值都是允许的.考虑两种情况:

(1) $\alpha\leqslant 3$.这时 $k=3952/(n+1)$ 是偶的,最简单的选择是 $P=x+2x^2+\cdots+nx^n$ 和 $P'(x)=nx+(n-1)x^2+\cdots+x^n$,由于 $k(P+P')/2=1976(x+x^2+\cdots+x^n)$.

(2) $\alpha=4$.那么 k 是奇的.考虑 $(k-3)/2$ 对 (1) 中的多项式对 (P,P') 以及

$$P_1 = \left[nx+(n-1)x^3+\cdots+\frac{n+1}{2}x^n\right]+$$
$$\left[\frac{n-1}{2}x^2+\frac{n-3}{2}x^4+\cdots+x^{n-1}\right]$$
$$P_2 = \left[\frac{n+1}{2}x+\frac{n-1}{2}x^3+\cdots+x^n\right]+$$
$$\left[nx^2+(n-1)x^4+\cdots+\frac{n+3}{2}x^{n-1}\right]$$

那么 $P+P_1+P_2=3(n+1)(x+x^2+\cdots+x^n)/2$,因而 $(k-3)(P+P')/2+(P+P_1+P_2)=1976(x+x^2+\cdots+x^n)$ 由此得出当且仅当 $1<n<3951$ 并且 $(n+1)\mid 2\cdot 1976$ 时,所说的分解才是可能的.

❹❾ 确定是否存在 1976 个互不相似的三角形,使得它们的角度都满足关系式
$$\frac{\sin\alpha+\sin\beta+\sin\gamma}{\cos\alpha+\cos\beta+\cos\gamma}=\frac{12}{7} \quad \text{和} \quad \sin\alpha\sin\beta\sin\gamma=\frac{12}{25}$$

㊿ 求出对所有实数有定义的函数 $f(x)$, 使得对所有的 x 成立
$$f(x+2) - f(x) = x^2 + 2x + 4$$
且当 $x \in [0, 2)$ 时, $f(x) = x^2$.

㊽ 四只燕子正在追捕一个飞虫. 起初, 燕子位于四面体的四个顶点处, 而飞虫位于四面体的内部. 它们的最大速度都相等. 证明: 燕子可以捉到飞虫.

第四编
第19届国际数学奥林匹克

第 19 届国际数学奥林匹克题解

南斯拉夫,1977

荷兰命题

❶ 在正方形 $ABCD$ 的内部作等边三角形 ABK, BCL, CDH, DAN. 求证:四条线段 KL, LH, HN, NK 的中点及八条线段 AK, BK, BL, CL, CH, DH, DN, AN 的中点一起组成一个正十二边形的十二个顶点.

证法 1　此题的图形,如图 19.1 所示.

首先,这个图形并非那么复杂. 存在经过正方形中心 O 的对称轴,亦即对角线 AC 和 BD, 以及经过 H, K 及 L, N 的两条直线. 关于这些轴作反射(即对称)图形不变. 整个图形绕点 O 旋转 $90°$ 角,图形也不变. 实际上,如果我们已经作出了夹在 OD 和 OK 之间的部分,那么适当地反射(首先关于 OD, 然后关于 OL, 等等,最后关于 KH) 就将产生整个图形.

我们首先注意, $\triangle ABH$, $\triangle BCN$, $\triangle CDK$, $\triangle DAL$ 是全等的,都是底角是 $15°$ 的等腰三角形. 由此可知, $\triangle ALH$, $\triangle BHN$, $\triangle CNK$, $\triangle DKL$ 是等边三角形且全等. 我们用 s 表示这些等边三角形的边长.

在 $\triangle DNB$ 中, OH_2 是边 DB 和 DN 的中点连线,所以 OH_2 平行于 BN, 而且等于它的一半,即 $OH_2 = \frac{1}{2}s$. 又由对称性知 OK 与 BC 平行,因而有 $\angle H_2 OK = \angle NBC = 15°$, 因为 $\angle DOK = 45°$, 我们有 $\angle H_1 OH_2 = 30°$. 最后,因为 DO 平分 $\triangle LDK$ 的角 $\angle LDK$, 所以它垂直于 KL, 因而平行于 LH. 于是

$$OH_1 = LH_{10} = \frac{1}{2}LH = \frac{1}{2}s$$

这表明 $OH_1 = OH_2$.

关于 OD 作反射,我们可得 $OH_{12} = OH_2$, $\angle H_1 OH_{12} = 30°$ 及 $\angle H_{12} OL = 15°$. 其次,关于 OL 作反射,我们又可以把 OH_{10} 及 OH_9 纳入上述相等线段之列(亦即 $OH_1 = OH_2 = OH_{12} = OH_{10} = OH_9$), 而且同样 $\angle H_{11} OH_{10}$ 及 $\angle H_{10} OH_9$ 也可纳入 $30°$ 角之列. 当然,还有 $\angle H_{12} OH_{11} = 2 \times 15° = 30°$.

最后,关于直线 HK 作反射将产生图形的其余部分,并且得

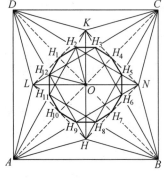

图 19.1

到 12 个点 $H_1, H_2, \cdots, H_{12}$，它们都落在同一个半径为 $\frac{1}{2}s$ 的圆上，并且相邻两点间的弧是 $30°$，于是它们是一个正十二边形的十二个顶点.

证法 2 如图 19.2 所示，设 P_1, P_2, P_3 分别是 DN, AN, NK 的中点. 因为

$$P_2 P_3 \underline{\underline{\parallel}} \frac{1}{2} AK = \frac{1}{2} AB = \frac{1}{2} DA$$

又

$$P_1 P_2 \underline{\underline{\parallel}} \frac{1}{2} DA$$

所以

$$P_1 P_2 = P_2 P_3$$

同理可证，十二边形 $P_1 P_2 \cdots P_{12}$ 的其他各边之长也都等于原正方形边长的一半.

由于 $\angle P_1 P_2 P_3$ 与 $\angle DAK$ 的两边分别平行且方向相同，因此

$$\angle P_1 P_2 P_3 = \angle DAK = \angle DAB + \angle BAK = 90° + 60° = 150°$$

同理可证，十二边形的其他各内角也都等于 $150°$.

综上所述，命题得证.

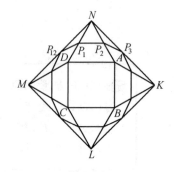

图 19.2

证法 3 建立如图 19.3 所示的平面直角坐标系. 设正方形 $ABCD$ 的边长为 2，根据正方形关于 x 轴，y 轴对称，易知以下各点坐标，即

$$A(1,1), B(1,-1), C(-1,-1), D(-1,1)$$
$$K(1+\sqrt{3}, 0), L(0, -1-\sqrt{3})$$
$$M(-1-\sqrt{3}, 0), N(0, 1+\sqrt{3})$$

由中点坐标公式分别求出中点 P_1, P_2, P_3 的坐标，即

$$P_1\left(-\frac{1}{2}, \frac{2+\sqrt{3}}{2}\right), P_2\left(\frac{1}{2}, \frac{2+\sqrt{3}}{2}\right), P_3\left(\frac{1+\sqrt{3}}{2}, \frac{1+\sqrt{3}}{2}\right)$$

又根据两点间距离公式得

$$|P_1 P_2| = \sqrt{1^2 + 0^2} = 1$$

$$|P_2 P_3| = \sqrt{\left(\frac{\sqrt{3}}{2}\right)^2 + \left(\frac{1}{2}\right)^2} = 1$$

$$|OP_1| = \sqrt{\left(-\frac{1}{2}\right)^2 + \left(\frac{2+\sqrt{3}}{2}\right)^2} = \sqrt{\frac{8+4\sqrt{3}}{4}} = \sqrt{2+\sqrt{3}}$$

$$|OP_2| = \sqrt{\left(\frac{1}{2}\right)^2 + \left(\frac{2+\sqrt{3}}{2}\right)^2} = \sqrt{\frac{8+4\sqrt{3}}{4}} = \sqrt{2+\sqrt{3}}$$

$$|OP_3| = \sqrt{\left(\frac{1+\sqrt{3}}{2}\right)^2 + \left(\frac{1+\sqrt{3}}{2}\right)^2} = \sqrt{2 \times \frac{4+2\sqrt{3}}{4}} = \sqrt{2+\sqrt{3}}$$

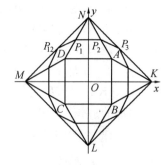

图 19.3

因此，十二边形的诸顶点都在以原点 O 为圆心，以 $\sqrt{2+\sqrt{3}}$ 为半径的圆上，并且各边之长皆为 1，所以该多边形是正十二边形.

❷ 在有限的实数列中，若任何连续 7 项之和是负数，任何连续 11 项之和是正数. 试确定这种数列的项数的最大值.

越南命题

解法 1 我们把项数为 n 的具备题中所述性质的数列记为 S_n，我们容易对最初几个 n 找出数列 S_n，即

$$S_{11} = \{1,1,1,1,1,-9,1,1,1,1,1\}$$
$$S_{12} = \{1,1,1,1,1,-4,-4,1,1,1,1,1\}$$
$$S_{13} = \{2,2,-1,-1,2,2,-7,2,2,-1,-1,2,2\}$$
$$S_{14} = \{1,-5,1,5,1,-5,1,1,-5,1,5,1,-5,1\}$$
$$S_{15} = \{5,-4,-4,5,5,-4,-4,5,-4,-4,5,5,-4,-4,5\}$$
$$S_{16} = \{5,5,-13,5,5,5,-13,5,5,-13,5,5,5,-13,5,5\}$$

为了看出我们是怎样求出而不是猜出这些数列的，让我们来寻找 S_{16}. 我们假定数列自左向右和自右向左读出来是一样的，并假定任何连续 7 项之和是 -1，而任何连续 11 项之和是 $+1$. 于是有

$$a_1 + a_2 + a_3 + a_4 + a_5 + a_6 + a_7 = -1$$
$$a_2 + a_3 + a_4 + a_5 + a_6 + a_7 + a_8 = -1$$
$$a_3 + a_4 + a_5 + a_6 + a_7 + a_8 + a_8 = -1$$
$$a_4 + a_5 + a_6 + a_7 + a_8 + a_8 + a_7 = -1$$
$$a_5 + a_6 + a_7 + a_8 + a_8 + a_7 + a_6 = -1$$

从第二个方程起，每个方程减去前一个方程，可得

$$a_1 = a_8, a_2 = a_8, a_3 = a_7, a_4 = a_6$$

现在再写出所有的连续 11 项之和，即

$$a_1 + a_2 + a_3 + a_4 + a_5 + a_6 + a_7 + a_8 + a_8 + a_7 + a_6 = 1$$
$$a_2 + a_3 + a_4 + a_5 + a_6 + a_7 + a_8 + a_8 + a_7 + a_6 + a_5 = 1$$
$$a_3 + a_4 + a_5 + a_6 + a_7 + a_8 + a_8 + a_7 + a_6 + a_5 + a_4 = 1$$

且由后一方程减去前一方程，可得

$$a_1 = a_5, a_2 = a_4$$

这些关系式表明 S_{16} 有下列形式，即

$$\{a_1, a_1, a_3, a_1, a_1, a_1, a_3, a_1, a_1, a_3, a_1, a_1, a_1, a_3, a_1, a_1\}$$

在这个数列中，相邻 7 项之和是

$$5a_1 + 2a_3 = -1 \qquad ①$$

而相邻 11 项之和是

$$8a_1 + 3a_3 = 1 \qquad ②$$

解 ① 及 ② 可得 $a_1 = 5, a_3 = -13$. 于是求出上面所给出的 S_{16}.

但 S_{17} 是不存在的. 假定
$$S_{17} = \{a_1, a_2, \cdots, a_{17}\}$$
我们写出它的 11 个可能的连续 7 项之和的总和, 即
$$(a_1 + a_2 + a_3 + a_4 + a_5 + a_6 + a_7) + (a_2 + a_3 + a_4 + a_5 + a_6 + a_7 + a_8) + \cdots + (a_{11} + a_{12} + a_{13} + a_{14} + a_{15} + a_{16} + a_{17})$$
我们把这个总和记作 A, 它是一个负数. 现在写出它的 7 个可能的连续 11 项之和的总和, 即
$$(a_1 + a_2 + a_3 + a_4 + a_5 + a_6 + a_7 + a_8 + a_9 + a_{10} + a_{11}) + (a_2 + a_3 + a_4 + a_5 + a_6 + a_7 + a_8 + a_9 + a_{10} + a_{11} + a_{12}) + \cdots + (a_7 + a_8 + a_9 + a_{10} + a_{11} + a_{12} + a_{13} + a_{14} + a_{15} + a_{16} + a_{17})$$
首先, 这个和是正的. 其次, 这个和恰好由组成 A 的那些项所组成. 于是我们同时有
$$A < 0, A > 0$$
这是矛盾的, 故 S_{17} 不存在.

于是, 所求的最大值是 16.

解法 2 先把 $a_1, a_2, \cdots, a_{17}$ 排成如下的数表, 即
$$a_1, a_2, \cdots, a_7, a_8, \cdots, a_{11}$$
$$a_2, a_3, \cdots, a_8, a_9, \cdots, a_{12}$$
$$a_3, a_4, \cdots, a_9, a_{10}, \cdots, a_{13}$$
$$a_4, a_5, \cdots, a_{10}, a_{11}, \cdots, a_{14}$$
$$a_5, a_6, \cdots, a_{11}, a_{12}, \cdots, a_{15}$$
$$a_6, a_7, \cdots, a_{12}, a_{13}, \cdots, a_{16}$$
$$a_7, a_8, \cdots, a_{13}, a_{14}, \cdots, a_{17}$$
表中有 7 行、11 列, 数的个数为 $7 \times 11 = 77$. 现将这 77 个数的总和记为 S, 易知, 无论按行加或按列加, 和 S 不变.

若按行求和, 则
$$S = \sum_{i=1}^{11} a_i + \sum_{i=2}^{12} a_i + \cdots + \sum_{i=7}^{17} a_i > 0 \qquad ③$$
若按列求和, 则
$$S = \sum_{i=1}^{7} a_i + \sum_{i=2}^{8} a_i + \cdots + \sum_{i=11}^{17} a_i < 0 \qquad ④$$
③ 与 ④ 显然矛盾.

解法 3 假若项数足够多, 任意连续 4 项可看成连续 11 项去掉连续 7 项的结果. 那么任意连续 4 项之和必为正数. 由此, 任意连续 3 项可看成连续 7 项去掉连续 4 项的结果. 这样, 任意连续 3 项之和必为负数. 任意 1 项可看成连续 4 项去掉连续 3 项的结果, 从而任意 1 项为正数. 如此, 任意 7 项之和就不会是负数. 这矛盾

说明数列的项数不会多到任意连续 4 项之和都是正数.下面根据这点来确定最大项数.

显然,数列的项数至少为 11.项数为 11 时,第 1 至第 11 项之和为正数,而末尾 7 项之和与前面 7 项之和又为负数,可见前 4 项之和与后 4 项之和均为正数,即 $1 \sim 4$ 与 $8 \sim 11$ 项之和均为正数.同理,当项数为 12 时,由 $2 \sim 12$ 项之和为正数,而其中末尾 7 项之和与前面 7 项之和为负数,可见 $2 \sim 5$ 与 $9 \sim 12$ 项之和均为正数.类似地,如果项数为 17,可知以下各 4 项之和均为正数,即

$$\begin{cases} 1 \sim 4 \\ 8 \sim 11 \end{cases}, \begin{cases} 2 \sim 5 \\ 9 \sim 12 \end{cases}, \begin{cases} 3 \sim 6 \\ 10 \sim 13 \end{cases}, \begin{cases} 4 \sim 7 \\ 11 \sim 14 \end{cases},$$

$$\begin{cases} 5 \sim 8 \\ 12 \sim 15 \end{cases}, \begin{cases} 6 \sim 9 \\ 13 \sim 16 \end{cases}, \begin{cases} 7 \sim 10 \\ 14 \sim 17 \end{cases}$$

这就是说,从任意项起,连续 4 项之和均为正数,即任意连续 4 项均为正数.前面说过这样一定会产生矛盾,因此数列的项数不能超过 16.另一方面,我们可以举出项数为 16 的具有题设性质的数列,说明最大项数不小于 16,从而得最大项数就是 16 的结论.

例子如下

$1, 1, -2.6, 1, 1, 1, -2.6, 1, 1, -2.6, 1, 1, 1, -2.6, 1, 1$

这个例子是这样造出来的:考虑 $1 \sim 9$ 项($8 \sim 16$ 项类似).因为其中任意连续 7 项之和为负数,任意连续 4 项之和为正数,可见 $1 \sim 7, 2 \sim 8, 3 \sim 9$ 项去掉后面或前面 4 项所得以下 3 项之和均为负数,即

$$\begin{cases} 1 \sim 3 \\ 5 \sim 7 \end{cases}, \begin{cases} 2 \sim 4 \\ 6 \sim 8 \end{cases}, \begin{cases} 3 \sim 5 \\ 7 \sim 9 \end{cases}$$

它们前或后加上一项即成为 4 项,都应为正数,可见这些项的前项或后项都为正数,即以下各项为正数

$$4, 1, 5, 2, 6, 8, 9$$

除这些项外,还有第 $3, 7$ 项,应为负数.而 $8 \sim 16$ 与 $1 \sim 9$ 项情况类似,第 $10, 14$ 项为负数,其余为正数.为简单起见,设正数项为 1,负数项为 $-x$,则 16 项数列为

$$1, 1, -x, 1, 1, 1, -x, 1, 1, -x, 1, 1, 1, -x, 1, 1$$

为了保证有关 3 项之和为负,4 项之和为正,7 项之和为负,11 项之和为正,x 应满足

$$2 - x < 0, 3 - x > 0, 5 - 2x < 0, 8 - 3x > 0$$

由此得 $2.5 < x < 2\frac{2}{3} = 2.666\cdots$,取 $x = 2.6$ 就得到了我们的例子.

解法 4 设此数列为 $a_1, a_2, a_3, \cdots, a_{17}, \cdots, a_n$,即 $n \geq 17$.由已

知条件可得
$$a_k + a_{k+1} + \cdots + a_{k+8} < 0, k = 1, 2, \cdots \quad \text{⑤}$$
$$a_k + a_{k+1} + \cdots + a_{k+10} > 0, k = 1, 2, \cdots \quad \text{⑥}$$
⑤ － ⑥ 得
$$a_{k+7} + a_{k+8} + a_{k+9} + a_{k+10} > 0 \quad \text{⑦}$$
即从第 8 项开始，任意连续 4 项之和都是正数. 则
$$a_8 + a_9 + a_{10} + a_{11} > 0 \quad \text{⑧}$$
$$a_{11} + a_{12} + a_{13} + a_{14} > 0 \quad \text{⑨}$$
⑧ ＋ ⑨ 得
$$a_8 + a_9 + a_{10} + 2a_{11} + a_{12} + a_{13} + a_{14} > 0 \quad \text{⑩}$$
由 ⑤ 可知
$$a_8 + a_9 + \cdots + a_{14} < 0 \quad \text{⑪}$$
⑩ － ⑪ 得
$$a_{11} > 0$$
如此类推可得
$$a_{12} > 0, a_{13} > 0, a_{11} + a_{12} + a_{13} > 0 \quad \text{⑫}$$
当 $n \geq 17$ 时，由 ⑤ 可得
$$a_{11} + a_{12} + \cdots + a_{17} < 0 \quad \text{⑬}$$
⑬ － ⑫ 得
$$a_{14} + a_{15} + a_{16} + a_{17} < 0 \quad \text{⑭}$$
显然 ⑭ 与 ⑦ 矛盾. 故 $n < 17, n \leq 16$.

推论 本题的结论还可推广如下：如果实数数列的任意连续 m 项的和为正数，任意连续 n 项的和为负数，且 $m > n$ 满足如下的关系，即
$$(-1)^{k-1}(u_{k-1}m - u_k n) = 1$$
其中，u_k 表示斐波那契数列的 $k+1$ 项，则这数列的最大项数为 $m + n - 2$.

❸ 设 n 是给定的大于 2 的整数，用 V_n 表示所有形如 $1 + kn$ 的整数的集 ($k = 1, 2, \cdots$). 一个数 $m \in V_n$，如果不存在数 p, $q \in V_n$，使 $pq = m$，则称 m 为 V_n 中的不可约数. 证明：存在一个数 $r \in V_n$，它可以用不只一种方法表示成 V_n 中的不可约数之积（但规定，只有 V_n 中的数的顺序不同的表示法当作是一种表示法）.

荷兰命题

证明 设 $a = n - 1, b = 2n - 1$，定义
$$r = a^2 \cdot b^2 = ab \cdot ab$$
因为
$$a^2 \equiv b^2 \equiv -1 \pmod{n}$$

所以 a 和 b 都不是 V_n 中的元素. 但
$$a^2 = (n^2 - 2n) + 1, b^2 = (4n^2 - 4n) + 1$$
所以
$$a \equiv b \equiv 1 \pmod{n}$$
故 a^2, b^2 都是 V_n 中的元素.

首先,设对某两个自然数 c, d 有
$$a^2 = (cn+1)(dn+1)$$
那么有
$$cdn^2 + (c+d)n + 1 > n^2$$
且因为
$$n = a+1, n^2 = a^2 + 2a + 1 > a^2$$
于是
$$a^2 > a^2$$
这不可能. 所以 a^2 是 V_n 中的不可约数.

其次,设
$$b^2 = (cn+1)(dn+1)$$
那么有
$$cdn^2 + (c+d)n + 1 = 4n^2 - 4n + 1$$
于是
$$4n - 4 = cdn + (c+d), cd < 4$$
因此或是 $c=1$,或是 $d=1$. 不妨设 $c=1$,则有
$$4n^2 - 4n + 1 = (n+1)(dn+1)$$
因而 $n+1$ 和 $4n^2 - 4n + 1$ 有公因子 $n+1 > 1$. 于是知 $n+1$ 和 $2n-1$ 有大于 1 的公因子. 但
$$2n - 1 = 2(n+1) - 3$$
所以 $4n^2 - 4n + 1$ 和 $n+1$ 的公因子小于等于 3^2. 于是 $n+1 \leqslant 9$(因为上面已假设 $n+1 \mid 4n^2 - 4n + 1$). 此外还有 $3 \mid n+1$,这是因为,不然就有
$$(n+1, 2n-1) = (3, n+1) = 1$$
$$(n+1, 4n^2 - 4n + 1) = 1$$
因而 $n+1 = 1$,这不可能. 于是我们得出
$$n+1 = 3, 6, 9$$
因而
$$n = 2, 5, 8$$
我们可以立即排除掉 $n=2$ 的情形. 对于 $n=5$,我们有
$$4 \times 5^2 - 4 \times 5 + 1 = 81 = 3 \times 27 = 9 \times 9$$
因此 81 是 V_5 中的不可约数. 对于 $n=8$,有
$$4 \times 8^2 - 4 \times 8 + 1 = 225 = 9 \times 25$$
这是 225 在 V_8 中的唯一的分解式. 这样,我们证明了:当 $n \neq 8$ 时, $(2n-1)^2$ 是 V_n 中的不可约数. 亦即 $n \neq 8$ 时 b^2 是 V_n 中的不可约数.

最后,我们设 $ab = (n-1)(2n-1)$ 在 V_n 中是可约的,即假定
$$ab = (cn+1)(dn+1)$$
那么有
$$2n^2 - 3n + 1 = cdn^2 + (c+d)n + 1$$
因为

$$c, d \geqslant 1, 2n^2 - 3n + 1 < 2n^2 < 2n^2 + (c+d)n + 1, cd < 2$$

因而
$$c = d = 1$$

由此可得
$$2n^2 - 3n + 1 = n^2 + 2n + 1$$
$$2n - 3 = n + 2$$

从而
$$n = 5$$

由此可见,若 $n \neq 5$,则 ab 必是 V_n 中的不可约数. 但如果 $n = 5$,此时我们可以举出下面的例子,即

$$1\,296 = 6 \times 6 \times 6 \times 6 = 16 \times 81$$

这是 $1\,296$ 在 V_5 中的两个不同形式的不可约数的分解式. 对 $n = 8$,则有下面的例子,即

$$11\,025 = 49 \times 9 \times 25 = 105 \times 105$$

而对于 $n \neq 5, 8$,有

$$r = a^2 \cdot b^2 = ab \cdot ab$$

是 r 在 V_n 中的不可约因子的分解式,并且注意 $n - 1 < 2n - 1, a < b, a^2 < ab < b^2$,所以这是两种不同的分解式.

另一种证法要利用迪利克雷(Dirichlet)定理: 如果 s, t 是互素整数, 则

$$sk + t, k = 1, 2, \cdots$$

中包含无穷多个素数. 现令 $s = n, t = n - 1$,且在数集

$$nk + (n-1), k = 1, 2, \cdots$$

中任取三个不同的素数,例如

$$a = n(c-1) + (n-1) = nc - 1$$
$$b = n(d-1) + (n-1) = nd - 1$$
$$e = n(f-1) + (n-1) = nf - 1$$

其中, c, d, f 是某些正整数. 因为 $n > 2$,所以 $a - 1, b - 1, e - 1$ 不是 n 的倍数,于是

$$a \notin V_n, b \notin V_n, e \notin V_n$$

但
$$ab = (ncd - c - d)n + 1 \in V_n$$
$$be = (ndf - d - f)n + 1 \in V_n$$
$$ae = (ncf - c - f)n + 1 \in V_n$$
$$e^2 = (nf^2 - 2f)n + 1 \in V_n$$

这四个数都没有 a, b, e 以外的因子,所以它们都是 V_n 中的不可约数. 最后,因为

$$abe^2 = ae \cdot be = ab \cdot e^2$$

故数 abe^2 具备所要求的性质.

英国命题

❹ 设 a, b, A, B 是给定的实常数,又设
$$f(\theta) = 1 - a \cdot \cos\theta - b \cdot \sin\theta - A \cdot \cos 2\theta - B \cdot \sin 2\theta$$
试证明:如果对所有的实数 θ 有 $f(\theta) \geqslant 0$,那么
$$a^2 + b^2 \leqslant 2, A^2 + B^2 \leqslant 1$$

证法 1 首先考虑 $a \cdot \cos\theta + b \cdot \sin\theta$. 设
$$r^2 = a^2 + b^2$$
则可将上式写成
$$r\left(\frac{a}{r} \cdot \cos\theta + \frac{b}{r} \cdot \sin\theta\right)$$
设
$$\frac{a}{r} = \cos\alpha, \frac{b}{r} = \sin\alpha$$
则最终得
$$a \cdot \cos\theta + b \cdot \sin\theta = r \cdot \cos(\theta - \alpha)$$
同样,设
$$R^2 = A^2 + B^2$$
则可写出
$$A \cdot \cos 2\theta + B \cdot \sin 2\theta = R \cdot \cos 2(\theta - \beta)$$
于是我们得到
$$f(\theta) = 1 - r \cdot \cos(\theta - \alpha) - R \cdot \cos 2(\theta - \beta)$$
现在来求 $f(\alpha + 45°)$ 和 $f(\alpha - 45°)$. 我们有
$$f(\alpha + 45°) = 1 - \frac{r}{\sqrt{2}} - R \cdot \cos 2(\alpha - \beta + 45°)$$
$$f(\alpha - 45°) = 1 - \frac{r}{\sqrt{2}} - R \cdot \cos 2(\alpha - \beta - 45°)$$
如果 $r > \sqrt{2}$,则 $1 - \frac{r}{\sqrt{2}}$ 是负的. 又因为 $2(\alpha - \beta) + 90°$ 与 $2(\alpha - \beta) - 90°$ 相差 $180°$,所以或是 $\cos 2(\alpha - \beta + 45°)$,或是 $\cos 2(\alpha - \beta - 45°)$ 为负,因此或是 $f(\alpha + 45°)$,或是 $f(\alpha - 45°)$ 为负,这与假设矛盾. 因此
$$r \leqslant \sqrt{2}, r^2 = a^2 + b^2 \leqslant 2$$
同样,我们来计算 $f(\beta)$ 和 $f(\beta + \pi)$,有
$$f(\beta) = 1 - r \cdot \cos(\beta - \alpha) - R \cdot \cos\theta$$
$$f(\beta + \pi) = 1 - r \cdot \cos(\beta - \alpha + \pi) - R \cdot \cos 2\pi$$
若 $R > 1$,则
$$1 - R \cdot \cos\theta = 1 - R \cdot \cos 2\pi < 0$$
又因为 $(\beta - \alpha)$ 与 $(\beta - \alpha + \pi)$ 相差 π,故或是 $\cos(\beta - \alpha)$,或是 $\cos(\beta - \alpha + \pi)$ 为负,因此,或是 $f(\beta)$,或是 $f(\beta + \pi)$ 为负,这与假

设矛盾,于是 $R \leqslant 1$,即 $R^2 = A^2 + B^2 \leqslant 1$.

证法 2　用反证法. 由证法 1 知,下式对任何实数值 x 成立,即
$$f(x) = 1 - \sqrt{a^2+b^2} \cdot \sin(x+\theta) - \sqrt{A^2+B^2} \cdot \sin(2x+\varphi) \geqslant 0$$
①

假设 $\sqrt{a^2+b^2} > \sqrt{2}$,取 x 使 $\sin(x+\theta) = \dfrac{1}{\sqrt{2}}$,即
$$x = n\pi + (-1)^n \frac{\pi}{4} - \theta = \begin{cases} 2k\pi + \dfrac{\pi}{4} - \theta \\ (2k+1)\pi - \dfrac{\pi}{4} - \theta \end{cases}, n, k \in \mathbf{Z}$$

这时　　　　$\sqrt{a^2+b^2} \cdot \sin(x+\theta) > \sqrt{2} \cdot \dfrac{1}{\sqrt{2}} = 1$

且
$$\sin(2x+\varphi) = \begin{cases} \sin(2(2k\pi + \dfrac{\pi}{4} - \theta) + \varphi) \\ \sin(2((2k+1)\pi - \dfrac{\pi}{4} - \theta) + \varphi) \end{cases} =$$

$$\begin{cases} \sin(4k\pi + \dfrac{\pi}{2} - 2\theta + \varphi) \\ \sin(2(2k+1)\pi - \dfrac{\pi}{2} - 2\theta + \varphi) \end{cases} =$$

$$\begin{cases} \sin(\dfrac{\pi}{2} - (2\theta - \varphi)) = \cos(2\theta - \varphi) \\ \sin(-\dfrac{\pi}{2} - (2\theta - \varphi)) = -\cos(2\theta - \varphi) \end{cases}$$

显然,当 $\cos(2\theta - \varphi) \geqslant 0 (\leqslant 0)$ 时,则 $-\cos(2\theta - \varphi) \leqslant 0 (\geqslant 0)$. 这就是说,$\sin(2x+\varphi)$ 仍有非负值,即 $\sqrt{A^2+B^2} \cdot \sin(2x+\theta)$ 仍存在非负值,亦即此时,仍可有 $f(x) < 0$,而这与题给条件矛盾,故 $\sqrt{a^2+b^2} > \sqrt{2}$ 不可能. 也就是说,必须 $\sqrt{a^2+b^2} \leqslant \sqrt{2}$,所以 $a^2 + b^2 \leqslant 2$.

用类似方法可证 $A^2 + B^2 \leqslant 1$.

假设 $\sqrt{A^2+B^2} > 1$,取 x 使 $\sin(2x+\varphi) = 1$,即
$$x = n\pi + \frac{\pi}{4} - \frac{\varphi}{2} = \begin{cases} 2k\pi + \dfrac{\pi}{4} - \dfrac{\varphi}{2} \\ (2k+1)\pi + \dfrac{\pi}{4} - \dfrac{\varphi}{2} \end{cases}, n, k \in \mathbf{Z}$$

这时　　　　$\sqrt{A^2+B^2} \cdot \sin(2x+\varphi) > 1$

且

$$\sin(x+\theta) = \begin{cases} \sin(2k\pi + \frac{\pi}{4} - \frac{\varphi}{2} + \theta) \\ \sin((2k+1)\pi + \frac{\pi}{4} - \frac{\varphi}{2} + \theta) \end{cases} =$$

$$\begin{cases} \sin(\frac{\pi}{4} - \frac{\varphi}{2} + \theta) \\ -\sin(\frac{\pi}{4} - \frac{\varphi}{2} + \theta) \end{cases}$$

显然,当 $\sin(\frac{\pi}{4} - \frac{\varphi}{2} + \theta) \geqslant 0 (\leqslant 0)$ 时,则 $-\sin(\frac{\pi}{4} - \frac{\varphi}{2} + \theta) \leqslant 0 (\geqslant 0)$. 这就是说, $\sin(x+\theta)$ 仍有非负值,即 $\sqrt{a^2+b^2} \cdot \sin(x+\theta)$ 仍有非负值,亦即可有 $f(x) < 0$. 而这与题给条件矛盾. 故 $\sqrt{A^2+B^2} > 1$ 不可能. 也就是说,必须 $\sqrt{A^2+B^2} \leqslant 1$, 所以 $A^2 + B^2 \leqslant 1$.

❺ 设 a 和 b 是正整数,如果 a^2+b^2 被 $a+b$ 除所得的商是 q, 余数是 r, 试求所有的数对 (a,b), 使
$$q^2 + r = 1\,977$$

民主德国命题

解法 1 我们有
$$a^2 + b^2 = q(a+b) + r \qquad ①$$
$$1\,977 = q \times q + r \qquad ②$$

由 ② 有 $q^2 \leqslant 1\,997$, 故 $q \leqslant 44$. 由 ① 有
$$\frac{a^2+b^2}{a+b} = q + \frac{r}{a+b}$$

故 $r < a+b$. 现在
$$\frac{a^2+b^2}{a+b} = \frac{a^2+2ab+b^2}{a+b} - \frac{2ab}{a+b} = (a+b) - \frac{2ab}{a+b}$$

并且由熟知的两个正数的算数平均与调和平均之间的关系得
$$\frac{a+b}{2} \geqslant \sqrt{ab} \geqslant \frac{2ab}{a+b}$$

还有
$$q+1 > \frac{a^2+b^2}{a+b} = (a+b) - \frac{2ab}{a+b}$$

于是
$$45 > (a+b) - \frac{2ab}{a+b}, \quad 0 \geqslant \frac{2ab}{a+b} - \frac{a+b}{2}$$

将二式相加得
$$45 \geqslant \frac{a+b}{2}$$

因此 $(a+b) \leqslant 90$, $r \leqslant 89$. 由 ② 得
$$1\,977 \geqslant q^2 \geqslant 1\,888$$

在 $1\,977$ 和 $1\,888$ 之间仅有的平方数是 $1\,936$, 这表明 $q=44$, 而由

② 得 $r=41$.

现有
$$a^2+b^2=44a+44b+41$$
或者
$$(a-22)^2+(b-22)^2=1\,009$$
如果列出所有的不超过 505 的平方数以及 1 009 与它们的差(要记住每个平方数的末位数字是 0,1,4,6,9,5). 我们求得仅有
$$15^2+28^2=1\,009$$
因此
$$\{|a-22|,|b-22|\}=\{15,28\}$$
于是 $(a,b)=\{(37,-6),(-6,37),(7,-6),(-6,7),$
$(50,37),(37,50),(50,7),(7,50)\}$

解法 2 由题设条件知,所求正整数对 (a,b) 满足
$$a^2+b^2=q(a+b)+r \qquad ③$$
$$q^2+r=1\,977 \qquad ④$$
其中,$0 \leqslant r < a+b$.

将 ④ 代入 ③,整理后得
$$q^2-(a+b)q+(a^2+b^2-1\,977)=0$$
因为 q 为(正整)实数,故其判别式 $\Delta_q \geqslant 0$,即
$$\Delta_q=(a+b)^2-4(a^2+b^2-1\,977) \geqslant 0$$
即
$$3a^2-2ab+3b^2-4 \cdot 1\,977 \leqslant 0$$
设
$$f(a)=3a^2-2ba+(3b^2-4 \cdot 1\,977)$$
则知"存在 a 值,使关于 a 的实函数 $f(a) \leqslant 0$" 的充要条件是其判别式 $\Delta_a \geqslant 0$,即
$$\Delta_a=(-2b)^2-4 \times 3 \times (3b^2-4 \times 1\,977) \geqslant 0$$
$$b^2 \leqslant \frac{1}{2} \times 3 \times 1\,977 < \frac{1}{2} \times 3 \times 2\,000 = 3\,000$$
所以正整数 $b < 55$.

由 ③ 知,a 与 b 对称,故也有正整数 $a < 55$. 因此 $a+b < 110$.
由 ④ 知
$$1\,977 > q^2 = 1\,977-r > 1\,977-(a+b) > 1\,977-110 = 1\,867$$
所以 $\quad 1\,867 < q^2 < 1\,977, 43^2 < q^2 < 45^2$

故正整数 $q=44$,因而正整数 $r=41$.

将 q,r 的值代入 ③ 得
$$a^2+b^2=44(a+b)+41 \qquad ⑤$$
方程 ⑤ 的正整数解就是所求的数对 (a,b) 的值(具体见解法 1).

解法 3 因为

$$\frac{a^2+b^2}{a+b} < q+1, r > 0, a+b > r$$

当 $q \geq 45$ 时,$q^2 \geq 2\,025, r \leq -48$ 与上式 $r > 0$ 矛盾.所以 $q \leq 44$,并且 $\frac{a^2+b^2}{a+b} < 45$.

当 $q \leq 43$ 时,$q^2 \leq 1\,849, r \geq 128, a+b > 128$.

设 $a \geq b$,则 $a \geq \frac{1}{2}(a+b)$.

i 若 $a \leq \frac{2}{3}(a+b)$,则 $b \geq \frac{1}{3}(a+b)$,有

$$\frac{a^2+b^2}{a+b} \geq \frac{\left(\frac{1}{2}(a+b)\right)^2 + \left(\frac{1}{3}(a+b)\right)^2}{a+b} = \frac{13}{36}(a+b)$$

由于 $a+b > 128$,故 $\frac{a^2+b^2}{a+b} > 46$,与上式 $\frac{a^2+b^2}{a+b} < 45$ 矛盾.

ii 若 $a > \frac{2}{3}(a+b)$,则

$$\frac{a^2+b^2}{a+b} > \frac{\left(\frac{2}{3}(a+b)\right)^2}{a+b} = \frac{4}{9}(a+b)$$

从而 $\frac{a^2+b^2}{a+b} > 56$,与上式 $\frac{a^2+b^2}{a+b} < 45$ 矛盾.因此 $q > 43$.但 $q \leq 44$,得 $q=44$,并且 $r=41$.

$$a^2+b^2 = 44(a+b)+41$$
$$(a-22)^2 + (b-22)^2 = 1\,009$$

最后解得

$$\begin{cases} a_1=50 \\ b_1=37 \end{cases}, \begin{cases} a_2=50 \\ b_2=7 \end{cases}, \begin{cases} a_3=37 \\ b_3=50 \end{cases}, \begin{cases} a_4=7 \\ b_4=50 \end{cases}$$

❻ 设 $f(n)$ 是定义在所有正整数的集上,并且也在这个集中取值的函数.证明:如果对每个正整数 n 有

$$f(n+1) > f(f(n))$$

则 $f(n)=n$(对每个 n).

保加利亚命题

证法 1 分下列几个步骤.

(1) 如果 $n > k$,则 $f(n) > k$;

我们对 k 用归纳法证明这个事实.先设 $k=1$,如果 $n > 1$,则

$$f(n) > f(f(n-1)) \geq 1$$

因此 $f(n) > 1$

其次,设上述结论对某个 k 成立,要证它对 $k+1$ 也成立,设 $n > k+1$,则 $n-1 > k$,于是由归纳假设,$f(n-1) > k$,因此

$$k < f(f(n-1)) < f(n)$$
故
$$f(n) > k+1$$
所以上述结论对一切 k 成立.

(2) 由(1),取 $k=n-1$ 即知 $f(n) \geqslant n$;

(3) $f(n+1) > f(n)$;

这是因为如果 $f(n+1) \leqslant f(n)$,则
$$f(f(n)) < f(n+1) \leqslant f(n)$$
与(2)矛盾.

(4) 于是知 f 是严格单调递增的;

(5) $f(n) = n$.

这是因为,如果 $f(n) > n$,则 $f(n) \geqslant n+1$,但按题目的假定却有 $f(f(n)) < f(n+1)$,这与(4)矛盾. 于是本题得证.

证法 2 在推导过程中也可用反证法.

先证当 $n \geqslant m$ 时
$$f(n) \geqslant m \qquad ①$$

当 $m=1$ 时结论正确. 否则 $f(n) < 1$,这不可能,因为函数 $f(n)$ 的值域中无小于 1 的数.

假设当 $m=k$ 时结论正确,即当 $n \geqslant k$ 时,$f(n) \geqslant k$;要证当 $m=k+1$ 时,结论仍正确,即当 $n \geqslant k+1$ 时,$f(n) \geqslant k+1$. 如若不然,则至少存在一自然数 $n_0 \geqslant k+1$,使 $f(n_0) < k+1$. 此时
$$n_0 \geqslant k+1 \Rightarrow n_0 - 1 \geqslant k \Rightarrow f(n_0 - 1) \geqslant k \Rightarrow$$
$$f(f(n_0 - 1)) \geqslant k \Rightarrow f(n_0) > k$$
与
$$f(n_0) < k+1$$
矛盾. ① 得证.

再证 $f(n) = n$ 对每一个正整数 n 成立.

如若不然,则可令 l 是使 $f(n) = n$ 不成立的正整数中最小者. 于是
$$f(l) \neq l$$
当 $n < l$ 时,$f(n) = n < l$;另一方面,当 $n \geqslant l+1$ 时,由 ① 知 $f(n) \geqslant l+1$.

这就是说,函数 $f(n)$ 不取 l 这个正整数值,与"值域构成与定义域相同的集合"矛盾. 证毕.

第 19 届国际数学奥林匹克英文原题

The nineteenth International Mathematical Olympiads was held from July 1st to July 13th 1977 in the cities of Belgrade and Arandjelovac.

❶ Inside the square $ABCD$, the equilateral triangles ABK, BCL, CDM, DAN are inscribed. Prove that the midpoints of the segments KL, LM, MN, NK and the midpoints of the segments $AK, BK, BL, CL, CM, DM, DN, AN$ are the vertices of a regular dodecagon. (Netherlands)

❷ In a finite sequence of real numbers the sum of any 7 consecutive terms is negative and the sum of any 11 consecutive terms is positive. (Vietnam)

Find the greatest number of terms of such a sequence.

❸ Let $n, n>2$, be an integer number. Let V_n be the set of positive integers of the form $1+kn, k=1, 2, \cdots$. A number $m, m \in V_n$, is called irreducible in V_n if do not exist numbers p, q in V_n such that $m=pq$. (Netherlands)

Prove that there exists a number $r, r \in V_n$, which admits at least two different representations like a product of irreducible numbers in V_n. Two representations are considered to be the same if they differ only in the ordering of their factors.

❹ Let a, b, A, B be real numbers and f be the function defined by (United Kingdom)
$$f(x)=1-a\cos x-b\sin x-A\cos 2x-B\sin 2x$$
Show that if $f(x) \geqslant 0$, for all real numbers x, then $a^2+b^2 \leqslant 2$ and $A^2+B^2 \leqslant 1$.

5 Let a, b be positive integers. By integer division of $a^2 + b^2$ to $a+b$ we obtain the quotient q and the remainder r.

Find all pairs (a, b) such that the inequality $q^2 + r = 1\,977$ holds.

(East Germany)

6 Let $\mathbf{N}^*$ be the set of positive integers and let f be a function $f: \mathbf{N}^* \to \mathbf{N}^*$, such that $f(n+1) > f(f(n))$, for all $n \in \mathbf{N}^*$.

Show that $f(n) = n$, for any $n \in \mathbf{N}^*$.

(Bulgaria)

第19届国际数学奥林匹克各国成绩表

1977,南斯拉夫

名次	国家或地区	分数（满分320）	金牌	银牌	铜牌	参赛队人数
1.	美国	202	2	3	1	8
2.	苏联	192	1	2	4	8
3.	匈牙利	190	1	3	3	8
4.	英国	190	1	3	2	8
5.	荷兰	185	1	2	3	8
6.	保加利亚	172	—	3	3	8
7.	德意志联邦共和国	165	1	1	4	8
8.	德意志民主共和国	163	2	1	1	8
9.	捷克斯洛伐克	161	—	3	2	8
10.	南斯拉夫	159	—	3	3	8
11.	波兰	157	1	2	2	8
12.	奥地利	151	1	1	2	8
13.	瑞典	137	1	1	2	8
14.	法国	126	1	—	—	8
15.	罗马尼亚	122	—	1	2	8
16.	芬兰	88	—	—	1	8
17.	蒙古	49	—	—	—	8
18.	古巴	41	—	—	—	4
19.	比利时	33	—	—	—	7
20.	意大利	22	—	—	—	5
21.	阿尔及利亚	17	—	—	—	3

第 19 届国际数学奥林匹克预选题

南斯拉夫,1977

❶ 以 S 为顶点的棱锥的底是一个圆内接五边形 $ABCDE$,其中 $BC < CD, AB < DE$. 如果 AS 是从 S 出发的最长边,证明:$BS > CS$.

证明 设 P 是 S 在平面 $ABCDE$ 上的投影,显然 $BS > CS$ 等价于 $BP > CP$. 问题的条件蕴含 $PA > PB$ 以及 $PA > PE$. 那种点 P 的轨迹是平面上由线段 AB 和 AE 的垂直平分线确定的并含有与 A 相对的对径点的区域,但是由于 $AB < DE$,因此这个区域整个都位于 BC 的垂直平分线的一半边,由此立刻就可以得出结果.

注:假设 $BC < CD$ 是多余的.

❷ 设 $f: \mathbf{N} \to \mathbf{N}$ 是对所有的 $n \in \mathbf{N}$,满足 $f(n+1) > f(f(n))$ 的函数. 证明:对所有的自然数 $n, f(n) = n$.

注 此题为第 19 届国际数学奥林匹克竞赛题第 6 题.

❸ 一个公司里有 n 个人,其中每个人认识的人不超过 d 个. 在公司里有 k 个人互相都不认识,其中 $k \geqslant d$. 证明:在此公司里,互相认识的人组成的对的数目不超过 $[n^2/4]$.

证明 设 $v_1, v_2, \cdots, v_n$ 是公司里的 n 个人,其中 $v_1, v_2, \cdots, v_k$ 是 k 个互相都不认识的人. 我们用 m 表示互相认识的人的对的数目,d_j 表示 v_j 认识的人. 那么

$$m \leqslant d_{k+1} + d_{k+2} + \cdots + d_n \leqslant d(n-k) \leqslant k(n-k) \leqslant \left(\frac{k+(n-k)}{2}\right)^2 = \frac{n^2}{4}$$

❹ 在空间中给出 n 个点. 其中一些点之间有线段相连,已知共有 $[n^2/4]$ 条线段,且存在由线段连成的三角形. 证明:连接线段数最多的点必是某个由线段连成的三角形的顶点.

证明 考虑任意一个连接线段数最多的顶点 v_n,设从此顶点发出了 d 条线段,并设它不是一个三角形的顶点. 设 $A=\{v_1, v_2,\cdots,v_d\}$ 是与 v_n 相连的点的集合,$B=\{v_{d+1},v_{d+2},\cdots,v_n\}$ 是其他的点的集合. 由于 v_n 不是一个三角形的顶点,因此不存在两个端点都在 A 中的线段,这也就是说,每条线段都有一个端点在 B 中. 那样,如果用 d_j 表示与从 v_j 点发出的线段的数目,用 m 表示所有线段的总数,那么

$$m \leqslant d_{d+1}+d_{d+2}+\cdots+d_n \leqslant d(n-d) \leqslant$$
$$\left(\frac{d+(n-d)}{2}\right)^2 \leqslant \left[\frac{n^2}{4}\right]=m$$

这意味着上面的不等式是一个等式. 而这意味着 B 中的每个点都是一个连接 d 条线段的顶点,并且这些线段的另一个端点在 A 中,也就是说,根本不存在由线段连成的三角形,这与题目的条件矛盾.

❺ 平面上的格点是坐标都是整数的点. 每个格点有上、下、左、右四个相邻的格点. 设 Γ 是一个不通过任何格点的半径为 $r \geqslant 2$ 的圆. 圆 Γ 的一个内边界点是一个本身位于圆 Γ 内,并且有一个相邻格点位于圆 Γ 之外的点. 类似的,圆 Γ 的一个外边界点是一个本身位于圆 Γ 外,并且有一个相邻格点位于圆 Γ 之内的点. 证明:外边界点比内边界点多四个.

证明 设圆心是坐标轴的原点,$ABCD$ 是圆 Γ 的各边平行于坐标轴的内接正方形. 如图 19.4,直线 AB,BC,CD,DA 把平面分成了 9 个区域:R(由正方形 $ABCD$ 所围成的区域),$R_A,R_B,R_C,R_D,R_{AB},R_{BC},R_{CD},R_{DA}$. 存在唯一的一对格点 $A_I \in R, A_E \in R_A$,它们是一个单位正方形的相对的顶点. 类似的,可定义 B_I,C_I,D_I,B_E,C_E,D_E. 设 W 是圆 k 与 y 轴的负半轴的交点,则 W 又把 R_{AB} 分成了两部分,设它的右半部分为 R_{ABR}. 又设圆 Γ 的半径为 r,则我们可以看出以下事实:

引理 1:圆 Γ 在 R_{ABR} 中的任一条弦的斜率 k 满足不等式 $0 \leqslant k \leqslant 1$.

证明:设点 (x,y) 是圆 Γ 在区域 R_{ABR} 中的任意一点,则 x 必满足不等式

$$0 \leqslant x \leqslant \frac{r}{\sqrt{2}} \qquad ①$$

因而满足不等式

$$0 \leqslant \frac{x}{\sqrt{r^2-x^2}} \leqslant 1 \qquad ②$$

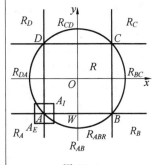

图 19.4

现在设 PQ 是圆 Γ 在 R_{ABR} 中的任一条弦, P,Q 的坐标分别是 $P(x_1,y_1)$ 和 $Q(x_2,y_2)$, 不妨设 $x_1 < x_2$, 因而 $y_1 < y_2$ (因为圆 Γ 在这一区域内是单调上升的). 由于圆 Γ 在 R_{ABR} 中的表达式为 $y = -\sqrt{r^2-x^2}$, 我们就得出弦 PQ 的斜率为

$$0 \leqslant k = \frac{y_2-y_1}{x_2-x_1} = \frac{(-\sqrt{r^2-x_2^2})-(-\sqrt{r^2-x_1^2})}{x_2-x_1} =$$
$$\frac{x_1+x_2}{\sqrt{r^2-x_1^2}+\sqrt{r^2-x_2^2}} \leqslant$$
$$\max\left(\frac{x_1}{\sqrt{r^2-x_1^2}}, \frac{x_2}{\sqrt{r^2-x_2^2}}\right) \leqslant 1$$

引理 2: 设 M 是区域 R_{AB} (R_{BC}, R_{CD}, R_{DA}) 中的任一个外边界点, 则 M 的上(左、下、右)边的相邻的格点必位于圆 Γ 内, 因而是一个内边界点.

证明: 根据对称性, 只需对 M 位于区域 R_{ABR} 内的情况加以证明即可.

如果 M 位于 y 轴的负半轴上, 则显然 M 的左、右、下边的相邻格点不可能位于圆 Γ 内, 因而根据外边界点的定义就可知其上边的相邻的格点必位于圆 Γ 内, 因而这种情况是平凡的.

现在设 M 位于 y 轴的右边, 假如其上边的相邻个点 M_1 不在圆 Γ 内, 则由于它右边和下边的相邻格点也不在圆 Γ 内, 因此根据外边界点的定义就可知它左边的格点 M_2 必在圆 Γ 内. 由于圆 Γ 在区域 R_{ABR} 内是单调上升的, 因此圆 Γ 必从线段 M_2M 下方与其交于一点 $P(x_1,y_1)$ 并又在线段 MM_1 上方与其交于一点 $Q(x_2,y_2)$. 如图 19.5.

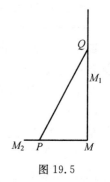

图 19.5

由图 19.5 可以看出, 显然有
$$0 < x_2 - x_1 < 1$$
$$y_2 - y_1 > 1$$

因此弦 PQ 的斜率 $k = \frac{y_2-y_1}{x_2-x_1} > 1$, 而这与引理 1 矛盾.

此外还易于证明下面的:

引理 3: 或者 A_E, B_E, C_E, D_E 都是外边界点, 而 A_I, B_I, C_I, D_I 都不是内边界点, 或者 A_E, B_E, C_E, D_E 都不是外边界点, 而 A_I, B_I, C_I, D_I 都是内边界点, 二者必居其一.

且当 A_E, B_E, C_E, D_E 都是外边界点时, 它们之中每个点都与两个不同的内边界点相邻, 当 A_I, B_I, C_I, D_I 都是内边界点时, 它们之中每个点都与两个不同的外边界点相邻.

反之, 如果有两个不同的内边界点与某个外边界点相邻, 则此外边界点必是 A_E, B_E, C_E, D_E 之中的某一个, 如果有两个不同的外边界点与某个内边界点相邻, 则此内边界点必是 A_I, B_I, C_I,

D_I 之中的某一个.

证明:设 A_E 所在的格点正方形的另两个顶点是 H,K,则 H, K 关于对角线是对称的,因此它们或同时位于圆 Γ 的圆周上,或同时都不在圆 Γ 的圆周上,但按照题目所给的条件,它们都不在圆 Γ 的圆周上. 存在唯一的一个以原点为圆心,并同时经过 H,K 两点的圆 Γ_0,于是显然当圆 Γ 的半径小于圆 Γ_0 的半径时,这时 A_E,B_E, C_E,D_E 都是外边界点,且它们之中每个点都与两个不同的内边界点相邻,而 A_I,B_I,C_I,D_I 都不是内边界点,而当圆 Γ 的半径小于圆 Γ_0 的半径时,A_E,B_E,C_E,D_E 都不是外边界点,而 A_I,B_I,C_I,D_I 都是内边界点,且它们之中每个点都与两个不同的外边界点相邻.

现在假设两个不同的内边界点 P,Q 都与某个外边界点 H 相邻,则显然 P,Q 必位于直线 $y=x$ 或 $y=-x$ 的两侧而不是同侧,同时必关于直线 $y=x$ 或 $y=-x$ 对称,再由相邻的定义可知,以 P,Q,H 为顶点的格点正方形必是一个单位正方形,因而 H 必是 A_E,B_E,C_E,D_E 之中的某一个. 同理可证,如果两个不同的外边界点 P,Q 都与某个内边界点 H 相邻,则 H 必是 A_I,B_I,C_I,D_I 之中的某一个.

下面我们证明本题的结果.

设 m 表示外边界点的数目,而 n 表示内边界点的数目.

根据引理 3,只可能发生两种情况:

情况 1:A_E,B_E,C_E,D_E 都是外边界点,而 A_I,B_I,C_I,D_I 都不是内边界点,且 A_E,B_E,C_E,D_E 之中每个点都与两个不同的内边界点相邻. 这时把 A_E,B_E,C_E,D_E 这四个外边界点去除后,由引理 2,引理 3 可知,其余的外边界点和内边界点(共有 n 个)是 $1-1$ 对应的,因此就有 $m=n+4$.

情况 2:A_I,B_I,C_I,D_I 都是内边界点,而 A_E,B_E,C_E,D_E 都不是外边界点. 这时 A_I,B_I,C_I,D_I 这四个点每个点都连接两个外边界点. 把 A_I,B_I,C_I,D_I 这四个内边界点及与它们相邻的外边界点去除后,由引理 2,引理 3 可知,其余的内边界点(共有 $n-4$ 个)和外边界点是 $1-1$ 对应的,因此就有
$$m=n-4+8=n+4$$

这就证明了本题的结果.

> **❻** 设 $x_1, x_2, \cdots, x_n (n \geq 1)$ 是使得 $0 \leq x_j \leq \pi, j = 1, 2, \cdots, n$ 的实数. 证明: 如果 $\sum_{j=1}^{n} (\cos x_j + 1)$ 是一个奇整数, 那么 $\sum_{j=1}^{n} \sin x_j \geq 1$.

证明 设 $\langle x \rangle$ 表示实数轴上从 x 到离 x 最近的偶整数之间的距离, 则我们断言对所有 $x \in [0, \pi]$ 都有
$$\langle 1 + \cos x \rangle \leq \sin x$$
实际上, 如果 $\cos x \geq 0$, 那么 $\langle 1 + \cos x \rangle = 1 - \cos x \leq 1 - \cos^2 x = \sin^2 x \leq \sin x$, 同理可证 $\cos x \leq 0$ 的情况.

我们注意, 对所有的 $x, y \in \mathbf{R}$ 都有
$$\langle x + y \rangle \leq \langle x \rangle + \langle y \rangle$$
因此 $\sum_{j=1}^{n} \sin x_j \geq \sum_{j=1}^{n} \langle 1 + \cos x_j \rangle \geq \langle \sum_{j=1}^{n} (1 + \cos x_j) \rangle = 1.$

> **❼** 证明以下命题: 如果 $c_1, c_2, \cdots, c_n (n \geq 2)$ 是使得
> $$(n-1)(c_1^2 + c_2^2 + \cdots + c_n^2) = (c_1 + c_2 + \cdots + c_n)^2$$
> 的实数, 那么它们或者都是非负的或者都是非正的.

证法 1 假设不然, 则不妨设 $c_1 \leq c_2 \leq \cdots \leq c_n$ 以及 $c_1 < 0 < c_n$. 那样, 就必存在一个 $k, 1 \leq k < n$, 使得 $c_k \leq 0 < c_{k+1}$, 从而, 我们就有
$$(n-1)(c_1^2 + c_2^2 + \cdots + c_n^2) \geq k(c_1^2 + \cdots + c_k^2) + (n-k) \cdot$$
$$(c_{k+1}^2 + \cdots + c_n^2) \geq$$
$$(c_1 + \cdots + c_k)^2 + (c_{k+1} + \cdots + c_n)^2 =$$
$$(c_1 + \cdots + c_n)^2 - 2(c_1 + \cdots + c_k) \cdot$$
$$(c_{k+1} + \cdots + c_n)$$
由此得出
$$(c_1 + \cdots + c_k)(c_{k+1} + \cdots + c_n) \geq 0$$
矛盾.

(译者注: 上面式子中的第二步用到了幂平均不等式: 如果 $\alpha \leq \beta$, 则
$$\left(\frac{c_1^\alpha + \cdots + c_k^\alpha}{k} \right)^{\frac{1}{\alpha}} \leq \left(\frac{c_1^\beta + \cdots + c_k^\beta}{k} \right)^{\frac{1}{\beta}})$$

证法 2 由所给条件和上述的幂平均不等式我们有
$$(c_1 + \cdots + c_n)^2 = (n-1)(c_1^2 + \cdots + c_{n-1}^2) + (n-1)c_n^2$$
此式等价于 $2(c_1 + c_2 + \cdots + c_n)c_n \geq nc_n^2$. 类似的, 对 $i = 1, \cdots, n$,

有 $2(c_1+c_2+\cdots+c_n)c_i \geqslant nc_i^2$. 因此,所有的 c_i 都有相同的符号.

❽ 用两个正四面体 $ABCD$ 和 $ABCE$ 合成一个六面体 $ABCDE$. 证明存在唯一的一个等距映射 Z, 把 A,B,C,D,E 分别映为 B,C,A,E,D. 求出六面体表面上所有使得从 X 到 $Z(X)$ 的距离最小的点.

解 在六面体的每一个面上都只有一个满足条件的点,比如说,在面 ABD 上,是把过点 D 中线分成 $32:3$ 之比的点.

❾ 设 $ABCD$ 是一个正四面体, Z 是等距映射, 把 A,B,C,D 分别映为 B,C,D,A. 求出面 ABC 上所有使得从点 X 到 $Z(X)$ 的距离等于一个给定的数 t 的点的集合 M, 并求出使得 M 非空的充分必要条件.

解 使 M 非空的充分必要条件为 $\dfrac{1}{\sqrt{10}} \leqslant t \leqslant 1$.

❿ 设 a,b 是自然数, 而 q,r 分别是 a^2+b^2 除以 $a+b$ 所得的商和余数. 如果 $q^2+r=1\,977$, 确定 a 和 b 的数值.

注 此题为第 19 届国际数学奥林匹克竞赛题第 5 题.

⓫ 设 n 和 z 都是大于 1 的整数, 且 $(n,z)=1$. 证明:

(1) 在数 $z_i=1+z+z^2+\cdots+z^i$, $i=0,1,\cdots,n-1$ 之中, 至少有一个数可被 n 整除;

(2) 如果 $(z-1,n)=1$, 那么在数 z_i, $i=0,1,\cdots,n-2$ 之中, 至少有一个数可被 n 整除.

证明 (1) 假设不然, 即设数 $z_0,z_1,\cdots,z_{n-1}$ 都不能被 n 整除, 那么这些数之中的两个数, 比如说 z_k 和 $z_l (0 \leqslant k < l \leqslant n-1)$ 对模 n 同余, 并且 $n \mid z_l-z_k=z^{k+1}z_{l-k-1}$. 但是由于 $(n,z)=1$, 这蕴含 $n \mid z_{l-k-1}$, 与假设矛盾.

(2) 仍假设结论不成立, 即设数 $z_0,z_1,\cdots,z_{n-2}$ 都不能被 n 整除, 由于 $(z-1,n)=1$, 这等价于 $n \nmid (z-1)z_j$, 即对所有的 $k=1,2,\cdots,n-1$, $z^k \not\equiv 1 \pmod{n}$. 但是由于 $(z,n)=1$, 因此我们也有 $z^k \not\equiv 0 \pmod{n}$. 由此就得出存在 $k,l (1 \leqslant k < l \leqslant n-1)$, 使得 $z^k \equiv z^l$, 即 $z^{l-k} \equiv 1 \pmod{n}$, 这是一个矛盾.

❶② 设 z 是一个大于 1 的整数，而 M 是所有形如 $z_k = 1 + z + \cdots + z^k, k = 0, 1, \cdots$ 的数的集合，确定至少有一个 M 中的数 z_k 是集合中所有其他的数的因子的集合 T.

解 根据上一题部分(1)的结论，我们可以推出 $T = \{n \in \mathbf{N} \mid (n, z) = 1\}$.

❶③ 确定平面上所有有界的使得其中任意两点都可被一个位于此图形中的半圆所连接的封闭图形 Φ.

解 图形 Φ 包含两个距离最大的点 A, B. 设 h 表示 Φ 中以 AB 为直径的半圆，而设 k 是包含 h 的圆. 考虑 k 中任意一点 M, 设过点 M 并与 AM 垂直的直线与 h 交于某点 P（由于 $\angle AMB > 90°$），设 h' 是以 AP 为直径的两个半圆，其中 $M \in h'$. 由于包含一个使得 $BC > AB$ 的点 C, 因此不可能被包含在 Φ 中，这意味着 $h' \subset \Phi$, 因此 M 属于 Φ. 由于 Φ 不含有 k 外的点，它必须和由 k 确定的圆盘重合. 反过来，任意圆盘具有所需的性质.

❶④ 有 2^n 个由字母 0 和 1 组成的字. 证明下列算法生成一个字的序列 $w_0, w_1, \cdots, w_{2^n-1}$, 使得相邻的两个字只差一个数字.

(1) $w_0 = 00 \cdots 0$（n 个 0）；

(2) 设 $w_n = a_1 a_2 \cdots a_n, a_i \in \{0, 1\}, e(m)$ 是 n 的素因子分解式中 2 的指数，$j = 1 + e(m)$, 把字 w_{m-1} 中的数字 a_j 换成数字 $1 - a_j$, 然后把所得的字记成 w_m.

证明 我们用对 n 的归纳法证明由此算法产生的所有长度为 n 的字不依赖于 w_0. 当 $n=1$ 时，这是显然的. 假设命题对自然数 $n-1$ 为真，并且我们给出一个长度为 n 的字 $w_0 = c_1 c_2 \cdots c_n$, 显然字 $w_0, w_1, \cdots, w_{2^{n-1}-1}$ 的第 n 位数字都是 c_n. 而由归纳法假设可知，这些字就是所有的第 n 位数字是 c_n 的字. 类似的，由归纳法假设又可知 $w_{2^{n-1}}, \cdots, w_{2^n-1}$ 是所有第 n 位数字为 $1 - c_n$ 的字，这就完成了归纳法的证明.

❶⑤ 设 n 是一个大于 1 的整数. 在笛卡儿坐标系中考虑所有顶点的坐标 (x,y) 都是整数的正方形,其中 $1 \leqslant x, y \leqslant n$. 用 $p_k(k=0,1,2,\cdots)$ 表示恰有 k 个那种正方形的顶点的对数,证明: $\sum_k (k-1)p_k = 0$.

证明 每条线段都至多是两个正方形的边,并且至多是一个正方形的对角线. 因此当 $k > 3$ 时, $p_k = 0$. 并且我们必须证明
$$p_0 = p_2 + 2p_3 \qquad ①$$
让我们计算所考虑的正方形的 $q(n)$. 每个这种正方形可内接于一个具有整数顶点,边平行于坐标轴的正方形. 一共有 $(n-s)^2$ 个边长为 s, 具有整数顶点,边平行于坐标轴的正方形. 并且每个这种正方形与 s 个所考虑的正方形外切. 这就得出
$$q(n) = \sum_{s=1}^{n-1} (n-s)^2 s = \frac{n^2(n^2-1)}{12}$$
用两种方法计算所考虑的正方形的边数和对角线的数目,我们得出
$$p_1 + 2p_2 + 3p_3 = 6q(n) \qquad ②$$
另一方面,端点在所考虑的整数顶点处的线段的总数为
$$p_0 + p_1 + p_2 + p_3 = \binom{n^2}{2} = \frac{n^2(n^2-1)}{2} = 6q(n) \qquad ③$$
现在从 ② 和 ③ 就立即得出 ①.

❶⑥ 设 n 是一个正整数,下面的不等式组有多少组整数解 $(i, j, k, l), 1 \leqslant i, j, k, l \leqslant n$
$$1 \leqslant -j + k + l \leqslant n$$
$$1 \leqslant i - k + l \leqslant n$$
$$1 \leqslant i - j + l \leqslant n$$
$$1 \leqslant i + j - k \leqslant n$$

解 对 $i = k$ 和 $j = l$, 所给的不等式组可以归结为 $1 \leqslant i < j \leqslant n$ 的情况,并且不等式组这时恰有 n^2 组解. 所以我们可设 $i \neq k$ 或 $j \neq l$. 点 $A(i,j), B(k,l), C(-j+k+l, i-k+l), D(i-j+l, i+j-k)$ 是位于正方形 $[1,n] \times [1,n]$ 内的负定向的格点正方形,而此正方形恰对应于不等式组的 4 组解. 由前一问题的解答可知恰有 $q(n) = \frac{n^2(n^2-1)}{12}$ 个那种正方形,因此所给的不等式组的所有解的数目是

$$n^2 + 4q(n) = \frac{n^2(n^2+2)}{3}$$

❶⓻ 一个半径为 r 的球 K 同时与一些半径为 R 的相等的球外切,这些半径为 R 的相等的球两两外切. 此外,对两个都和 K 相切的球 K_1 和 K_2 存在两个和 K_1 与 K_2 以及 K 都相切的球. 对给定的 r 和 R,有多少个球和 K 相切?

解 和 K 相切的球面的中心是一个各面为正三角形的棱长为 $2R$,外接球半径为 $r+R$ 的正多面体的顶点. 因此,这些球的数目是 4,6 或 20. 由此可直接得出:

(1) 如果 $n=4$,则 $r+R = 2R\left(\frac{\sqrt{6}}{4}\right)$,这时 $R = r(2+\sqrt{6})$;

(2) 如果 $n=6$,则 $r+R = 2R\left(\frac{\sqrt{2}}{2}\right)$,这时 $R = r(1+\sqrt{2})$;

(3) 如果 $n=20$,则 $r+R = 2R\left(\frac{\sqrt{5+\sqrt{5}}}{8}\right)$,这时 $R = r\left[\sqrt{5-2\sqrt{5}} + \frac{3-\sqrt{5}}{2}\right]$.

❶⓼ 给定一个等腰三角形 ABC,其中 C 为直角. 作一个圆心在 M,半径为 r 的圆,使它分别在 AB,BC,CA 边上割出线段 DE,FG 和 HK,使得 $\angle DME + \angle FMG + \angle HMK = 180°$,且 $DE:FG:HK = AB:BC:CA$.

解 设 U 是线段 AB 的中点,点 M 属于 CU,且
$$CM = \frac{(\sqrt{5}-1)CU}{2}, r = CU\sqrt{\sqrt{5}-2}$$

❶⓽ 任给整数 $m>1$,证明:存在无穷多个正整数 n 使得 5^n 的末位 m 个数字所组成的序列 $a_m, a_{m-1}, \cdots, a_1 = 5(0 \leqslant a_j < 10)$ 中,除了最后一个数字外,每个数字的奇偶性都和它后面的相邻数相反(即如果 a_i 是偶数,那么 a_{i-1} 是奇数,而如果 a_i 是奇数,那么 a_{i-1} 是偶数).

证明 我们对 m 做归纳法以证明所说的命题. 当 $m=2$ 时,由于每个 5 的大于 5 的幂的末两位数字都是 25,故情况是平凡的. 现在设命题对 $m \geqslant 2$ 为真,且 5^n 的末 m 位数字的奇偶性是交替的. 那么可用归纳法证明,可整除 $5^{2^{m-2}} - 1$ 的 2 的最大的幂是 2^m. 因而

差 $5^{n+2^{m-2}} - 5^n$ 可被 10^m 整除但不能被 $2 \cdot 10^m$ 整除. 由此得出 $5^{n+2^{m-2}}$ 的末 m 位数字与 5^n 相同, 但是在第末 $m+1$ 位处的数字有相反的奇偶性. 因此 5 的这个幂的末 $m+1$ 位数字的奇偶性是交替的. 这就完成了归纳法的证明.

❷⓿ 设 a, b, A, B 都是实的常数
$$f(x) = 1 - a\cos x - b\sin x - A\cos 2x - B\sin 2x$$
证明: 如果对所有的 $x, f(x) \geqslant 0$, 则
$$a^2 + b^2 \leqslant 2 \text{ 并且 } A^2 + B^2 \leqslant 1$$

注 本题为第 19 届国际数学奥林匹克竞赛题第 4 题.

❷❶ 设 $x_1 + x_2 + x_3 = y_1 + y_2 + y_3 = x_1 y_1 + x_2 y_2 + x_3 y_3 = 0$, 证明
$$\frac{x_1^2}{x_1^2 + x_2^2 + x_3^2} + \frac{y_1^2}{y_1^2 + y_2^2 + y_3^2} = \frac{2}{3}$$

证明 考虑空间中的向量 $v_1 = (x_1, x_2, x_3), v_2 = (y_1, y_2, y_3), v_3 = (1, 1, 1)$. 所给的等式表示这 3 个向量互相垂直的条件, 同时 $\dfrac{x_1^2}{x_1^2 + x_2^2 + x_3^2}, \dfrac{y_1^2}{y_1^2 + y_2^2 + y_3^2}$ 和 $\dfrac{1}{3}$ 分别是向量 $(1, 0, 0)$ 在 v_1, v_2, v_3 方向上的投影的平方. 要证的结果可从单位向量在 3 个互相垂直的方向上的投影的平方和等于 1 这一事实得出.

❷❷ 设 S 是一个凸四边形 $ABCD$, 而 O 是它内部的一点. 从 O 向 AB, BC, CD, DA 边所作垂线的垂足分别是 A_1, B_1, C_1, D_1. 从 O 向四边形 S_i, 即四边形 $A_i B_i C_i D_i$ 的边所作垂线的垂足分别是 $A_{i+1}, B_{i+1}, C_{i+1}, D_{i+1}$, 其中 $i = 1, 2, 3$, 证明: S_4 相似于 S.

证明 由于四边形 OA_1BB_1 是循环的, 故 $\angle OA_1B_1 = \angle OBC$. 同理, 我们得出 $\angle OA_4B_4 = \angle OB_3C_3 = \angle OC_2D_2 = \angle OD_1A_1 = \angle OAB$. 类似的, 我们有 $\angle OB_4A_4 = \angle OBA$. 因此 $\triangle OA_4B_4 \sim \triangle OAB$. 同理可证 $\triangle OB_4C_4 \sim \triangle OBC$, $\triangle OC_4D_4 \sim \triangle OCD$, $\triangle OD_4A_4 \sim \triangle ODA$, 因而四边形 $ABCD \sim$ 四边形 $A_4B_4C_4D_4$.

㉓ 对哪些正整数 n,一定存在两个整系数的 n 个变量 $x_1, x_2, \cdots, x_n$ 的多项式 f 和 g,使得它们满足下面的等式
$$\left(\sum_{i=1}^{n} x_i\right) f(x_1, x_2, \cdots, x_n) = g(x_1^2, x_2^2, \cdots, x_n^2)$$

解 每个整系数多项式 $q(x_1, \cdots, x_n)$ 都可表示成 $q = r_1 + x_1 r_2$ 的形式,其中 r_1, r_2 是 $x_1, \cdots, x_n$ 的整系数多项式中只出现变量 x_1 的偶数次指数的项. 那样,如果设 $q_1 = r_1 - x_1 r_2$,那么多项式 $qq_1 = r_1^2 - x_1^2 r_2^2$ 只含有 x_1 的偶数次指数的项. 我们可以归纳的继续构造多项式 $q_j, j = 2, 3, \cdots, n$,使得 $qq_1 q_2 \cdots q_j$ 只含有 $x_1, x_2, \cdots, x_j$ 的偶数次指数的项. 那样多项式 $qq_1 q_2 \cdots q_n$ 就是变量 $x_1^2, \cdots, x_n^2$ 的多项式.

对每个 $n \in \mathbf{N}$ 都存在多项式 f 和 g. 事实上,只需对多项式 $q = x_1 + \cdots + x_n$ 构造 $q_1, \cdots, q_n$,并取 $f = q_1 q_2 \cdots q_n$ 即可.

㉔ 确定所有定义在 $(-1, 1)$ 上的满足以下函数方程的实函数
$$f(x+y) = \frac{f(x) + f(y)}{1 - f(x) f(y)}, x, y, x+y \in (-1, 1)$$

解 设 $x = y = 0$ 就得出 $f(0) = 0$. 设 $g(x) = \arctan f(x)$,所给的函数方程就成为 $\tan g(x+y) = \tan(g(x) + g(y))$,因此
$$g(x+y) = g(x) + g(y) + k(x, y)\pi$$
其中 $k(x, y)$ 是一个整数值的函数. 那样从关于区间 $(-1, 1)$ 上的经典的 Cauchy 函数方程 $g(x+y) = g(x) + g(y)$ 的结果可知,所有连续解都具有形式 $g(x) = ax$,其中 a 是某个实数,此外 $g(x) \in (-\pi, \pi)$ 蕴含 $|a| \leqslant \frac{\pi}{2}$.

㉕ 证明恒等式
$$(z+a)^n = z^n + a \sum_{k=1}^{n} \binom{n}{k} (a-kb)^{k-1} (z+kb)^{n-k}$$

证明 设 $f_n(z) = z^n + a \sum_{k=1}^{n} \binom{n}{k} (a-kb)^{k-1} (z+kb)^{n-k}$,我们将对 n 用归纳法证明 $f_n(z) = (z+a)^n$. 对 $n = 1$,容易证明等式. 假设命题对整数 $n-1$ 为真,那么

$$f_n{}'(z) = nz^{n-1} + a\sum_{k=1}^{n-1}\binom{n}{k}(n-k)(a-kb)^{k-1}(z+kb)^{n-k-1} =$$
$$nz^{n-1} + na\sum_{k=1}^{n-1}\binom{n-1}{k}(a-kb)^{k-1}(z+kb)^{n-k-1} =$$
$$nf_{n-1}(z) = n(z+a)^{n-1}$$

剩下的事就是要证明 $f_n(-a) = 0$. 对 $z = -a$,我们有引理
$$f_n(-a) = (-a)^n + a\sum_{k=1}^{n}\binom{n}{k}(-1)^{n-k}(a-kb)^{n-1} =$$
$$a\sum_{k=0}^{n}\binom{n}{k}(-1)^{n-k}(a-kb)^{n-1} = 0$$

㉖ 设 p 是一个大于 5 的素数,V 是所有形如 $kp+1$ 或 $kp-1$ ($k = 1, 2, \cdots$) 的正整数 n 的集合. 数 $n \in V$ 称为在 V 中是不可分解的,如果不可能求出 $k, l \in V$ 使得 $n = kl$. 证明:存在数 $N \in V$,使得 N 可以在 V 中以两种以上的方式分解成 V 中不可分解数的乘积.

证明 本题结果是下述(对 $G = \{-1, 1\}$ 的)推广的直接推论:

设 G 是 Z_n^* (模 n 的对 n 互素的剩余类的乘法群)的真子群,V 是 G 的元素的并. 一个数 $m \in V$ 称为在 V 中是不可分解的,如果不存在 $p, q \in V, p, q \notin \{-1, 1\}$ 使得 $pq = m$. 在 V 中存在一个数 $r \in V$,它可用一种以上的方式表成 V 中不可分解元素的乘积.

第一种证明:我们首先证明以下引理:

引理:存在无穷多个不在 V 中的不能整除 n 的素数.

证明:至少存在一个那种素数. 事实上,由于 V 对乘法封闭,任意 V 中的不是 ± 1 的元素都必有一个不在 V 中的素因子. 如果只存在有限个那种素数, 比如说是 $p_1, p_2, \cdots, p_k$, 那么在数 $p_1 p_2 \cdots p_k + n$ 和 $p_1^2 p_2 \cdots p_k + n$ 之中,必有一个不在 V 中,且与 n 和 $p_1, p_2, \cdots, p_k$ 都互素, 这是一个矛盾(这个引理实际上是 Dirichlet (迪利克雷) 定理的直接推论).

现在我们考虑两个对模 n 同余的那种素数 p, q. 设 p^k 是 p 在 V 中的最小幂,那么 $p^k, q^k, p^{k-1}q, pq^{k-1}$ 都属于 V 且在 V 中不可分解. 这就得出
$$r = p^k \cdot q^k = p^{k-1}q \cdot pq^{k-1}$$
具有所要的性质.

第二种证明:设 p 是任意一个不在 V 中的不能整除 n 的素数,并设 p^k 是 p 在 V 中的最小幂,显然 p^k 在 V 中是不可分解的. 那么

数
$$r = p^k \cdot (p^{k-1}+n)(p+n) = p(p^{k-1}+n) \cdot p^{k-1}(p+n)$$
至少有两种不同的分解为不可分解因子的因数分解.

㉗ 设 n 是一个大于 2 的整数. 定义 $V = \{1+kn \mid k=1, 2, \cdots\}$. 数 $p \in V$ 称为在 V 中是不可分解的,如果不可能求出 $q_1, q_2 \in V$ 使得 $p = q_1 q_2$. 证明存在数 $N \in V$,使得 N 可以在 V 中以两种以上的方式分解成 V 中不可分解数的乘积.

注 本题为第 19 届国际数学奥林匹克竞赛题第 3 题.

㉘ 设 n 是一个大于 1 的整数,定义
$$x_1 = n, y_1 = 1, x_{i+1} = \left[\frac{x_i + y_i}{2}\right], y_{i+1} = \left[\frac{n}{x_{i+1}}\right], i = 1, 2, \cdots$$
其中 $[z]$ 表示小于或等于 z 的最大整数. 证明
$$\min\{x_1, x_2, \cdots, x_n\} = [\sqrt{n}]$$

证明 一方面递推关系给出
$$x_{i+1} = \left[\frac{x_i + [n/x_i]}{2}\right] = \left[\frac{x_i + n/x_i}{2}\right] \geqslant [\sqrt{n}]$$

另一方面,如果对某个 i, $x_i > [\sqrt{n}]$,那么我们有 $x_{i+1} < x_i$. 这可从 $x_{i+1} < x_i$ 等价于 $x_i > (x_i + n/x_i)/2$, 即 $x_i^2 > n$ 这一事实得出. 因此至少对一个 $i \leqslant n - [\sqrt{n}] + 1$ 成立 $x_i = [\sqrt{n}]$.

附注:如果 $n+1$ 是一个完全平方数,那么 $x_i = [\sqrt{n}]$ 蕴含 $x_{i+1} = [\sqrt{n}] + 1$, 否则 $x_i = [\sqrt{n}]$ 蕴含 $x_{i+1} = [\sqrt{n}]$.

㉙ 在正方形 $ABCD$ 上向外作等边三角形 ABK, BCL, CDM, DAN. 证明:线段 KL, LM, MN, NK 的中点和线段 $AK, BK, BL, CL, CM, DM, DN, AN$ 的中点构成一个正十二边形的顶点.

注 本题为第 19 届国际数学奥林匹克竞赛题第 1 题.

㉚ 在 $\triangle ABC$ 中, $\angle A = 30°$, $\angle C = 54°$. 在边 BC 上选一点 D 使得 $\angle CAD = 12°$, 在 AB 上选一点 E 使得 $\angle ACE = 6°$. 设 S 是 AD 和 CE 的交点,证明: $BS = BC$.

证法 1 设 $\angle SBA = x$, 由 Ceva(塞瓦)定理的三角形式,我们

有
$$\frac{\sin(96°-x)}{\sin x} \cdot \frac{\sin 18°}{\sin 12°} \cdot \frac{\sin 6°}{\sin 48°} = 1 \qquad ①$$

我们断言 $x = 12°$ 是这个方程的解. 为此只需证明
$$\sin 84° \sin 6° \sin 18° = \sin 48° \sin 12° \sin 12°$$
而上式等价于 $\sin 18° = 2\sin 48° \sin 12° = \cos 36° - \cos 60°$, 最后这个式子可以直接验证.

由于上述方程等价于 $(\sin 96° \cot x - \cos 96°)\sin 6° \sin 18° = \sin 48° \sin 12°$, 而此方程在 $[0, \pi)$ 中的解是唯一的, 因此 $x = 12°$.

证法 2 我们知道如果 a, b, c, a', b', c' 是复平面上单位圆上的点, 则直线 aa', bb', cc' 共线的充分必要条件是
$$(a - b')(b - c')(c - a') = (a - c')(b - a')(c - b') \qquad ②$$

我们将证明 $x = 12°$. 设 ABC 是复平面上以 $a = 1, b = \varepsilon^9, c = \varepsilon^{14}$ 为顶点的三角形, 其中 $\varepsilon = \cos \frac{\pi}{15} + i \sin \frac{\pi}{15}$. 如果 $a' = \varepsilon^{12}, b' = \varepsilon^{28}, c' = \varepsilon$, 我们可用上面所说的判据或
$$(1 - \varepsilon^{28})(\varepsilon^9 - \varepsilon)(\varepsilon^{14} - \varepsilon^{12}) - (1 - \varepsilon)(\varepsilon^9 - \varepsilon^{12})(\varepsilon^{14} - \varepsilon^{28}) = 0$$
来证明直线 aa', bb', cc' 共线.

由于左边可被 ε 的极小多项式 $z^8 + z^7 - z^5 - z^4 - z^3 + z + 1$ 整除, 故上面的等式成立.

> **㉛** 设 f 是定义在非零的有理数对上, 且函数值是正实数的函数, 满足:
> (1) $f(ab, c) = f(a, c)f(b, c), f(c, ab) = f(c, a)f(c, b)$;
> (2) $f(a, 1-a) = 1$.
> 证明: $f(a, a) = f(a, -a) = 1, f(a, b)f(b, a) = 1$.

证明 从 (1) 得出 $f(1, c) = f(1, c)f(1, c)$, 因此 $f(1, c) = 1$ 并且 $f(-1, c)f(-1, c) = f(1, c) = 1$, 即 $f(-1, c) = 1$. 同理可证 $f(c, 1) = f(c, -1) = 1$.

显然 $f(1, 1) = f(-1, 1) = f(1, -1) = 1$. 现在设 $a \neq 1$, 注意 $f(x^{-1}, y) = f(x, y^{-1}) = f(x, y)^{-1}$, 那样, 由 (1), (2) 就得出
$$1 = f(a, 1-a)f(1/a, 1 - 1/a) =$$
$$f(a, 1-a)f\left(a, \frac{1}{1-1/a}\right) =$$
$$f\left(a, \frac{1}{1-1/a}\right) = f(a, -a)$$

我们现在有
$$f(a, a) = f(a, -1)f(a, -a) = 1 \times 1 = 1$$
以及

$$f(ab,ab) = f(a,ab)f(b,ab) = f(a,a)f(a,b)f(b,a)f(b,b) =$$
$$f(a,b)f(b,a)$$

㉜ 在一个房间里有 9 个人,其中每三个人中就有两个人互相认识. 证明:必存在四个人都互相认识.

证明 众所周知,在 6 个人之中,必有 3 个人互相认识或互相不认识. 本问题所给的条件排除了后一种情况.

如果在房间中有一个人不认识其余的人中的四个人,那么这四个人就互相认识. 否则,每个人至少认识 5 个人. 而由于房间中所有的人认识的人的数目之和是偶数,因此必有一个人至少认识 6 个人. 在这 6 个人之中有 3 个人是互相认识的,因此这 3 个人和第一个人就组成了一个四个人的互相认识的人群.

㉝ 给定一个中心在 $(0,0)$ 的圆 K. 证明:对每个向量 (a_1, a_2) 都存在一个正整数 n,使得圆 K 经过平移 $n(a_1, a_2)$ 后,都可包含一个格点(即坐标都是整数的点).

证明 设 K 的半径为 r,以及 $s > \sqrt{2}/r$ 是一个整数. 考虑点 $A_k(ka_1 - [ka_1], ka_2 - [ka_2]), k = 0, 1, 2, \cdots, s^2$. 由于这些点都位于单位正方形中,因此其中必有两点,比如说 $A_p, A_q, q > p$ 位于一个更小的、边长为 $1/s$ 的小正方形中,因而 $A_p A_q \leq \sqrt{2}/s < r$. 所以对 $n = q - p, m_1 = [qa_1] - [pa_1], m_2 = [qa_2] - [pa_2]$,点 $n(a_1, a_2)$ 和 (m_1, m_2) 之间的距离小于 r,这就是说,点 (m_1, m_2) 位于圆 $K + n(a_1, a_2)$ 之中.

㉞ 设 B 是 k 个序列的集合,其中每个序列有 n 项,每一项的值是 1 或 -1. 两个序列 $(a_1, a_2, \cdots, a_n)$ 和 $(b_1, b_2, \cdots, b_n)$ 的积定义为 $(a_1 b_1, a_2 b_2, \cdots, a_n b_n)$. 证明:存在一个序列 $(c_1, c_2, \cdots, c_n)$,使得 B 和所有由 B 中序列和 $(c_1, c_2, \cdots, c_n)$ 相乘所得的序列组成的集合的交至多包含 $k^2/2^n$ 个序列.

证明 设 A 是 2^n 个序列的集合,其中每个序列有 n 项,而每一项等于 $+1$ 或 -1. 由于有 k^2 个乘积 ab,其中 $a, b \in B$,故由抽屉原则,在至多为 $k^2/2^n, (a,b) \in B \times B$ 的对之中,必有一个 $c \in A$,使得 $ab = c$. 那样,至多有 $k^2/2^n$ 个使 $cb \in B$ 成立的 b 的值,这就意味着 $|B \cap cB| \leq k^2/2^n$.

35 求出所有的数 $N = \overline{a_1 a_2 \cdots a_n}$，使得 $9 \times \overline{a_1 a_2 \cdots a_n} = \overline{a_n \cdots a_2 a_1}$，且数字 $a_1, a_2, \cdots, a_n$ 中至多有一个是零.

解 所求的解是 0 和 $N_k = 10\underbrace{99\cdots9}_{k}89, k = 0, 1, 2, \cdots$.

注：如果我们去掉至多有一个数字为 0 的条件，那么解就是形如 $N_{k_1} N_{k_2} \cdots N_{k_r}$ 的数，其中 $k_1 = k_r, k_2 = k_{r-1}$ 等.

更一般的问题 $k \cdot \overline{a_1 a_2 \cdots a_n} = \overline{a_n \cdots a_2 a_1}$ 只对 $k = 9$ 和 $k = 4$ 有解（即 $0, 2199\cdots978$ 及以上的组合）.

36 考虑数字的序列 $(a_1, a_2, \cdots, a_{2^n})$. 定义以下的变换
$$S((a_1, a_2, \cdots, a_{2^n})) = (a_1 a_2, a_2 a_3, \cdots, a_{2^n-1} a_{2^n}, a_{2^n} a_1)$$
证明：无论一开始的 $(a_1, a_2, \cdots, a_{2^n})$ 如何，其中 $a_i \in \{-1, 1\}$，$i = 1, 2, \cdots, 2^n$，经过有限次变换后，都会得到序列 $(1, 1, \cdots, 1)$.

证明 简单应用归纳法可证 $S^m(a_1, \cdots, a_{2^n}) = (b_1, \cdots, b_{2^n})$，其中
$$b_k = \prod_{i=0}^{m} a_{k+i}^{\binom{m}{i}} \quad (\text{规定 } a_{k+2^n} = a_k)$$
如果我们取 $m = 2^n$，那么所有的二项式系数 $\binom{m}{i}$ 除了 $i = 0$ 和 $i = m$ 之外，全都是偶数，因而对所有的 $k, b_k = a_k a_{k+m} = 1$.

37 设 $A_1, A_2, \cdots, A_{n+1}$ 是使得 $(A_i, A_{n+1}) = 1$ 的正整数，$i = 1, 2, \cdots, n$. 证明：方程
$$x_1^{A_1} + x_2^{A_2} + \cdots + x_n^{A_n} = x_{n+1}^{A_{n+1}}$$
有无限多组正整数解.

证明 我们寻求使得 $x_1^{A_1} = \cdots = x_n^{A_n} = n^{A_1 A_2 \cdots A_n}$ 和 $x_{n+1} = n^y$ 的解. 为此，必须有
$$A_1 A_2 \cdots A_n x + 1 = A_{n+1} y$$
由于 $A_1 A_2 \cdots A_n$ 和 A_{n+1} 互素，因此这个方程在 $\mathbf{R}$ 中有无穷多组解 (x, y).

㊳ 设对 $j=1,2,\cdots,n, m_j > 0$ 而 $a_1 \leqslant \cdots \leqslant a_n < b_1 \leqslant \cdots \leqslant b_n < c_1 \leqslant \cdots \leqslant c_n$ 是实数. 证明
$$\left[\sum_{j=1}^n m_j(a_j+b_j+c_j)\right]^2 > 3\left(\sum_{j=1}^n m_j\right)\left[\sum_{j=1}^n m_j(a_jb_j+b_jc_j+c_ja_j)\right]$$

证明 我们证由条件可以得出二次方程 $f(x)=0$ 有不同的实根, 其中
$$f(x) = 3x^2\sum_{j=1}^n m_j - 2x\sum_{j=1}^n m_j(a_j+b_j+c_j) + \sum_{j=1}^n m_j(a_jb_j+b_jc_j+c_ja_j)$$

易于验证函数 f 是函数
$$F(x) = \sum_{j=1}^n m_j(x-a_j)(x-b_j)(x-c_j)$$

的导数. 由于 $F(a_1) \leqslant 0 \leqslant F(a_n), F(b_1) \leqslant 0 \leqslant F(b_n), F(c_1) \leqslant 0 \leqslant F(c_n)$, 因此 $F(x)$ 有三个不同的实数根, 因而由 Rolle(罗尔)定理可知它的导数 $f(x)=0$ 有两个不同的实根.

㊴ 考虑空间中 37 个不同的坐标都是整数的点, 证明: 在其中可以找出 3 个不同的点使得它们的重心的坐标都是整数.

证明 由抽屉原则可知, 在所给的 37 个点中可找到 5 个不同的点, 使得它们的 x－坐标和 y－坐标对模 3 同余. 现在, 在这 5 个点之中或者存在 3 个不同的点, 使得它们的 z－坐标对模 3 同余, 或者存在 3 个点, 使得它们的 z－坐标对模 3 都不同余, 即在模 3 下, 它们的 z－坐标分别同余于 $0, 1, 2$. 无论在哪种情况下, 这三个点就是所想要的点.

注: 使此问题中的结论成立的最小的 n 是 $n=19$. 每种关于这一结果的证明似乎都可以推广到更高维的情况中去.

㊵ 在国际象棋盘的每个格子中写上数字 $1,2,3,\cdots,64$. 考虑国际象棋盘上所有 2×2 的正方形. 证明: 至少有 3 个其中的数字之和超过 100 的正方形.

证明 我们把棋盘分成 16 个 2×2 的正方形 $Q_1, Q_2, \cdots, Q_{16}$, 设 s_k 表示 Q_k 中的数字之和, 且设 $s_1 \geqslant s_2 \geqslant \cdots \geqslant s_{16}$. 由于 $s_4 + s_5 + \cdots + s_{16} \geqslant 1+2+\cdots+52 = 1398$, 我们必须有 $s_4 \geqslant 100$, 因此也有 $s_1 \geqslant s_2 \geqslant s_3 \geqslant 100$.

㊶ 如图 19.6，一个轮盘由一个固定的圆盘和一个可转动的转盘所组成，在圆盘上刻着数字 $1,2,\cdots,N$，而在转盘上刻着 N 个和为 1 的整数 $a_1,a_2,\cdots,a_N$。转盘可以转动到 N 个不同的位置，这些位置和圆盘上的刻度互相对应。把转盘上的数和圆盘上对应的数相乘，得出 N 个乘积，这样，转盘每转动到一个位置，就可得到一个由这 N 个乘积相加所得的和。证明：这样所得的 N 个和是不同的。

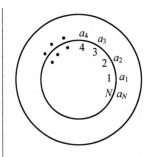

图 19.6

证明 所考虑的和在模 n 下同余于 $S_k = \sum_{i=1}^{N}(i+k)a_i, k=0,1,\cdots,N-1$。由于
$$S_k = S_0 + k(a_1+\cdots+a_n) = S_0 + k$$
因此所有的和在模 n 下给出不同的剩余，所以是不同的。

㊷ 序列 $a_{n,k}, k=1,2,3,\cdots,2^n, n=0,1,2,\cdots$ 定义如下
$$a_1=2, a_{n,k}=2a_{n-1,k}^3, a_{n,k+2^{n-1}}=\frac{1}{2}a_{n-1,k}^3$$
对 $k=1,2,3,\cdots,2^{n-1}, n=0,1,2,\cdots$。证明：数 $a_{n,k}$ 是不同的。

证明 可以用对 n 的归纳法证明
$$\{a_{n,k} \mid 1 \leqslant k \leqslant 2^n\} = \{2^m \mid 3^n + 3^{n-1}s_1 + \cdots + 3^1 s_{n-1} + s_n (s_i = \pm 1)\}$$
那样，本题的结果就是下述引理的一个直接的推论。

引理：每个正整数 s 可以被唯一的表示成下述形式
$$s = 3^n + 3^{n-1}s_1 + \cdots + 3^1 s_{n-1} + s_n, \text{其中 } s_i \in \{-1,0,1\} \quad ①$$
证明：存在性和唯一性都可用对 s 的简单归纳法证明。命题对 $s=1$ 是平凡的，而对 $s>1$，存在 $q \in \mathbf{R}, r \in \{-1,0,1\}$ 使得 $s=3q+r$，而 q 具有唯一的形如 ① 的表示式。

㊸ 计算
$$\sum_{k=1}^{n} k(k+1)\cdots(k+p)$$
其中 k 和 p 都是正整数。

解 由于 $k(k+1)\cdots(k+p) = (p+1)! \binom{k+p}{p+1} = (p+1)! \cdot \left[\binom{k+p+1}{p+2} - \binom{k+p}{p+2}\right]$，由此就得出

$$\sum_{k=1}^{n} k(k+1)\cdots(k+p) = (p+1)! \binom{n+p+1}{p+2} = \frac{n(n+1)\cdots(n+p+1)}{p+2}$$

㊸ 设 E 是空间中有限个点的集合,其中的点不共面且没有三个点共线. 证明: E 包含一个四面体 $T = ABCD$ 的顶点使得 $T \cap E = \{A, B, C, D\}$ (包括 T 的内点) 并且使得 A 在平面 BCD 上的投影位于一个三角形的内部, 这个三角形相似于 $\triangle BCD$, 而且各边的中点是 B, C, D.

证明 设 $d(X, \sigma)$ 表示从点 X 到平面 σ 的距离. 考虑对 (A, π), 其中 $A \in E$, 而 π 是包含某三个点 $B, C, D \in E$ 且使得 $d(A, \pi)$ 尽可能小的平面. 我们可将点 B, C, D 选在使得 $\triangle BCD$ 不包含 E 中其他的点. 设 A' 是 A 在 π 上的投影, 而 l_b, l_c, l_d 分别是通过点 B, C, D 并平行于 CD, DB, BC 的直线. 如果 A' 位于由 l_d 确定的不包含 BC 的半平面内, 则 $d(D, ABC) \leqslant d(A', ABC) < d(A, BCD)$, 而这是不可能的, 故 A' 必位于由 l_d 确定的包含 BC 的半平面内. 同理 A' 必位于由 l_b, l_c 确定的包含点 D 的半平面内. 因此 A' 必位于以 l_b, l_c, l_d 为界的三角形内. 那样, (A, π) 的投影的最小性和 B, C, D 的选法就保证了 $E \cap T = \{A, B, C, D\}$.

㊹ 设 E 是有限个点的集合,其中的点不共面且没有三个点共线. 证明: 以下两个命题至少有一个成立:
(1) E 包含 5 个点, 它们是一个凸棱锥的顶点且和 E 的交不包含其他的点;
(2) 某个平面恰包含 E 中的三个点 (即除此三个点外, 不再含 E 中其他的点).

证明 就像前一题中一样, 我们选 (A, π) 使得 $d(A, \pi)$ 最小. 如果 π 只含 E 中的三个点, 那么结论已成立. 如果不是, 则在 $E \cap P$ 中存在四个点, 比如说 A_1, A_2, A_3, A_4 使得四边形 $Q = A_1 A_2 A_3 A_4$ 不含 E 中其他的点. 如果 E 不是凸的, 那么不失一般性, 可设 A_1 位于三角形 $A_2 A_3 A_4$ 之中. 又设 A_0 是 A 在 P 上的投影, 点 A_1 属于三角形 $A_0 A_2 A_3, A_0 A_3 A_4, A_0 A_4 A_2$ 之一, 比如说, 三角形 $A_0 A_2 A_3$. 那么 $d(A_1, AA_2 A_3) \leqslant d(A_0, AA_2 A_3) < AA_0$, 这是不可能的. 因此 Q 必是凸的, 同时由于 (A, π) 的投影的最小性, 也有棱锥 $AA_1 A_2 A_3 A_4$ 不包含 E 中其他的点.

㊻ 设 f 是定义在实数集上的严格递增函数. 对实数 x 和正数 t, 令
$$g(x,t) = \frac{f(x+t) - f(x)}{f(x) - f(x-t)}$$
设当 $x = 0$ 时,对所有正的 t, 当 x 是其他值时,对所有 $t \leqslant |x|$ 成立不等式
$$2^{-1} < g(x,t) < 2$$
证明:对所有的实数 x 和正数 t, 成立不等式
$$14^{-1} < g(x,t) < 14$$

证明 我们只需考虑 $t > |x|$ 的情况. 不失一般性, 可设 $x > 0$. 为得到下界的估计, 设
$$a_1 = f\left(-\frac{x+t}{2}\right) - f(-(x+t)), a_2 = f(0) - f\left(-\frac{x+t}{2}\right)$$
$$a_3 = f\left(\frac{x+t}{2}\right) - f(0), a_4 = f(x+t) - f\left(\frac{x+t}{2}\right)$$
由于 $-(x+t) < x-t$ 以及 $x < (x+t)/2$, 我们有 $f(x) - f(x-t) \leqslant a_1 + a_2 + a_3$. 由于 $2^{-1} < a_{j+1}/a_j < 2$, 这就得出
$$g(x,t) > \frac{a_4}{a_1 + a_2 + a_3} > \frac{a_3/2}{4a_3 + a_3 + a_3} = 14^{-1}$$

为得出上界的估计, 设
$$b_1 = f(0) - f\left(-\frac{x+t}{3}\right), b_2 = f\left(\frac{x+t}{3}\right) - f(0)$$
$$b_3 = f\left(\frac{2(x+t)}{3}\right) - f\left(\frac{x+t}{3}\right), b_4 = f(x+t) - f\left(\frac{2(x+t)}{3}\right)$$
如果 $t < 2x$, 那么 $x - t < -(x+t)/3$, 并且 $f(x) - f(x-t) \geqslant b_1$; 如果 $t \geqslant 2x$, 那么 $(x+t)/3 \leqslant x$, 并且 $f(x) - f(x-t) \geqslant b_2$. 由于 $2^{-1} < b_{j+1}/b_j < 2$, 我们就得出
$$g(x,t) < \frac{b_2 + b_3 + b_4}{\min\{b_1, b_2\}} < \frac{b_2 + 2b_2 + 4b_2}{b_2/2} = 14$$

㊼ 给定正方形 $ABCD$, 一条过点 A 的直线交 CD 于点 Q. 作一条平行于 AQ, 且与正方形的边界交于 M 和 N 的直线, 使得四边形 $AMNQ$ 的面积最大.

解 M 在 AB 上, 而 N 在 BC 上. 如果 $CQ \leqslant 2CD/3$, 那么 $BM = CQ/2$, 如果 $CQ > 2CD/3$, 那么 N 与 C 重合.

㊽ 一个平面和棱长为 a 的正四面体的截面的周长为 P，证明：$2a \leqslant P \leqslant 3a$.

证明 如图 19.7，设一个平面分别割棱 AB,BC,CD,DA 于点 K,L,M,N. 设 D',A',B' 是平面 ABC 上不同的点，使得 $\triangle BCD', \triangle CD'A', \triangle D'A'B'$ 都是等边三角形. 而 $M' \in [CD']$，$N' \in [D'A']$ 和 $K' \in [A'B']$ 使得 $CM' = CM, A'N' = AN$ 和 $A'K' = AK$. 四边形 $KLMN$ 的周长 P 等于折线 $KLM'N'K'$ 的长度，而这个长度不小于 KK'. 由此得出 $P \geqslant 2a$.

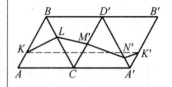

图 19.7

考虑所有的由平行于一个固定平面 α 的平面和四面体相交所得的四边形 $KLMN$. 线段 KL, LM, MN, NK 的长度是 AK 的线性函数，因此 P 也是. 那样 P 在区间的端点，即当平面 $KLMN$ 通过顶点 A,B,C,D 之一时取到最大值，容易看出，在这种情况下，$P \leqslant 3a$.

㊾ 求出所有使得二次三项式 $x^2 + px + q$ 和 $x^2 + qx + p$ 的根都是整数的整数对 (p,q).

解 如果 p,q 之一，比如说 p 是 0，那么 $-q$ 是完全平方. 反之 $(p,q) = (0, -t^2)$ 和 $(p,q) = (-t^2, 0)$ 对 $t \in \mathbf{Z}$ 满足条件.

现在设 p,q 都不是 0. 如果二次三项式 $x^2 + px + q$ 有两个整数根 x_1, x_2，那么 $|q| = |x_1 x_2| \geqslant |x_1| + |x_2| - 1 \geqslant |p| - 1$，且 $p^2 - 4q$ 是完全平方. 类似的如果二次三项式 $x^2 + qx + p$ 有两个整数根，那么 $|p| \geqslant |q| - 1$ 且 $q^2 - 4p$ 是完全平方. 那样，我们有两种情况需要调查：

(1) $|p| = |q|$. 那么 $p^2 - 4q = p^2 \pm p$ 是完全平方，因此 $(p,q) = (4,4)$；

(2) $|p| = |q| \pm 1$. 解是 $(p,q) = (t, -1-t), t \in \mathbf{Z}$，因而 $(p,q) = (5,6)$ 和 $(6,5)$.

㊿ 确定所有的正整数 n，使得存在一个 n 阶的整系数多项式 $P_n(x)$，它在 $x = 0$ 时等于 0，而在另外的 n 个不同的整数处都等于 n.

解 设 $P_n(x) = n, x \in \{x_1, x_2, \cdots, x_n\}$，则
$$P_n(x) = (x - x_1)(x - x_2) \cdots (x - x_n) + n$$
由 $P_n(0) = 0$，我们得出 $n = |x_1 x_2 \cdots x_n| \geqslant 2^{n-2}$（由于至少有

$n-2$ 个因子是不等于±的)，因而 $n\geqslant 2^{n-2}$，由此得出 $n\leqslant 4$. 对每个正整数 $n\leqslant 4$，都存在一个多项式 P_n 如下

$$n=1:\pm x,\quad n=2:2x^2,x^2\pm x,-x^2\pm 3x,$$
$$n=3:\pm(x^3-x)+3x^2,\quad n=4:-x^4+5x^2$$

(51) 给出一些线段，我们称之为白线段，其长度之和为 1. 又另外给出一些线段，我们称之为黑线段，其长度之和也为 1. 证明可用下述方式把这些线段分布在一个长为 1.51 的线段内. 颜色相同的线段都不相交，颜色不同的线段或者不相交或者一个线段被包含在另一个线段之内. 证明：存在一个不可能用上述方式分布在一个长为 1.49 的线段内的线段组.

证明　设白色线段的长度为 $a_1\geqslant a_2\geqslant\cdots\geqslant a_m$，$a_1+a_2+\cdots+a_m=1$，黑色线段的长度为 $b_1\geqslant b_2\geqslant\cdots\geqslant b_n$，$b_1+b_2+\cdots+b_n=1$，不失一般性，不妨设 $a_1\geqslant b_1$.

我们将使用下述的程序：

首先取线段 a_1，然后在 a_1 上不重叠的放置线段 $b_1,b_2,\cdots,b_{k_1}$，直到如果再放置，就会使得黑色线段的长度之和超过 a_1 为止. 设 $b_1+b_2+\cdots+b_{k_1}=u_1$，那么必有 $u_1\geqslant a_1-u_1$，假设不然，那么就有 $a-u_1>u_1\geqslant b_1$，这时必可在 a_1 上继续放置线段 b_{k_1+1}，不然将有 $b_{k_1+1}>a-u_1>u_1\geqslant b_1$，矛盾.

现在再取线段 b_{k_1+1}，如果 $a_2\leqslant b_{k_1+1}$，那么如同上面那样就可在 b_{k_1+1} 上面顺序不重叠地放置一些白色线段，设它们的长度之和为 $v_1>0$. 如果 $a_2>b_{k_1+1}$，就规定在线段 b_{k_1+1} 上面放置了 0 个白色线段，并且规定在其上面放置的白色线段的长度之和为 $v_1=0$，这时必可在线段 a_2 上从 b_{k_1+1} 开始，顺序不重叠地放置一些黑色线段，设它们的长度之和为 $u_2>0$.

如此进行下去，我们将把所有的线段都用完，并且交替的得到一些颜色不同的线段，在每条线段上都顺序的、不重叠的放置了一些具有相反颜色的线段，而且不可能再更多的放置这种线段. 我们用符号

$$\left(\frac{u_1}{a_1}\right),\left(\frac{v_1}{b_{k_1}}\right),\cdots,\left(\frac{v_s}{b_{k_s}}\right),\left(\frac{u_l}{a_l}\right)$$

或

$$\left(\frac{u_1}{a_1}\right),\left(\frac{v_1}{b_{k_1}}\right),\cdots,\left(\frac{u_l}{a_l}\right),\left(\frac{v_s}{b_{k_s}}\right)$$

表示上述过程. 其中符号 $\left(\frac{u_1}{a_1}\right)$ 表示在线段 a_1 上顺序的、不重叠的放置了总长为 u_1 的黑色线段，以此类推. 当上述过程为上一行时，$b_{k_s+1},\cdots,b_n$ 就都被放置在线段 a_l 上，当上述过程为下一行时，

$a_{l+1},\cdots,a_m$ 就都被放置在线段 b_{k_s} 上，总之，到最后，所有的线段都已被用完. 按照我们上面的说明可知，必有 $u_1,u_2,\cdots,u_l>0$，$v_1,v_2,\cdots,v_{k_s}\geqslant 0$ 以及 $u_i\geqslant a_i-u_i$，$i=1,2,\cdots,l$.

令 $u_1+u_2+\cdots+u_l=z$，$b_{k_1}+b_{k_2}+\cdots+b_{k_s}=z^*$，则显然有

$$z+z^*=b_1+\cdots+b_n=1$$

现在我们证明 $a_1+a_2+\cdots+a_l+b_{k_1}+b_{k_2}+\cdots+b_{k_s}\leqslant 1.5$，假设不然，则

$$1.5<a_1+a_2+\cdots+a_l+b_{k_1}+b_{k_2}+\cdots+b_{k_s} \quad ①$$

由于 $u_i\geqslant a_i-u_i$，$i=1,2,\cdots,l$，故 $a_i\leqslant 2u_i$，把这些式子从 $i=1$ 到 l 相加，得到

$$a_1+a_2+\cdots+a_l<2(u_1+u_2+\cdots+u_l)=2z$$

因此 $1.5<a_1+a_2+\cdots+a_l+b_{k_1}+b_{k_2}+\cdots+b_{k_s}\leqslant 2z+z^*=z+(z+z^*)=z+1$，因而 $z>0.5$，$z^*<0.5$，由此又得出 $a_1+a_2+\cdots+a_l+b_{k_1}+b_{k_2}+\cdots+b_{k_s}=a_1+a_2+\cdots+a_l+z^*<1+0.5=1.5$，这与式 ① 相矛盾. 所得的矛盾就说明必有

$$a_1+a_2+\cdots+a_l+b_{k_1}+b_{k_2}+\cdots+b_{k_s}\leqslant 1.5<1.51$$

而上式说明我们可按照题目要求的方式把黑白两种线段分布在一个长为 1.51 的线段内(译者注:所多余的 0.01 用于把可能相邻的同色线段用充分小的间隔分开).

另一方面，如果我们给出两个长为 0.5 的白色线段和两个长为 0.999 及 0.001 的黑色线段，那么，我们不可能把它们分布在一个长度小于 1.499 的线段内.

(52) 通过半径为 R 的圆的一个内点 P 作两条互相垂直的弦. 设从点 P 到圆心的距离为 kR，确定并证明这两条弦的长度之和的最大值和最小值.

解 最大值和最小值分别是 $2R\sqrt{4-2k^2}$ 和 $2R(1+\sqrt{1-k^2})$.

(53) 确定所有使得 $7a+14b=5a^2+5ab+5b^2$ 的整数 a,b 的对.

解 所给方程作为 b 的二次方程，其判别式为 $196-75a^2$，那样 $75a^2\leqslant 196$，因而 $-1\leqslant a\leqslant 1$. 由此易得出方程的整数解为 $(-1,3)$，$(0,0)$，$(1,2)$.

54 如果 $0 \leqslant a \leqslant b \leqslant c \leqslant d$,证明:$a^b b^c c^d d^a \geqslant b^a c^b d^c a^d$.

证明 我们将应用以下引理:

引理:如果实函数 f 在区间 I 上是凸的,$x,y,z \in I, x \leqslant y \leqslant z$,则
$$(y-z)f(x) + (z-x)f(y) + (x-y)f(z) \leqslant 0$$

证明:当 $x=y=z$ 时,不等式是显然的.如果 $z < x$,那么存在 p, r 使得 $p+r=1, y=px+rz$.那样,由 Jensen(琴生) 不等式可得
$$f(px+rz) \leqslant pf(x) + rf(z)$$
上式等价于引理所述的命题(译者注:只要取 $p = \dfrac{z-y}{z-x}, r = \dfrac{y-x}{z-x}$ 即可).

对凸函数 $-\ln x$ 应用引理就得出对任意 $0 < x \leqslant y \leqslant z$,$x^y y^z z^x \geqslant y^x z^y x^z$.将不等式 $a^b b^c c^a \geqslant b^a c^b a^c$ 和不等式 $a^c c^d d^a \geqslant c^a d^c a^d$ 相乘即得所要的不等式.

注:类似的,对 $0 < a_1 \leqslant a_2 \leqslant \cdots \leqslant a_n$ 成立
$$a_1^{a_2} a_2^{a_3} \cdots a_n^{a_1} \geqslant a_2^{a_1} a_3^{a_2} \cdots a_1^{a_n}$$

55 通过平行四边形 $ABCD$ 的对角线 BD 上一点 O,作线段 MN 平行于 AB,作线段 PQ 平行于 AD,其中 M 在 AD 上,Q 在 AB 上.证明:对角线 AO, BP, DN(如果必要,考虑延长线)是共点的.

证明 不需假设 $O \in BD$,命题仍然成立.设 $BP \cap DN = \{K\}$.如果对某个 $\alpha, \beta \in \mathbf{R}$,$\dfrac{1}{\alpha} + \dfrac{1}{\beta} \neq 1$,我们记 $\overrightarrow{AB} = \boldsymbol{a}, \overrightarrow{AD} = \boldsymbol{b}$ 以及 $\overrightarrow{AO} = \alpha \boldsymbol{a} + \beta \boldsymbol{b}$,由直接计算我们得出
$$\overrightarrow{AK} = \dfrac{\alpha}{\alpha + \beta - \alpha\beta}\boldsymbol{a} + \dfrac{\beta}{\alpha + \beta - \alpha\beta}\boldsymbol{b} = \dfrac{1}{\alpha + \beta - \alpha\beta}\overrightarrow{AO}$$
因此 A, K, O 共线.

56 一个四面体的四个面中的四个外接圆的半径都相等,证明:四面体的四个面都是全等的三角形.

证明 假设存在整数 n 和 m 使得 $m^3 = 3n^2 + 3n + 7$,那么 $m^3 \equiv 1 \pmod{3}$,因而 $m = 3k+1, k \in \mathbf{Z}$.把此式代入原来的方程得 $3k(3k^2 + 3k + 1) = n^2 + n + 2$.易于验证 $n^2 + n + 2$ 不能被 3 整

除,因而上述等式不可能成立,所以所给的方程没有整数解.

❺❼ 定义一个有限的序列的长度为序列的项数.确定满足以下条件的有限序列的可能的最大长度,此序列的每 7 个连续的项之和是负的而每 11 个连续的项之和是正的.

注 本题为第 19 届国际数学奥林匹克竞赛题第 2 题.

❺❽ 证明:对任意三角形,成立以下不等式
$$\frac{ab+bc+ca}{4S} \geqslant \cot\frac{\pi}{6}$$
其中 a,b,c 是三角形的边长,而 S 是三角形的面积.

证法 1 下面的不等式(Finsler(芬斯勒) and Hadwiger(海德威格),1938)是比我们要证的不等式更强的不等式
$$2ab+2bc+2ca-a^2-b^2-c^2 \geqslant 4S\sqrt{3} \quad ①$$
证明:设 $2x=b+c-a, 2y=c+a-b, 2z=a+b-c$,那么 $x,y,z>0$,而不等式 ① 成为
$$y^2z^2+z^2x^2+x^2y^2 \geqslant xyz(x+y+z)$$
上式等价于明显的不等式 $(xy-yz)^2+(yz-zx)^2+(zx-xy)^2 \geqslant 0$.

证法 2 利用已知的三角形中的关系式
$$a^2+b^2+c^2 = 2s^2-2r^2-8rR$$
$$ab+bc+ca = s^2+r^2+4rR$$
$$S = rs$$
其中 r 和 R 分别是三角形的内切圆和外接圆的半径,s 是半周长,而 S 是面积.我们可把 ① 化为
$$s\sqrt{3} \leqslant 4R+r$$
上面的不等式是不等式 $2r \leqslant R$ 和 $s^2 \leqslant 4R^2+4Rr+3r^2$ 的推论,而后者是从等式 $HI^2 = 4R^2+4Rr+3r^2-s^2$ 得出的(H 和 I 分别是三角形的垂心和内心).

❺❾ 设 E 是平面上 $n(n \geqslant 3)$ 个点的集合,E 中点的坐标都是整数,每三个点都是一个非退化的三角形的顶点,每个三角形的中心的坐标不都是整数.确定 n 的最大值.

解 我们考虑 E 中的点对模 3 约简所得的点的坐标对的集合 R.如果 R 中某个元素出现两次,那么,对应的点是一个具有整

数重心的三角形的顶点. 还有, E 中没有三个点具有不同的 x-坐标和不同的 y-坐标. 由简单的讨论可知集合 R 至多包含 4 个元素, 因此 $|E| \leqslant 8$.

一个满足所给条件且含有 8 个点的集合 E 的例子为
$$E = \{(0,0), (1,0), (0,1), (1,1), (3,6), (4,6), (3,7), (4,7)\}$$

❻⓪ 设 $x_0, x_1, \cdots, x_n$ 都是整数并且 $x_0 > x_1 > \cdots > x_n$. 证明: 在 $|F(x_0)|, |F(x_1)|, |F(x_2)|, \cdots, |F(x_n)|$ 之中, 至少有一个的值要大于 $\frac{n!}{2^n}$, 其中
$$F(x) = x^n + a_1 x^{n-1} + \cdots + a_n, \quad a_i \in \mathbf{R}, i = 1, \cdots, n$$

证明 由 Lagrange(拉格朗日) 内插公式, 我们有
$$F(x) = \sum_{j=0}^{n} F(x_j) \frac{\prod_{i \neq j}(x - x_j)}{\prod_{i \neq j}(x_i - x_j)}$$

由于 $F(x)$ 的首项系数为 1, 因此
$$1 = \sum_{j=0}^{n} \frac{F(x_j)}{\prod_{i \neq j}(x_i - x_j)}$$

由于
$$\left| \prod_{i \neq j}(x_i - x_j) \right| = \prod_{i=0}^{j-1} |x_i - x_j| \prod_{i=j+1}^{n} |x_i - x_j| \geqslant j!(n-j)!$$

我们就得出
$$1 \leqslant \sum_{j=0}^{n} \frac{|F(x_j)|}{\left| \prod_{i \neq j}(x_i - x_j) \right|} \leqslant \frac{1}{n!} \sum_{j=0}^{n} \binom{n}{j} |F(x_j)| \leqslant \frac{2^n}{n!} \max |F(x_j)|$$

现在, 立即即可得出所要的不等式.

第五编
第20届国际数学奥林匹克

第 20 届国际数学奥林匹克

罗马尼亚,1978

❶ m 和 n 是自然数,$1 \leqslant m \leqslant n$,$1978^m$ 的最后三位数字分别与 1978^n 的最后三位数字相同. 求 m 和 n 的值,使得 $m+n$ 的值为最小.

古巴命题

解法 1 因为 1978^n 和 1978^m 的最后三位数相同,因此差
$$1978^n - 1978^m = 1978^m(1978^{n-m} - 1)$$
能被 $10^3 = 2^3 \cdot 5^3$ 整除. 因上式中第二个因子为奇数,故第一个因子须可被 2^3 整除,而且
$$1978^m = 2^m \cdot 989^m$$
所以 $m \geqslant 3$.

我们可化 $m+n = (n-m) + 2m$ 为使该值最小,我们取 $m=3$ 而求 $d = n-m$ 的最小值,因为这样 $1978^d - 1$ 能被 $5^3 = 125$ 整除,即
$$1978^d \equiv 1 \pmod{125}$$

我们将再次运用下述引理.

引理 设 d 为满足 $a^d \equiv 1 \pmod{N}$ 的最小幂,那么满足 $a^g \equiv 1 \pmod{N}$ 的其他幂 g 都是 d 的倍数.

引理的证明 如果 g 不能被 d 整除,那么
$$g = qd + r (0 < r < d), a^g = a^{qd} \cdot a^r \equiv 1 \pmod{N}$$
即 $a^r \equiv 1 \pmod{N}$(因 $0 < r < d$),这样就推出若 d 并非最小幂,故 g 为 d 的倍数.

费马(Fermat)定理说明,对任何素数 p 和不能被 p 整除的整数 a 有
$$a^{p-1} \equiv 1 \pmod{p}$$
例如
$$1978^4 \equiv 1 \pmod{5}$$
欧拉扩展了费马定理,证明了(若 a,k 互素)
$$a^{\phi(k)} \equiv 1 \pmod{k}$$
其中,$\phi(k)$ 小于等于 k 并且是与 k 互素的正整数数目. 若 $k = p^s$ 为一素数的幂,很容易看出
$$\phi(p^s) = p^{s-1}(p-1)$$
因此,对于

$$a = 1978, p^s = 5^3, \phi(125) = 5^2 \times 4 = 100$$

并且 $\quad 1978^{\phi(125)} = 1978^{100} \equiv 1 \pmod{125}$

根据引理，d 可被 100 整除.

因 $1978^d - 1$ 能被 125 整除，它必然能被 5 整除，所以
$$1978^d \equiv 3^d \equiv 1 \pmod 5$$

我们可以用最后这个同余式按照我们的条件来限定指数 d. 符合 $3^j \equiv 1 \pmod 5$ 的最小正整数 j 为 4，根据引理，d 为 4 的倍数且为 100 的因子，所以 d 必须为 4, 20, 100 三个数中的一个.

除以前两个值
$$\begin{aligned}
1978^4 &= (2000-22)^4 \equiv (-22)^4 \pmod{125} \equiv \\
&(-2)^4(11)^4 \equiv (4 \times 121)^2 \equiv \\
&(4 \times (-4))^2 \pmod{125} \equiv (-16)^2 \equiv \\
&256 \equiv 6 \not\equiv 1 \pmod{125}
\end{aligned}$$

所以 $d = n - m \neq 4$. 同样可计算出
$$\begin{aligned}
1978^{20} &= 1978^4 \times 1978^{16} \equiv 6 \times 6^4 \equiv \\
&6 \times 46 \equiv 26 \not\equiv 1 \pmod{125}
\end{aligned}$$

所以 $\quad d = n - m \neq 20$

因此 $\quad n - m = 100, m = 3$

则 $\quad n + m = 106$

解法 2 换一种方法来求解，从
$$1978^4 \equiv 6 \pmod{125}$$

可得 $\quad 1978^{4k} \equiv 6^k \equiv (1+5)^k \equiv 1 + 5k + \dfrac{25}{2}k(k-1) \pmod{125}$

所以 125 整除 $5k + \dfrac{25}{2}k(k-1)$，后者可以写为
$$(2 + 5(k-1))\dfrac{5k}{2}$$

外层括号内的表达式不能被 5 整除，所以 k 必是 25 的倍数，这样也得到
$$4k = n - m = 100, m = 3, n = 103, m + n = 106$$

解法 3 由于 1978^n 与 1978^m 都是不低于四位的多位数，其最后三位数（即个位、十位和百位数字）相同，因而差 $(1978^n - 1978^m)$ 的最后三个数字皆为零，所以
$$\begin{aligned}
1978^n - 1978^m &= 1978^m(1978^{n-m} - 1) = \\
&(2 \times 989)^m(1978^{n-m} - 1) = \\
&2^m \times 989^m(1978^{n-m} - 1)
\end{aligned}$$

含有 $1000 = 2^3 \times 5^3$ 个因子.

但因 989^m 的个位数字仅能是 9 或者是 1，故既无 2 的因子，也无 5 的因子；而 1978^{n-m} 为偶数，$(1978^{n-m}-1)$ 必为奇数，故 $(1978^{n-m}-1)$ 中无 2 的因子，只可能有 5 的因子；又 2^m 显然有 2 的因子，无 5 的因子。因此，当且仅当：

ⅰ 2^m 含有 2^3 个因子，即 $m \geq 3$；

ⅱ $1978^{n-m}-1$ 含有 5^3 因子。

1978^n 与 1978^m 的最后三位数才能相等。

由 ⅰ，容易求得正整数 m 的数值范围，从而得知符合条件的 m 的最小值是 3；接着，我们根据 ⅱ 来定出符合条件的 n 的值。

因为 $(1978^{n-m}-1)$ 有 5 的因子，所以 $(1978^{n-m}-1)$ 的末位数字为 0 或 5，而 1978^{n-m} 的末位数字为 1 或 6。又因为 1978^{n-m} 为偶数，所以 1978^{n-m} 的末位数字不可能为 1，只能为 6。

另一方面，8 自乘时，末位数字将是 8，4，2，6 四个数字循环出现，故知 $n-m$ 为 4 的倍数。因此可令

$$n-m=4k, k \in \mathbf{N}$$

于是

$$1978^{n-m}-1 = 1978^{4k}-1 = (2000-22)^{4k}-1 =$$
$$2000P^* + 22^{4k} - 1 = 2000P + (22^2)^{2k} - 1 =$$
$$2000P + 484^{2k} - 1 = 2000P + (500-16)^{2k} - 1 =$$
$$2000P + 500Q^* + 16^{2k} - 1 =$$
$$2000P + 500Q + (4^2)^{2k} - 1 =$$
$$2000P + 500Q + 4^{4k} - 1 =$$
$$2000P + 500Q + (5-1)^{4k} - 1 =$$
$$2000P + 500Q + (5^3 R^* + C_{4k}^2 5^2 - C_{4k}^1 5 + 1) - 1 =$$
$$2000P + 500Q + 5^3 R + \frac{4k(4k-1)}{2} \cdot 5^2 - 4k \cdot 5 =$$
$$2000P + 500Q + 5^3 R + 2k(4k-1)5^2 - 4k \cdot 5$$

能被 5^3 整除。其中

$$P^* = 2000^{4k-1} - C_{4k}^1 2000^{4k-2} \cdot 22 + \cdots \text{共 } 4k \text{ 项}$$
$$Q^* = 500^{2k-1} - C_{4k}^1 500^{2k-2} \cdot 16 + \cdots \text{共 } 2k \text{ 项}$$
$$R^* = 5^{4k-3} - C_{4k}^1 5^{4k-4} + \cdots \text{共 } 4k-2 \text{ 项}$$

因为 $(2000P + 500Q + 5^3 R)$ 显然能被 5^3 整除，所以 $(2k(4k-1)5^2 - 4k \cdot 5)$ 能被 5^3 整除。

由此推得：k 的最小值为 5^2。因此

$$n-m = 4k = 100$$

即 $n = 100 + m$，n 的最小值是 103。

所以，$n+m = 100 + 2m \geq 106$，即所求的最小值为 106。

> **❷** P 是球面上的一定点,从点 P 发出三条相互垂直的射线,分别与球面相交于点 A, B, C. Q 是由 PA, PB, PC 组成的平行六面体的与点 P 成对角的另一顶点,对于所有从点 P 发出的三条一组的射线,找出点 Q 的轨迹.

美国命题

解法 1 此题虽是在三维空间中,但也适用于 n 维空间. 其解答可以在下述定理中得到提示.

定理 设 S 为一球心在点 O 半径为 R 的球面,P 为 S 上的一点. 假设 $PU_1, PU_2, \cdots, PU_k (k \leqslant n)$,并满足:

(1) 任意两条线相互垂直;

(2) 点 U_i 在 S 面上,建立矢量

$$x_i = \overrightarrow{PU_i}, p = \overrightarrow{OP}$$

(3) $$q = \overrightarrow{OQ} = p + x_1 + x_2 + \cdots + x_k$$

那么 $$|q|^2 = kR^2 - (k-1)|p|^2 \qquad ①$$

相反,给定球面 S 及 S 上一点 P 及球面 ① 上一点 Q 及包含 P 和 Q 的 k 维超平面. 至少存在 H 上的一个点集 $U_1, U_2, \cdots, U_k$ 具有上述三个性质.

这个问题的几何解释是,Q 的轨迹为一个球心在 O,半径由式 ① 决定的球面;当 $k=3$ 时,半径为

$$|q| = \sqrt{3R^2 - 2|p|^2}$$

我们将用矢量方法证明这个定理. 和定理的表达式一样,点用大写字母表示,而相应的黑体小写字母则表示该点所对应的矢量. 对矢量和的处理与(3)相同,并将常常使用矢量点积. 特别是用 $|y|^2 = y \cdot y$ 表示 y 长度的平方,而用 $y \cdot z = 0$ 表示 y 和 z 相互垂直.

定理的证明 因为 $\overrightarrow{PU_i} = u_i - p = x_i$ 且由性质(1)可知,当 $i \neq j$ 时,$x_j \cdot x_i = 0$,我们利用此式和性质(3)计算得

$$|q|^2 = (p + \sum_{i=1}^{k} x_i)(p + \sum_{i=1}^{k} x_i) = |p|^2 +$$

$$2p \sum_{i=1}^{k} x_i + \sum_{i=1}^{k} |x_i|^2 =$$

$$|p|^2 + 2p \sum_{i=1}^{k} (u_i - p) + \sum_{i=1}^{k} |u_i - p|^2 =$$

$$|p|^2 + 2p \sum_{i=1}^{k} u_i - 2k|p|^2 + \sum_{i=1}^{k} |u_i|^2 -$$

$$2p \sum_{i=1}^{k} u_i + k|p|^2$$

根据性质(2),$|u_i|^2 = R^2$,所以

$$|q|^2 = kR^2 - (k-1)|p|^2$$

我们用数学归纳法证明其逆定理. 当 $k=1$ 时, $|q|^2 = R^2$; H 为通过 P 和 Q 的直线, $U_1 = P$, 刚好符合要求.

对于 $k > 1$, 设 T 是直径为 PQ 的球面. 根据泰勒 (Taylor) 定理, T 是所有符合 $\overrightarrow{PU} \perp \overrightarrow{UQ}$ 的点 U 的集合, 即

$$(u-p)\cdot(q-u) = 0 \qquad ②$$

因为 P, Q 都在 T 上, 且 $|p| < R < |q|$, 故 T 相交于 S.

设 u_k 为 $T \cap S$ 上的任一点, 定义 $x_k = u_k - p$, 那么满足

$$v = q - x_k = p + q - u_k \qquad ③$$

的点 V 为长方形 PU_kQV 的第四个顶点 (由矢量加法的平行四边形法则及 $PU_k \perp QU_k$). 由式 ③ 可得

$$|v|^2 = |p+q|^2 - 2u_k\cdot(p+q) + |u_k|^2 =$$
$$|p|^2 + 2p\cdot q + |q|^2 - 2u_k\cdot(p+q) + |u_k|^2$$

式 ② 除以 $2(p\cdot q - u_k\cdot(p+q))$ 可得

$$(u_k - p)\cdot(u_k - q) = |u_k|^2 - u_k\cdot(p+q) + p\cdot q = 0$$
$$p\cdot q - u_k\cdot(p+q) = -|u|^2$$

由假设 ①, 得到

$$|v|^2 = |p|^2 + |q|^2 + |u_k|^2 - 2|u_k|^2 =$$
$$|q|^2 - R^2 - |p|^2 =$$
$$(k-1)R^2 - (k-2)|p|^2$$

另外, 我们也可以用下述初等而常用的引理来求 $|v|^2$ 的值.

引理 若 $ABCD$ 为长方形, AC, BD 为对角线, O 为任一点, 则

$$OA^2 + OC^2 = OB^2 + OD^2$$

引理的证明 选择长方形中心为矢量的原点, 长方形各顶点和点 O (不一定在长方形平面上) 分别用矢量表示: $m, n, -m, -n, o$. 这里 $|m| = |n|$. 可推导出

$$|o+m|^2 + |o-m|^2 = |o+n|^2 + |o-n|^2$$

我们将此引理运用于长方形 PU_kQU, 可发现

$$|v|^2 + |u_k|^2 = |p|^2 + |q|^2$$

所以 $$|v|^2 = q^2 - R^2 + |p|^2$$

若在 $$|q|^2 = kR^2 - (k-1)|p|^2$$

两端加入 $|p|^2 - R^2$, 得到

$$|v|^2 = (k-1)R^2 - (k-2)|p|^2$$

现在设 $H_\perp$ 为 H 上所有符合 $\overrightarrow{PE} \perp x_k$ 的点 E 的集合, 那么 V, P 都在 $H_\perp$ 上, 根据一开始的假设, S 上存在点 $U_i, i = 1, 2, \cdots, k-1$, 使得 $x_i = u_i - p$ 两两垂直, 且

$$v = p + x_1 + x_2 + \cdots + x_{k-1}$$

解法 2 设已知球面半径为 R,中心在一直角坐标系的原点,此坐标系的轴平行于 PA,PB,PC. 设定点 P 的坐标为 (x,y,z),并记 $|PA|=a,|PB|=b,|PC|=c$. 这时 A,B,C 的坐标分别是 $A(x+a,y,z),B(x,y+b,z),C(x,y,z+c)$. 因为 A,B 和 C 落在球面上,故有
$$(x+a)^2+y^2+z^2=R^2$$
$$x^2+(y+b)^2+z^2=R^2$$
$$x^2+y^2+(z+c)^2=R^2$$
相加得
$$(x+a)^2+(y+b)^2+(z+c)^2+2(x^2+y^2+z^2)=3R^2$$
但是 $(x+a)^2+(y+b)^2+(z+c)^2=OQ^2$
所以 $OQ^2=3R^2-2OP^2$

OQ^2 与 a,b,c 无关,Q 落在半径为 $\sqrt{3R^2-2OP^2}$,中心为 O 的球面 Σ 上. 这样证明了必要性.

为了证明充分性,我们首先证明一条引理. 即斯德瓦尔特定理:如图 20.1 所示,设 $\triangle ABC$ 是任意三角形,D 为 BC 上任一点,则有
$$c^2n+b^2m=t^2(m+n)+mn(m+n)\ *$$

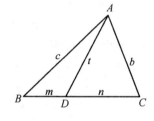

图 20.1

将这定理应用到下述情形,如图 20.2 所示,$ABCD$ 是矩形,O 是矩形所在平面外的任意一点. 根据上述定理,有
$$OA^2\cdot MC+OC^2\cdot MA=OM^2\cdot AC+AM\cdot MC\cdot AC$$
$$OB^2\cdot MD+OD^2\cdot MB=OM^2\cdot BD+MD\cdot MB\cdot BD$$
因为 $AM=BM=CM=DM$,由上述式子得出我们要用的引理,即
$$OA^2+OC^2=OB^2+OD^2$$
当然,这一结果也可以用向量的方法得到,那和上面的方法同样简单.

现在设 Q 是球面 Σ 上的一点,即
$$OQ^2=3R^2-2OP^2$$
因为 $OP<R$,故由上式知 $OQ>R$. 以 PQ 为直径的球面必与球面相交,其交线为一圆. 设 C 为此圆上一点,考虑矩形 $PCQX$,此处 X 与 C 是一条对角线的端点,P 与 Q 是另一对角线的端点. 由引理

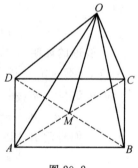

图 20.2

---

* 利用余弦定理
$$a^2=t^2+m^2-2tm\cdot\cos\angle ADB$$
$$b^2=t^2+n^2-2tn\cdot\cos\angle ADC$$
$$c^2=t^2+n^2+2tn\cdot\cos\angle ADB$$
消去 $\cos\angle ADB$ 即可证得斯德瓦尔特定理.

$$OP^2 + OQ^2 = OC^2 + OX^2$$

所以 $OX^2 = OP^2 + (3R^2 - 2OP^2) - R^2 = 2R^2 - OP^2$

点 X 落在球面 S 之外,点 C 则落在球面 S 之上.

作平面 α,它包含点 P 且与 PC 垂直. 因为 $\angle CPX = 90°$, X 在平面 α 上. 其次, α 与 S 相交于一圆,此圆记为 K. 因为 K 在球面 S 上,故 P 落在 K 之内, X 落在 K 之外. 因此,在 α 中以 PX 为直径的圆必与 K 相交,设 B 为一交点. B 落在 S 上,且 PB 与 PC 互相垂直.

最后考虑矩形 $PBXA$,这里 A 和 B 是一对角线的端点. 由引理

$$OP^2 + OX^2 = OA^2 + OB^2$$

或 $OA^2 = OP^2 + (2R^2 - OP^2) - R^2 = R^2$

亦即 A 也落在球面 S 上. 现在我们已经证明了:对球面 Σ 上的每一点,存在三条互相垂直的直线 PA, PB, PC,其中 A, B, C 是球面 S 上的点.

解法 3 设已知的球心为 O,半径是 R, $OP = r_0$. 过 O 作一平面与平面 APB 平行,并与 PC 交于 F;过 O 作一平面与平面 BPC 平行,并与 PA 交于 D;过 O 作一平面与平面 CPA 平行,并与 PB 的反向延长线交于 E(当 O 不在平行六面体 PQ 的外部,比如在内部时,则仍与 PB 相交),如图 20.3 所示. 因为 PA, PB, PC 是两两垂直的,所以图 20.3 中所示的棱柱体 OQ, OP, OA, OB, OC 等都是长方体. 在长方体 OQ 中

$$OQ^2 = AD^2 + BE^2 + CF^2 \quad ④$$

在长方体 OP 中

$$OP^2 = PD^2 + PE^2 + PF^2 = r_0^2 \quad ⑤$$

在长方体 OA 中

$$OA^2 = AD^2 + PE^2 + PF^2 = R^2 \quad ⑥$$

在长方体 OB 中

$$OB^2 = PD^2 + BE^2 + PF^2 = R^2 \quad ⑦$$

在长方体 OC 中

$$OC^2 = PD^2 + PE^2 + CF^2 = R^2 \quad ⑧$$

⑥ + ⑦ + ⑧,得

$$(AD^2 + BE^2 + CF^2) + 2(PD^2 + PE^2 + PF^2) = 3R^2 \quad ⑨$$

将 ④,⑤ 代入 ⑦,得

$$OQ^2 = 3R^2 - 2r_0^2 \quad ⑩$$

由 ⑩, $OQ = \sqrt{3R^2 - 2r_0^2}$ (由 $R > r_0$ 知 $3R^2 - 2r_0^2 > 0$,开方取正值).

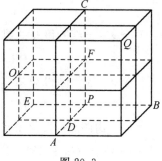

图 20.3

这就是说，不论 A, B, C 在球面上按题设条件如何移动，动点 Q 与定点 O 的距离永远不变且等于定值 $\sqrt{3R^2 - 2r_0^2}\,(R > 0)$.

所以，点 Q 的轨迹是以 O 为球心，$\sqrt{3R^2 - 2r_0^2}$ 为半径的球，且此球面在已知球的外部而与已知球同心. 图 20.3 中仅画出点 O 在长方体外部的情况，当长方体按条件变动时，点 O 也可以在长方体的内部或长方体的面、棱上. 显然，不论如何变动，只要符合条件，上述解答过程以及所得到的结论都是成立的，OQ 永为定值. (充要性证明从略.)

解法 4　以点 P 为原点，PA, PB, PC 分别为 x 轴，y 轴，z 轴的正方向，如图 20.4 所示，建立空间直角坐标系 $P\text{-}xyz$. 设球心为 $O(a, b, c)$，半径为 R，$|OP| = r_0$，则球面方程为
$$(x-a)^2 + (y-b)^2 + (z-c)^2 = R^2$$

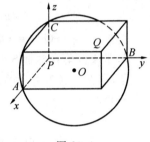

图 20.4

为求 $|OQ|$，必须先求点 Q 的坐标，而 Q 的横坐标即为点 A 的横坐标，Q 的纵坐标即为点 B 的纵坐标，Q 的立坐标即为点 C 的立坐标. 因此，分别在球面方程中，令 $y = z = 0$，得 Q 之横坐标
$$PA = x = a + \sqrt{R^2 - b^2 - c^2}$$
令 $z = x = 0$，得 Q 之纵坐标
$$PB = y = b + \sqrt{R^2 - c^2 - a^2}$$
令 $x = y = 0$，得 Q 之立坐标
$$PC = z = c + \sqrt{R^2 - a^2 - b^2}$$

由两点间距离公式，得
$$|OQ| = ((a + \sqrt{R^2 - b^2 - c^2} - a)^2 + (b + \sqrt{R^2 - c^2 - a^2} - b)^2 + (c + \sqrt{R^2 - a^2 - b^2} - c)^2)^{\frac{1}{2}} =$$
$$\sqrt{(R^2 - b^2 - c^2) + (R^2 - c^2 - a^2) + (R^2 - a^2 - b^2)} =$$
$$\sqrt{3R^2 - 2(a^2 + b^2 + c^2)}$$

因为　　　$a^2 + b^2 + c^2 = |OP|^2,\ |OP|^2 = r_0^2$

所以　　　$\sqrt{3R^2 - 2(a^2 + b^2 + c^2)} = \sqrt{3R^2 - 2|OP|^2} =$
$$\sqrt{3R^2 - 2r_0^2}\,(>R)$$

为定值.

因此，点 Q 的轨迹是以已知的球心为球心，以 $\sqrt{3R^2 - 2r_0^2}$ 为半径且在已知球外的一个同心球面.

解法 5　前面谈了几何法和解析法两种，下面再介绍一下矢量法.

如图 20.5 所示，已知的球心是 O，半径为 R，并设 $\overrightarrow{OQ} = \boldsymbol{r}$，

$\overrightarrow{OP}=r_o, \overrightarrow{OA}=r_a, \overrightarrow{OB}=r_b, \overrightarrow{OC}=r_c$,则
$r_a^2=r_b^2=r_c^2=R^2, \overrightarrow{PA}=r_a-r_o, \overrightarrow{PB}=r_b-r_o, \overrightarrow{PC}=r_c-r_o$

因为 $\overrightarrow{PA}, \overrightarrow{PB}, \overrightarrow{PC}$ 两两正交,所以

$$(r_a-r_o)(r_b-r_o)=0$$
$$(r_b-r_o)(r_c-r_o)=0$$
$$(r_c-r_o)(r_a-r_o)=0$$

即
$$r_a r_b - r_o(r_a+r_b)+r_o^2=0$$
$$r_b r_c - r_o(r_b+r_c)+r_o^2=0$$
$$r_c r_a - r_o(r_c+r_a)+r_o^2=0$$

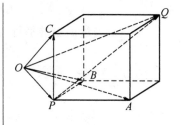

图 20.5

又
$$r = r_o + \overrightarrow{PQ} = r_o + (\overrightarrow{PA}+\overrightarrow{PB}+\overrightarrow{PC}) =$$
$$r_o^2 + ((r_a-r_o)+(r_b-r_o)+(r_c-r_o)) =$$
$$r_a+r_b+r_c-2r_o$$

将上式两边分别取内积,得
$$r^2 = (r_a+r_b+r_c)^2 - 4r_o(r_a+r_b+r_c)+4r_o^2 =$$
$$r_a^2+r_b^2+r_c^2+2(r_a r_b+r_b r_c+r_c r_a) -$$
$$4r_o(r_a+r_b+r_c)+4r_o^2 =$$
$$3R^2 - 2(r_o(r_a+r_b)+r_o(r_b+r_c)+r_o(r_c+r_a) -$$
$$r_a r_b - r_b r_c - r_c r_a) + 4r_o^2 =$$
$$3R^2 - 2(r_o^2+r_o^2+r_o^2)+4r_o^2 =$$
$$3R^2 - 6r_o^2 + 4r_o^2 = 3R^2 - 2r_o^2$$

所以
$$|r| = \sqrt{3R^2-2r_o^2}$$

故所求的轨迹是以已知球心为球心,以 $\sqrt{3R^2-2r_o^2}$ 为半径的球面.

解法 6 以球心 O 为原点,OP 为 x 轴正向,建立空间直角坐标系,如图 20.6 所示.设球 O 的半径为 R,则已知的球面方程为
$$x^2+y^2+z^2=R^2$$

假定 $A(x_1,y_1,z_1), B(x_2,y_2,z_2), C(x_3,y_3,z_3)$,那么
$$x_i^2+y_i^2+z_i^2=R^2, i=1,2,3 \qquad ⑪$$

又设 $Q(x,y,z)$,$OP=r_o$,则点 P 的坐标为 $(r_o,0,0)$. 由"长方体的任意一条对角线的平方等于它的三边的平方和"得
$$PQ^2 = PA^2+PB^2+PC^2 \qquad ⑫$$

根据两点间距离公式,得
$$PQ^2 = (x-r_o)^2+y^2+z^2 \qquad ⑬$$
$$PA^2 = (x_1-r_o)^2+y_1^2+z_1^2 \qquad ⑭$$
$$PB^2 = (x_2-r_o)^2+y_2^2+z_2^2 \qquad ⑮$$
$$PC^2 = (x_3-r_o)^2+y_3^2+z_3^2 \qquad ⑯$$

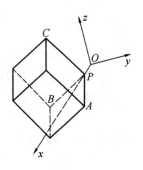

图 20.6

将 ⑪,⑬,⑭,⑮,⑯ 代入 ⑫,并加整理,得

$$x^2+y^2+z^2=3R^2+2r_o^2+2r_o(x-x_1-x_2-x_3) \quad ⑰$$

由矢量加法的平行六面体法则
$$\overrightarrow{PQ}=\overrightarrow{PA}+\overrightarrow{PB}+\overrightarrow{PC}$$

有 $(x-r_o,y,z)=(x_1-r_o,y_1,z_1)+(x_2-r_o,y_2,z_2)+$
$(x_3-r_o,y_3,z_3)=$
$(x_1+x_2+x_3-3r_o,y_1+y_2+y_3,$
$z_1+z_2+z_3)$

所以 $x-r_o=x_1+x_2+x_3-3r_o$
$$x-x_1-x_2-x_3=-2r_o \quad ⑱$$

将 ⑱ 代入 ⑰,即得动点 Q 的轨迹方程为
$$x^2+y^2+z^2=3R^2-2r_o^2 \quad ⑲$$

显然,⑲ 是以 O 为球心,$\sqrt{3R^2-2r_o^2}$ 为半径的球面方程.

解法 7 由题设知以 PA,PB 和 PC 为棱的平行六面体中,棱 PA,PB,PC 两两垂直,因而这个六面体是长方体,其各侧面都是矩形,如图 20.7 所示.

因 P 是定点,设 $OP=a$,球 O 的半径为 R. 取半径 OB,OC,又设矩形 $PBLC$ 的对角线 PL 与 BC 的交点为 E,则 $PE=BE=LE=CE$. 联结 OE,OL,由于 OE 是 $\triangle OBC$ 的边 BC 上的中线,故
$$OB^2+OC^2=2(OE^2+BE^2)$$

又 OE 也是 $\triangle OPL$ 的边 PL 上的中线,故
$$OP^2+OL^2=2(OE^2+PE^2)$$

但 $BE=PE$,故
$$OB^2+OC^2=OP^2+OL^2$$
即 $R^2+R^2=a^2+OL^2$
所以 $OL^2=2R^2-a^2$

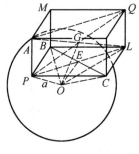

图 20.7

过 PA,QL 作截面 $APLQ$,则 $APLQ$ 是矩形,如图 20.7 所示. 对角线 AL,PQ 的交点记为 G. 则
$$AG=PG=LG=QG$$
联结 OA,OG,OQ,由于 OG 是 $\triangle OAL$ 的中线,故
$$OA^2+OL^2=2(OG^2+AG^2)$$
又 OG 也是 $\triangle OPQ$ 的中线,故
$$OP^2+OQ^2=2(OG^2+PG^2)$$
但 $AG=PG$,故
$$OA^2+OL^2=OP^2+OQ^2$$
所以 $OQ^2=3R^2-2a^2$
因而 $OQ=\sqrt{3R^2-2a^2}$

由于点 Q 与点 O 距离为定值,所以当 A,B,C 在球面上移动时,点

Q 的轨迹是以点 O 为球心，$\sqrt{3R^2-2a^2}$ 为半径的球面.

解法 8 以球心 O 为坐标原点，射线 OP 为 x 轴，球半径为长度单位，建立直角坐标系 $O\text{-}xyz$.

设 $|\overrightarrow{OP}|=p(0\leqslant p<1)$，则点 P 坐标为 $(p,0,0)$.

设 A,B,C 的坐标分别为 $(x_1,y_1,z_1),(x_2,y_2,z_2),(x_3,y_3,z_3)$，由于它们都在球面上，所以有
$$x_i^2+y_i^2+z_i^2=1, i=1,2,3 \qquad ⑳$$

于是向量 $\overrightarrow{OP},\overrightarrow{PA},\overrightarrow{PB},\overrightarrow{PC}$ 的坐标分别为
$$\overrightarrow{OP}=(p,0,0), \overrightarrow{PA}=(x_1-p,y_1,z_1)$$
$$\overrightarrow{PB}=(x_2-p,y_2,z_2), \overrightarrow{PC}=(x_3-p,y_3,z_3)$$

由 $\angle BPA=\angle CPA=\angle CPB=90°$，可知 $\overrightarrow{PA},\overrightarrow{PB},\overrightarrow{PC}$ 两两正交，因此 $\overrightarrow{PA}\cdot\overrightarrow{PB}=0, \overrightarrow{PB}\cdot\overrightarrow{PC}=0, \overrightarrow{PC}\cdot\overrightarrow{PA}=0$

即有
$$x_1x_2+y_1y_2+z_1z_2-p(x_1+x_2)+p^2=0$$
$$x_2x_3+y_2y_3+z_2z_3-p(x_2+x_3)+p^2=0$$
$$x_3x_1+y_3y_1+z_3z_1-p(x_3+x_1)+p^2=0$$

三式相加，有
$$\sum_{\substack{i,j=1\\i\neq j}}^{3}(x_ix_j+y_iy_j+z_iz_j)-2p\sum_{i=1}^{3}x_i+3p^2=0 \qquad ㉑$$

而 $\overrightarrow{OQ}=\overrightarrow{OP}+\overrightarrow{PQ}=\overrightarrow{OP}+\overrightarrow{PA}+\overrightarrow{PB}+\overrightarrow{PC}=$
$$(x_1+x_2+x_3-2p, y_1+y_2+y_3, z_1+z_2+z_3)$$
$$|\overrightarrow{OQ}|=((x_1+x_2+x_3-2p)^2+(y_1+y_2+y_3)^2+(z_1+z_2+z_3)^2)^{\frac{1}{2}}=(\sum_{i=1}^{3}(x_i^2+y_i^2+z_i^2)+2\sum_{\substack{i,j=1\\i\neq j}}^{3}(x_ix_j+y_iy_j+z_iz_j)-4p\sum_{i=1}^{3}x_i+4p^2)^{\frac{1}{2}}$$

由 ⑳，㉑ 可得
$$|\overrightarrow{OQ}|=\sqrt{3-2p^2}$$

所以点 Q 在球面 $S: x^2+y^2+z^2=3-2p^2$ 上.

反过来，对于球面 S 上任一点 Q'，必有单位球面上的三点 A'，B',C'，使 $\angle B'PA'=\angle C'PA'=\angle C'PB'=90°$，且 Q' 为以 PA'，PB',PC' 为棱的平行六面体上与 P 斜对的顶点.

事实上，球面 S 可以看成是由半圆周 C
$$\begin{cases} x^2+y^2+z^2=3-2p^2 \\ y=0 \\ z\geqslant 0 \end{cases}$$

绕 x 轴旋转一周而生成的，故只要对半圆周 C 上的一点 Q' 讨论就

可以了.

我们可取 A', B', C', 使
$$\overrightarrow{PA'} = k(\cos\theta, 1, \sin\theta), \overrightarrow{PB'} = k(\cos\theta, -1, \sin\theta)$$
$$\overrightarrow{PC'} = l(-\sin\theta, 0, \cos\theta), 0 \leqslant \theta < 2\pi$$

不难验证 $\angle B'PA' = \angle C'PA' = \angle C'PB' = 90°$

为使 $|\overrightarrow{OA'}| = |\overrightarrow{OB'}| = |\overrightarrow{OC'}| = 1$

取 $k = k(\theta) = (-p \cdot \cos\theta + \sqrt{2 - p^2(1 + \sin^2\theta)})/2$
$l = l(\theta) = p \cdot \sin\theta + \sqrt{1 - p^2 \cdot \cos^2\theta}$

这时 $\overrightarrow{OQ'} = \overrightarrow{OP} + \overrightarrow{PA'} + \overrightarrow{PB'} + \overrightarrow{PC'}$

即 Q' 的坐标为
$(p + 2k(\theta) \cdot \cos\theta - l(\theta) \cdot \sin\theta, 0, 2k(\theta) \cdot \sin\theta + l(\theta) \cdot \cos\theta)$

即为
$(\sqrt{2 - p^2(1 + \sin^2\theta)} \cdot \cos\theta - \sqrt{1 - p^2 \cdot \cos^2\theta} \cdot \sin\theta, 0,$
$\sqrt{2 - p^2(1 + \sin^2\theta)} \cdot \sin\theta + \sqrt{1 - p^2 \cdot \cos^2\theta} \cdot \cos\theta)$

容易验证, $|\overrightarrow{OQ'}|^2 = 3 - 2p^2$. 并且当 $\theta = \pi - \arcsin\frac{1}{\sqrt{3}}$(即 $\sin\theta = \frac{1}{\sqrt{3}}, \cos\theta = -\frac{\sqrt{2}}{\sqrt{3}}$) 时, 得到 Q'_1 的坐标为 $(-\sqrt{3 - 2p^2}, 0, 0)$; 当 $\theta = -\arcsin\frac{1}{\sqrt{3}}$(即 $\sin\theta = -\frac{1}{\sqrt{3}}, \cos\theta = \frac{\sqrt{2}}{\sqrt{3}}$) 时, 得到 Q'_2 的坐标为 $(\sqrt{3 - 2p^2}, 0, 0)$. 由于当 θ 在 $[0, 2\pi]$ 中取值时, 点 Q' 的坐标都是 θ 的连续函数, 所以半圆周 C 上的点皆满足条件, 从而球面 S 上的点 Q' 皆满足条件.

因此, 所求点 Q 的轨迹是与已知球同心的一个球面 S, 它的半径为 $\sqrt{3 - 2p^2}$. (长度单位为已知球半径, $p = |\overrightarrow{OP}|$.)

❸ 全体正整数的集合可以分成两个互不相交的正整数子集
$$\{f(1), f(2), \cdots, f(n), \cdots\}, \{g(1), g(2), \cdots, g(n), \cdots\}$$
其中 $f(1) < f(2) < \cdots < f(n) < \cdots$
$g(1) < g(2) < \cdots < g(n) < \cdots$
且有 $g(n) = f(f(n)) + 1, n \geqslant 1$
求 $f(240)$.

英国命题

解法 1 设 $F = \{f(n)\}, G = \{g(n)\}, n = 1, 2, 3, \cdots$, 现在 $g(1) = f(f(1)) + 1 > 1$, 因此 $f(1) = 1, g(1) = 2$. 这里且先不作算术计算, 应可以证明若 $f(n) = k$, 则

$$f(k) = k+n-1 \qquad ①$$
$$g(n) = k+n \qquad ②$$
$$f(k+1) = k+n+1 \qquad ③$$

先认为式①,②,③已成立,应用于 $f(1)=1$,发现 $f(1)=1$,$g(1)=2, f(2)=3$.若我们将等式①重复应用于 $f(2)=3$ 及其以后各数,可得到一组结果,即
$$f(3)=4, f(4)=6, f(6)=9, f(9)=14,$$
$$f(14)=22, f(22)=35, f(35)=56,$$
$$f(56)=90, f(90)=145, f(145)=234, f(234)=378, \cdots$$
但 $f(240)$ 不在这组数中.注意到等式③产生更大的数目.例如 $f(145)=234, f(235)=380$.退回到这组数中,经过仔细的计算,可发现若将式③应用于 $f(56)=90$ 及其以后各数,得到 $f(91)=147, f(148)=239, f(240)=388$.

但这种解法必须先证明式①,②,③成立.假设 $f(n)=k$,我们注意到两个互不相交的集合 $\{f(1), f(2), f(3), \cdots, f(k)\}$ 和 $\{g(1), g(2), g(3), \cdots, g(n)\}$ 中包含所有从①到 $g(n)$ 的自然数,因为
$$g(n) = f(f(n)) + 1 = f(k) + 1$$
计算一下这两个集合中元素的数目,可得到 $g(n) = k+n$ 或 $g(n) = f(n)+n$,这样就得到了式②,并从
$$k+n = g(n) = f(k)+1$$
中得到了式①.

从等式 $g(n)-1 = f(f(n))$ 中可看出 $g(n)-1$ 为 F 的元素.因此不可能有两个连续的整数都为 G 的元素.因为 $k+n$ 是 G 的元素,可推出 $k+n-1$ 和 $k+n+1$ 均为 F 的元素,实际上是 F 的相邻的两元素.从等式①中可知
$$k+n+1 = f(k+1)$$

解法2 整数数列 $\{f(k)\}, \{g(k)\}$,若两者所有的元素刚好包括所有整数(且没有重叠),则称两数列互补.S·贝特(S. Beatty)提出了特殊的互补数列,证明了对于任何一对无理数(α, β),若满足
$$\frac{1}{\alpha} + \frac{1}{\beta} = 1 \qquad ④$$
则数列 $F(n) = \{[n\alpha]\}, G(n) = \{[n\beta]\}, n=1,2,\cdots$ 互补.这里 $[z]$ 表示 z 的整数部分.

我们可称数列 $\{f(n)\}, \{g(n)\}$ 是贝特数列,解题的关键在于等式 $g(n) = f(n) + n$,该式化为
$$[n\beta] = [n\alpha] + n = [n\alpha + n]$$

这个关系式对所有的 n 都成立,若 $n\beta = n\alpha + n$,即
$$\beta = \alpha + 1 \qquad ⑤$$
在式 ④ 中代入 β,则
$$\frac{1}{\alpha} + \frac{1}{\alpha+1} = 1$$
或者
$$\alpha^2 - \alpha - 1 = 0$$
我们选择正根 $\alpha = \frac{1}{2}(1+\sqrt{5})$,这样 $\beta = \frac{1}{2}(3+\sqrt{5})$.

计算
$$f(240) = [240\alpha] = [120 \times (1+\sqrt{5})] = 120 + [120\sqrt{5}]$$
因为 $\sqrt{5} \approx 2.236, 120\sqrt{5} \approx 12 \times 22.36 = 264 + 4.32$
所以 $[120\sqrt{5}] = 268, f(240) = 120 + 268 = 388$.

解法 3 设 $b_0 = 1, b_1 = 2, b_2 = 3, b_3 = 5, b_4 = 8, \cdots, b_i = F_{i+2}$ 等于第 $(i+2)$ 个斐波那契数,那么每一个正整数 n 均可唯一地表示为
$$n = a_k b_k + a_{k-1} b_{k-1} + \cdots + a_0 b_0$$
这里 $a_i = 0$ 或 1,且没有两个相邻的 a_i 都等于 1. 我们把形式 $a_k a_{k-1} \cdots a_0$ 叫作 n 在斐波那契基下的表示. 例如,$1 = 1, 2 = 10, 3 = 100, 4 = 101, 5 = 1\,000, 6 = 1\,001, 7 = 1\,010$,等等. 最大的 d 位的数(相当于 F_{d+2-1})是 $10\,101\cdots$.

尾部含有偶数个 0 的数(包括没有 0)所构成的数列与尾部含有奇数个 0 的数所构成的数列组成互补数列. 我们把第一个数列中的第 n 个数记作 $f(n)$,把第二个数列中的第 n 个数记为 $g(n)$. 下面我们给出一种在斐波那契基下计算 $f(n)$ 的方法,而且用这种方法很容易验证,$g(n) = f(f(n)) + 1$,上述两个数列就是所给问题中的两个数列.

设 $a_k a_{k-1} \cdots a_0$ 在斐波那契基下表示为 n,我们这样规定 $f(n)$ 的值:它在斐波那契基下的表示是 $a_k a_{k-1} \cdots a_0 0$. 若它的尾部含有偶数个 0,则它就是 $f(n)$;若它的尾部含有奇数个 0,如 $\cdots 1 \underbrace{00 \cdots 0}_{奇数个 0}$,那么把它所对应的数减去 1,在斐波那契基的意义下,相当于用一个等长的尾段 $\cdots 0101 \cdots 01$ 来替换尾段 $\cdots 1000 \cdots 0$,由此可得 $f(n)$.

易知,用如上的方法就可得出全部尾部含有偶数个 0 的数的一个递增序列,这就求出了所有的 $f(n)$.

对于每一个 $f(n) = c_k c_{k-1} \cdots c_0$,它的尾部含有偶数个 0,采用上述同样的做法,$f(f(n)) + 1$ 就等于 $c_k c_{k-1} \cdots c_0 0$. 由此,$f(f(n)) + 1$ 就给出了尾部含有奇数个 0 的一切数. 这就是 $g(n)$.

解法 4 先证 $f(\mu)$ 和 $g(\mu)$ 满足下列不等式,即
$$2 \leqslant g(\mu+1) - g(\mu) \leqslant 3 \qquad ⑥$$
$$1 \leqslant f(\mu+1) - f(\mu) \leqslant 2 \qquad ⑦$$
因为 $\quad g(\mu+1) = f(f(\mu+1)) + 1$
所以 $\quad g(\mu+1) - 1$
是 f 的值. 又
$$f(\mathbf{Z}^+) \cap g(\mathbf{Z}^+) = \varnothing$$
所以 $\quad g(\mu) < g(\mu+1) - 1$
进而 $\quad g(\mu) = g(\mu+1) - 2$
所以 ⑥ 的左端得证.

由此 $f(\mu)$ 和 $f(\mu+1)$ 之间,至多有一个 g 的值(若 $f(\mu+1)$ 和 $f(\mu)$ 之间有两个 g 的值 $g(k_1), g(k_2)$,不妨设 $g(k_1) > g(k_2)$,即
$$f(\mu+1) > g(k_1) > g(k_2) > f(u)$$
则 $\quad f(\mu+1) > g(k_1) - 1 > f(\mu)$
因为 $g(k_1) - 1$ 是 f 的值,这与 f 的严格单调性矛盾). ⑦ 得证.

设
$$g(\mu) = f(t) + 1, g(\mu+1) = f(t+s) + 1$$
于是 $\quad f(\mu) = t, f(\mu+1) = t+s$
从 ⑦ 可知,s 只能取值 1 或 2. 故 ⑥ 的右端得证.

$g(1) = f(f(1)) + 1 > 1$,只能 $f(1) = 1$. 由此
$$g(1) = f(1) + 1 = 2$$
由已知条件可将 f 和 g 的值逐个推算出来.

现在定义一个序列 P_N,规定 P_N 的第 k 项 $(1 \leqslant k \leqslant N)$ 是 f 或 g,视 $k \in f(\mathbf{Z}^+)$ 或 $k \in g(\mathbf{Z}^+)$ 而定.

例如,$P_1 = \{f\}, P_2 = \{f, g\}, P_3 = \{f, g, f\}$,不难发现 P_N 与斐波那契数列 $F_1 = 1, F_2 = 2, \cdots, F_n = F_{n-1} + F_{n-2}$ 有关系.

P_{F_n} 是 $P_{F_{n-1}}$ 与 $P_{F_{n-2}}$ 依次合并,例如
$$P_{F_1} = P_1 = \{f\}, P_{F_2} = P_2 = \{f, g\}$$
$$P_{F_3} = P_3 = \{f, g, f\} = P_{F_2} P_{F_1}$$

由归纳法立即可推出 P_{F_n} 中恰好有 F_{n-1} 个 f 和 F_{n-2} 个 g,上述结论可以归纳成公式
$$f(F_{n-1} + M) = F_n + f(M), 1 \leqslant M \leqslant F_{n-2} \qquad ⑧$$
$$g(F_{n-2} + M) = F_n + g(M), 1 \leqslant M \leqslant F_{n-3} \qquad ⑨$$
$$g(F_{k-1} + s + 1) = f(F_k + r + t) + 1$$
因此
$$g(F_{k-1} + s + 1) - g(F_{k-1} + s) = t + 2 = g(s+1) - g(s)$$
这说明 $M+1$ 和 $F_{k+1} + M + 1$ 同为 g 值或同为 f 值,故 $n =$

$k+1$ 时结论成立.

再用数学归纳法证明
$$f(\mu) = \left[\frac{F_n}{F_{n-1}}\mu\right]F_{n-1} < \mu \leqslant F_n, \mu \geqslant 3 \qquad ⑩$$
其中，$[x]$ 表示不超过数 x 的最大整数.

先请注意，用归纳法易证 $F_k^2 - F_{k-1}F_{k+1} = (-1)^k$，并再用一次归纳法可证明
$$\frac{F_k}{F_{k-1}} - \frac{F_{k+1}+1}{F_{k+1}} = \frac{(-1)^k F_1}{F_{k-1}F_{k+1}} \qquad ⑪$$

当 $n=3$ 时，$f(3) = \left[\frac{3}{2}\times 3\right] = 4$，故 ⑩ 成立.

设 $3 < n \leqslant k$ 时，式 ⑩ 成立，求证 $n = k+1$ 时，式 ⑩ 也成立. 令
$$\mu = F_k + M, 1 \leqslant M \leqslant F_{k-1}$$
有
$$M = 1, \left[\frac{F_{k+1}}{F_k}\right] = 1; M = 2, \left[\frac{2F_{k+1}}{F_k}\right] = 2$$
故可设 $M \geqslant 3, F_{l-1} < M \leqslant F_l, 3 \leqslant l \leqslant k-1$

从 ⑪ 可知
$$\Delta = \left|\left(\frac{F_l}{F_{l-1}} - \frac{F_{k+1}}{F_k}\right)M\right|$$

现在用数学归纳法证明 P_{F_n} 是 $P_{F_{n-1}}P_{F_{n-2}}$ 的依次合并.

当 $n = 3$ 时，可直接验证结论成立.

设 $n = k$ 时，命题成立，求证 $n = k+1$ 时命题也成立.

只要对 M 用归纳法证明 M 和 $F_{k+1}+M$ 同为 f 的值或同为 g 的值即可.

先考虑 $M = 1$.

因 $P_{F_{k+1}}$ 由 $P_3P_2P_3P_3P_2\cdots$ 依次合并，它的尾部必是 P_3P_2 或 P_2P_3. 当尾部是 P_3P_2，$F_{k+1} \in g(\mathbf{Z}^+)$，由 ⑥，$F_{k+1}+1 \in g(\mathbf{Z}^+)$；若尾部是 P_2P_3，即 f, g, f, g, f，由 ⑥ 易证 f, g, f, g 序列决不会出现. 由此 $F_{k+1}+1 \in f(\mathbf{Z}^+)$.

再考虑 $1 < M \leqslant F_{k-1}$.

若 $M \in g(\mathbf{Z}^+)$ 和 $F_{k+1}+M \in g(\mathbf{Z}^+)$. 由 ①，$M+1 \in f(\mathbf{Z}^+)$ 和 $F_{k+1}+M+1 \in f(\mathbf{Z}^+)$；

若 $M-1, M \in f(\mathbf{Z}^+)$ 和 $F_{k+1}+M-1, F_{k+1}+M \in f(\mathbf{Z}^+)$. 由 ⑦，$M+1 \in g(\mathbf{Z}^+)$ 和 $F_{k+1}+M+1 \in g(\mathbf{Z}^+)$.

因此仅需考虑 $M-1 \in g(\mathbf{Z}^+), M \in f(\mathbf{Z}^+)$ 和 $F_{k+1}+M-1 \in g(\mathbf{Z}^+), F_{k+1}+M \in f(\mathbf{Z}^+)$ 这一情况.

设 P_M 中有 r 个 f 和 s 个 g. 于是
$$f(r) = M, g(s) = M-1, f(s) = r-1$$
设 $f(s+1) = r+t$，由 ②，$t = 0$ 或 1. 由此

$$g(s+1)-g(s)=t+2$$

由归纳假设
$$f(F_k+r)=F_{k+1}+M$$
$$g(F_{k-1}+s)=F_{k+1}+M-1$$
$$f(F_{k-1}+s)=F_k+f(s)=F_k+r-1$$
$$g(F_{k-1}+s)=f(F_k+r-1)+1$$

由 ⑧
$$f(F_{k-1}+s+1)=F_k+f(s+1)=F_k+r+t=$$
$$\frac{F_{k-1}M}{F_{l-1}F_k} \leqslant \frac{F_{k-1}F_l}{F_{l-1}F_k}$$

因 $F_{k-1} < F_l < F_k$,故 $\Delta < \frac{1}{F_{l-1}}$.

从归纳法假设 $f(M) = \left[\frac{F_l M}{F_{l-1}}\right]$.

F_l 与 F_{l-1} 互素,M 可能取值是:$F_{l-1}+1, \cdots, F_{l-1}+F_{l-2}$,故 $\frac{F_l M}{F_{l-1}}$ 一定不是整数,显然 $\frac{F_l M}{F_{l-1}}$ 的分数部分 S 有

$$\frac{1}{F_{l-1}} \leqslant S \leqslant \frac{F_{l-1}-1}{F_{l-1}}$$

从 $\Delta < \frac{1}{F_{l-1}}$,可得

$$\left[\frac{F_{k+1}M}{F_k}\right]=\left[\frac{F_l M}{F_{l-1}}\right]$$

于是

$$\left[\frac{F_{k+1}}{F_k}(F_k+M)\right]=F_{k+1}+\left[\frac{F_l M}{F_{l-1}}\right]=F_{k+1}+f(M)=f(F_k+M)$$

故 $n=k+1$ 时式 ⑩ 成立.

$\Delta < \frac{1}{F_{l-1}}$ 将对任意大的 k 成立,因此 $\left[\frac{F_l M}{F_{l-1}}\right] = \left[\frac{F_{k+1}M}{F_k}\right]$ 对

$\lim_{k \to \infty} \frac{F_{k+1}}{F_k} = \frac{1+\sqrt{5}}{2}$ 亦应成立.

于是可用 $\frac{1+\sqrt{5}}{2}$ 代替式 ⑩ 中 $\frac{F_n}{F_{n-1}}$,就有

$$f(\mu) = \left[\frac{1+\sqrt{5}}{2}\mu\right]$$

即得
$$f(2\mu) = \left[(1+\sqrt{5})\mu\right]$$

解法 5 由题设知 f,g 的值都不互相重复,而且每一个正整数都有一个 f 值或 g 值和它相等,所以若 $g(n)=k$,则在首 k 个正整数中,g 值出现 n 次,f 值出现 $k-n$ 次. 又因 $g(n)=f(f(n))+1$,故小于 $g(n)$ 的 f 值有 $f(n)$ 个. 由此可知 $f(n)=k-n$,即

$$g(n) = f(n) + n \qquad ⑫$$

由 ⑫ 及 ①,开始 n 个函数值就可以算出.

设在 $g(n-1)$ 和 $g(n)$ 之间有 t 个 f 值,则下面的一组函数值
$f(m-1), g(n-1), f(m), f(m-1), \cdots, f(m+t-1), g(n)$
是连续整数,由于
$$g(n-1) = f(m-1) + 1, g(n) = f(m+t-1) + 1$$
故有 $\quad f(f(n-1)) = f(m-1), f(f(n)) = f(m+t-1)$
又由于 f 的严格单调性,得
$$f(n-1) = m-1, f(n) = m+t-1$$
于是 $m, m+1, \cdots, m+t-2$ 这 $t-1$ 个数是 g 的 $t-1$ 个值. 但由 $g(n) = f(f(n)) + 1$ 知两个 g 值之间至少有一个 f 值,故 $t-1 = 0$ 或 1,即 $t = 1$ 或 2. 故两个 g 值之间至多有两个 f 值. 由此又知
$$f(n) = f(n-1) + 1 \text{ 或 } f(n-1) + 2 \qquad ⑬$$

现在我们用归纳法证明不等式
$$(f(n))^2 - nf(n) < n^2 < (f(n)+1)^2 - n(f(n)+1) \qquad ⑭$$

当 $n=1$ 时,$f(1) = 1$,⑭ 显然成立.

假设当 $1 \leqslant n \leqslant s$ 时,⑭ 都成立. 当 $n = s+1$ 时,则由 ⑬ 知
$$f(s+1) = f(s) + j, j = 1, 2$$
i $f(s+1) = f(s) + 1.$

这时 ⑭ 的左边可写成
$$(f(s)+1)^2 - (s+1)(f(s)+1) = (f(s))^2 - sf(s) + f(s) - s$$
$$\qquad ⑮$$

由归纳假设,$(f(s))^2 - sf(s) < s^2$,又显然 $f(s) < 2s$,故 ⑮ 的左边小于
$$s^2 + f(s) - s < s^2 + s < (s+1)^2$$
这样就证明了 ⑭ 的左边的不等式.

因为 $f(s-1), g(t), f(s), f(s+1), g(t+1)$ 是连续整数,故
$$f(f(t)) = f(s-1), f(f(t+1)) = f(s+1)$$
于是 $\quad f(t) = s-1, f(t+1) = s+1$
所以存在 $\quad g(r) = s, f(f(r)) = s - 1 = f(t)$
即 $\quad f(r) = t$
而 $\quad s = g(r) = f(r) + r = t + r$
即 $\quad r = s - t$
又
$$f(s+1) = g(t+1) - 1 = f(t+1) + (t+1) - 1 = s + t + 1$$
所以 $\quad f(r) = t = f(s+1) - (s+1)$
$$r = s - t = (2s+1) - f(s+1)$$

因为 $r < s$,所以由归纳假设,⑭ 右边不等式成立. 把 r 和 $f(r)$ 代入并移项得

$$r(f(r)+r+1) < (f(r)+1)^2$$

即 $(2s+1-f(s+1))(s+1) < (f(s+1)-s)^2$

展开并移项,得

$$(f(s+1))^2 - (s-1)f(s+1) - s > s^2 + 2s + 1$$

所以 $(f(s+1)+1)^2 - (s+1)(f(s+1)+1) > (s+1)^2$

这样,⑭ 右边的不等式也证明了.

ⅱ $f(s+1) = f(s) + 2$.

由于 $f(s), g(t), f(s+1)$ 是连续整数,故

$$s = f(t), f(s+1) = g(t) + 1 = f(t) + t + 1 = s + t + 1$$

即 $t = f(s+1) - (s+1)$

因为 $t \leqslant f(t) = s$,所以由归纳假设,⑭ 右边的不等式成立. 把 t 和 $f(t)$ 代入得

$$t^2 < (f(t)+1)^2 - t(f(t)+1)$$

即
$(f(s+1)-(s+1))^2 < (s+1)^2 - (f(s+1)-(s+1))(s+1)$

展开并移项得

$$(f(s+1))^2 - (s+1)f(s+1) < (s+1)^2$$

这样就证明了 ⑭ 左边的不等式.

再则

$(f(s+1)+1)^2 - (s+1)(f(s+1)+1) =$
$((f(s)+1)+2)^2 - (s+1)(f(s+1)+1) =$
$(f(s)+1)^2 - s(f(s)+1) + 3f(s) - 2s + 5 >$
$s^2 + 3f(s) - 2s + 5$

要证明 ⑭ 右边的不等式成立,只要证明

$$s^2 + 3f(s) - 2s + 5 > (s+1)^2$$

或 $3f(s) - 4s + 4 > 0$

现在 $f(s) = f(s+1) - 2 = f(t) + t - 1, s = f(t)$

故 $3f(s) - 4s + 4 = 3f(t) + 3t - 3 - 4f(t) + 4 =$
$3t - f(t) + 1 > t + 1 > 0$

至此,我们证毕不等式 ⑭,即

$$(f(s))^2 - sf(s) - s^2 < 0$$
$$(f(s)+1)^2 - s(f(s)+1) - s^2 > 0$$

现在方程 $x^2 - sx - s^2 = 0$ 的正根为 $\frac{1}{2}(1+\sqrt{5})s$,故若

$$x > 0, x^2 - sx - s^2 < 0$$

则 $x < \frac{1}{2}(1+\sqrt{5})s$

若 $x > 0, x^2 - sx + x^2 > 0$

则
$$x > \frac{1}{2}(1+\sqrt{5})s$$

这证明了 $f(s) < \frac{1}{2}(1+\sqrt{5})s, f(s)+1 > \frac{1}{2}(1+\sqrt{5})s$

因 $f(s)$ 是正整数,故
$$f(s) = \left[\frac{1}{2}(1+\sqrt{5})s\right]$$

令 $s = 2u$,得
$$f(2u) = \left[(1+\sqrt{5})u\right]$$

解法 6 为求 $f(2\mu)$,先讨论函数 f,g 的一些性质.

性质 $1:f(1)=1,g(1)=2$.

事实上,由题意,数 1 只能被 $f(1)$ 或 $g(1)$ 所取到,但
$$g(1) = f(f(1)) + 1 > 1$$
所以,$f(1)=1$,并且
$$g(1) = f(f(1)) + 1 = f(1) + 1 = 2$$

性质 2:对于给定的 n,设 k_n 为不等式 $g(x) < f(n)$ 的正整数解的个数,则
$$f(n) = n + k_n$$

事实上,由假设可知
$$f(1) = 1 < g(1) < \cdots < g(k_n) < \cdots < f(n)$$
是代表 $f(n)$ 个连续的正整数,但另一方面,它显然由 n 个正整数 $f(1),\cdots,f(n)$ 及 k_n 个正整数 $g(1),\cdots,g(k_n)$ 所组成,故
$$f(n) = n + k_n$$

性质 3:若 $f(n) = N$,则

i $f(N) = N + n - 1$;

ii $f(N+1) = (N+1) + n$.

事实上,因为
$$g(n-1) = f(f(n-1)) + 1 \leqslant f(N-1) + 1 \leqslant f(N)$$
及
$$g(n) = f(f(n)) + 1 = f(N) + 1 > f(N)$$
所以适合 $g(x) < f(N)$ 的最大整数 x 必为 $n-1$. 因此
$$f(N) = N + n - 1$$
同理可证 $f(N+1) = N + n + 1$

性质 $4:g(n) = f(n) + n$.

事实上,由性质 3 可得
$$g(n) = f(f(n)) + 1 = (f(n) + n - 1) + 1 = f(n) + n$$

性质 $5:1 \leqslant f(n+1) - f(n) \leqslant 2, 2 \leqslant g(n+1) - g(n) \leqslant 3$.

事实上,不等式 $f(n+1) - f(n) \geqslant 1$ 是显然的. 于是
$$g(n+1) - g(n) = (f(n+1) + n + 1) - (f(n) + n) =$$

$$f(n+1) - f(n) + 1 \geqslant 2$$

不等式 $g(n+1) - g(n) \geqslant 2$ 说明了在 $g(n)$ 与 $g(n+1)$ 之间至少有一个函数 f 的值存在. 由此也就说明了在 $f(n)$ 与 $f(n+1)$ 之间至多只含有一个函数 g 的值. 所以
$$f(n+1) - f(n) \leqslant 2$$
从而可得
$$g(n+1) - g(n) \leqslant 3$$

如令 $f_n = f(n), g_n = g(n)$, 那么从 $f(1) = 1$ 出发, 利用上面的性质可以把 f 和 g 的值逐个推算出来, 即
$$f_1, g_1, f_2, f_3, g_2, f_4, g_3, f_5, f_6, g_4, f_7, f_8, g_5, \cdots$$
不难发现, 这个序列与斐波那契数列*
$$F_1 = 1, F_2 = 2, F_3 = 3, F_4 = 5, F_5 = 8, \cdots, F_n = F_{n-1} + F_{n-2}$$
有密切关系. 为此, 我们定义一个序列 P_N, 规定 P_N 的第 $k (1 \leqslant k \leqslant N)$ 项是 f 或 g, 视 $k \in f(\mathbf{Z}^+)$ 或 $k \in g(\mathbf{Z}^+)$ 而定, 例如
$$P_1 = \{f\}, P_2 = \{f, g\}, P_3 = \{f, g, f\}, P_4 = \{f, g, f, f\}, \cdots$$
并用记号 $P_N P_M$ 表示两个序列 P_N, P_M 的依次合并, 即把序列 P_M 衔接于序列 P_N 的末尾. 那么
$$P_{F_3} = P_3 = \{f, g, f\} = P_2 P_1 = P_{F_2} P_{F_1}$$
$$P_{F_4} = P_5 = \{f, g, f, f, g\} = P_{F_3} P_{F_2}$$
一般的, 启发我们: $P_{F_{n+1}}$ 是 P_{F_n} 与 $P_{F_{n-1}}$ 的合并, 即
$$P_{F_{n+1}} = P_{F_n} P_{F_{n-1}}$$
也就有 $P_{F_{n+1}}$ 中恰好有 F_n 个 f 值及 F_{n-1} 个 g 值. 而且 $F_{n+1} + M$ 与 M 同为 f 值或同为 g 值 $(1 \leqslant M \leqslant F_n)$, 这句话也就是等价于等式
$$f(F_n + r) = F_{n+1} + f(r), 1 \leqslant r \leqslant F_{n-1}$$
$$g(F_{n-1} + s) = F_{n+1} + g(s), 1 \leqslant s \leqslant F_{n-2}$$

下面我们继续讨论 f, g 的一些性质, 以证明这些猜测是正确的.

性质 6: $f(F_{2k-1}) = F_{2k} - 1, f(F_{2k}) = F_{2k+1}$.

我们用数学归纳法来证明性质 6. 当 $k = 1$ 时有
$$f(F_1) = f(1) = 1 = F_2 - 1$$
$$f(F_2) = f(2) = 3 = F_3$$
假定性质 6 对自然数 k 为真, 则由性质 3 可知
$$f(F_{2k+1}) = f(f(F_{2k})) = F_{2k+1} + F_{2k} - 1 = F_{2(k+1)} - 1$$
$$f(F_{2(k+1)}) = f(f(F_{2k+1}) + 1) = F_{2(k+1)} + F_{2k+1} =$$
$$F_{2k+3} = F_{2(k+1)+1}$$
所以对自然数 $k+1$ 亦为真.

性质 6 说明, 当 n 为奇数时 F_n 为 f 值; 当 n 为偶数时, F_n 为 g 值.

性质 7: 若 $k > 1$, 则 $F_k + 1$ 恒为 f 值.

---

* 所谓斐波那契数列, 是指这样的一个数列, 即
$$F_0 = 1, F_1 = 1, F_2 = 2, F_3 = 3, F_4 = 5, F_5 = 8, F_6 = 13, \cdots$$
它的通项满足循环方程
$$F_n = F_{n-1} + F_{n-2}$$
也就是说, 斐波那契数列的每一项 $F_n (n \geqslant 2)$, 可以用它前面的两项 F_{n-1} 与 F_{n-2} 的和来表示.

斐波那契数列的通项公式为
$$F_n = \frac{1}{\sqrt{5}} \left(\left(\frac{1+\sqrt{5}}{2} \right)^{n+1} - \left(\frac{1-\sqrt{5}}{2} \right)^{n+1} \right)$$

事实上,若 k 为偶数,则 F_k 为 g 值,故 F_k+1 为 f 值;若 k 为奇数,令 $k=2s+1$,则 $F_{2s+1}=f(F_{2s})$,要是
$$F_k+1=F_{2s+1}+1=f(F_{2s})+1$$
为 g 值,于是必可表示为 $f(f(t))+1$ 的形式,如此,$F_{2s}=f(t)$ 为 f 值,此为不可能,故 F_k+1 仍为 f 值.

性质 8:P_{F_n} 中恰有 F_{n-1} 个 f 值和 F_{n-2} 个 g 值.

事实上,若 n 为奇数 $n=2k+1$,则因
$$F_{2k+1}=f(F_{2k})$$
可知 $P_{F_{2k+1}}$ 中有 F_{2k} 个 f 值,于是 g 值有 $F_{2k+1}-F_{2k}=F_{2k-1}$ 个.

若 n 为偶数 $n=2k$,则由性质 6 知
$$F_{2k}=f(F_{2k-1})+1=f(f(F_{2k-2}))+1=g(F_{2k-2})$$
故 $P_{F_{2k}}$ 中有 F_{2k-2} 个 g 值,而有 $F_{2k}-F_{2k-2}=F_{2k-1}$ 个 f 值.总之,在 P_{F_n} 中不论 n 为奇数或偶数,恰有 F_{n-1} 个 f 值,而有 F_{n-2} 个 g 值.

性质 9:$F_{k+1}+M$ 与 $M(1\leqslant M\leqslant F_k)$ 同为 f 值或同为 g 值等价于等式
$$f(F_k+r)=F_{k+1}+f(r),1\leqslant r\leqslant F_{k-1}$$
$$g(F_{k-1}+s)=F_{k+1}+g(s),1\leqslant s\leqslant F_{k-2}$$

事实上,如果 $F_{k+1}+M$ 与 M 同为 f 值或同为 g 值,则可写成等式
$$P_{F_{k+1}+M}=P_{F_{k+1}}P_M$$
注意到在序列 $P_{F_{k+1}}$ 中恰有 F_k 个 f 值.现在考虑 $P_{F_{k+1}+M}$ 中第 F_k+r 个 f 值,它位于序列 $P_{F_{k+1}+M}$ 的第 $f(F_k+r)$ 项,而它又位于 $P_{F_{k+1}}P_M$ 中的第 $F_{k+1}+f(r)$ 项,故等式
$$f(F_k+r)=F_{k+1}+f(r)$$
成立.

同理可得另一等式.

性质 10:当 $n>1$ 时,F_n+M 与 $M(1\leqslant M\leqslant F_{n-1})$ 同为 f 值或同为 g 值.

当 $n=2,3$ 时,可直接检验结论为真.设 $n=k$ 时已为真,当 $n=k+1$ 时,再对 M 用归纳法,由性质 7 可知当 $M=1$ 时已为真,故假定对于 $1\leqslant m\leqslant M$ 已为真.要证明对于 $M+1$ 亦为真.

事实上,若 $M\in g(\mathbf{Z}^+),F_{k+1}+M\in g(\mathbf{Z}^+)$,则必有
$$M+1\in f(\mathbf{Z}^+),F_{k+1}+M+1\in f(\mathbf{Z}^+)$$
又若
$$M-1\in f(\mathbf{Z}^+),M\in f(\mathbf{Z}^+)$$
$$F_{k+1}+M-1\in f(\mathbf{Z}^+),F_{k+1}+M\in f(\mathbf{Z}^+)$$
势必得出 $M+1\in g(\mathbf{Z}^+),F_{k+1}+M+1\in g(\mathbf{Z}^+)$
故在这两种情形之下,结论是正确的.接下来必须考虑当

及
$$M-1 \in g(\mathbf{Z}^+), M \in f(\mathbf{Z}^+)$$
$$F_{k+1}+M-1 \in g(\mathbf{Z}^+), F_{k+1}+M \in f(\mathbf{Z}^+)$$
这一情形.

令
$$M=f(r), M-1=g(s)$$
则
$$M=f(r)=r+s$$
$$f(s)=g(s)-s=(M-1)-(M-r)=r-1$$
若设
$$f(s+1)=r+t, t=0,1$$
则 $g(s+1)-g(s)=(s+1)+(r+t)-(M-1)=t+2$

由归纳假定 $F_{k+1}+m(1 \leqslant m \leqslant M)$ 与 m 同为 f 值或同为 g 值,故由性质 9 可知
$$f(F_k+r)=F_{k+1}+f(r)=F_{k+1}+M$$
且 $\quad g(F_{k-1}+s)=F_{k+1}+g(s)=F_{k+1}+M-1$

又因为 $g(F_{k-1}+s+1)=F_{k-1}+s+1+f(F_{k-1}+s+1)=$
$$F_{k-1}+s+1+F_k+f(s+1)=$$
$$F_{k-1}+s+1+F_k+r+t=$$
$$F_{k+1}+M+t+1$$

所以
$$g(F_{k-1}+s+1)-g(F_{k-1}+s)=t+2=g(s+1)-g(s)$$
利用这个等式,就可说明若 $t=0$,则
$$g(s+1)=g(s)+2=(M-1)+2=M+1 \in g(\mathbf{Z}^+)$$
$$g(F_{k-1}+s+1)=g(F_{k-1}+s)+2=F_{k+1}+M-1+2=$$
$$F_{k+1}+M+1 \in g(\mathbf{Z}^+)$$
即 $M+1$ 与 $F_{k+1}+M+1$ 同为 g 值.

若 $t=1$,则
$$g(s+1)=M+2 \in g(\mathbf{Z}^+)$$
故
$$M+1 \in f(\mathbf{Z}^+)$$
$$g(F_{k-1}+s+1)=F_{k+1}+M+2 \in g(\mathbf{Z}^+)$$
故
$$F_{k+1}+M+1 \in f(\mathbf{Z}^+)$$
即 $M+1$ 与 $F_{k+1}+M+1$ 同为 f 值.

有了以上这些准备,再利用斐波那契数列的性质就可以计算 $f(\mu)$ 了. 由性质 1,2,即得 $f(1)=1, f(2)=3$. 对于给定的 $\mu \geqslant 3$,一定存在这样的 n,使 $F_{n-1}<\mu \leqslant F_n$. 下面我们证明
$$f(\mu)=\left[\frac{F_n}{F_{n-1}}\mu\right], F_{n-1}<\mu \leqslant F_n, \mu \geqslant 3 \qquad ⑯$$
其中,$[x]$ 表示不超过 x 的最大整数.

用数学归纳法. 当 $n=3$ 时,μ 只能等于 3,此时 $f(3)=4$,而 $\left[\frac{F_3}{F_2}\times 3\right]=\left[\frac{3}{2}\times 3\right]=4$,所以等式成立.

假设对于 $3 \leqslant n \leqslant k$ 的 n,式 ⑯ 成立,要证明 $n=k+1$ 时也成立. 令 $\mu = F_k + M(1 \leqslant M \leqslant F_{k-1})$.

若 $M=1$,则一方面由性质 9,10 可得
$$f(F_k + 1) = F_{k+1} + f(1) = F_{k+1} + 1$$
另一方面,由于
$$\left[\frac{F_{k+1}}{F_k}\right] = \left[\frac{F_k + F_{k-1}}{F_k}\right] = \left[1 + \frac{F_{k-1}}{F_k}\right] = 1$$
故
$$\left[\frac{F_{k+1}}{F_k}(F_k + 1)\right] = \left[F_{k+1} + \frac{F_{k+1}}{F_k}\right] =$$
$$F_{k+1} + \left[\frac{F_{k+1}}{F_k}\right] = F_{k+1} + 1$$

所以,当 $M=1$ 时,等式 ⑯ 成立.

若 $M=2$,则由于
$$\left[\frac{2F_{k+1}}{F_k}\right] = \left[\frac{2(F_k + F_{k-1})}{F_k}\right] = \left[\frac{3F_k + F_{k-1} - (F_k - F_{k-1})}{F_k}\right] =$$
$$3 + \left[\frac{F_{k-1} - F_{k-2}}{F_{k-1} + F_{k-2}}\right] = 3$$

及 $f(2)=3$,便可推知等式仍然成立. 于是可设 $M \geqslant 3$,并取 l,使
$$F_{l-1} < M \leqslant F_l, 3 \leqslant l \leqslant k-1$$
对于这样的 l,由归纳假定知
$$f(M) = \left[\frac{F_l}{F_{l-1}}M\right] F_{l-1} < M \leqslant F_l$$

因为 M 可能取值是 $F_{l-1}+1, \cdots, F_{l-1}+F_{l-2}$,所以 M 必不能被 F_{l-1} 所整除,又因为 F_l 与 F_{l-1} 互素*,故 $F_l M$ 必不能被 F_{l-1} 所整除. 用 S 代表 $\dfrac{F_l M}{F_{l-1}}$ 的分数部分,即
$$\frac{F_l M}{F_{l-1}} = \left[\frac{F_l M}{F_{l-1}}\right] + S$$
那么
$$\frac{1}{F_{l-1}} \leqslant S \leqslant \frac{F_{l-1} - 1}{F_{l-1}}$$

利用斐波那契数列的一个性质
$$\frac{F_k}{F_{k-1}} - \frac{F_{k+l+1}}{F_{k+l}} = \frac{(-1)^k F_l}{F_{k-1} F_{k+l}}$$
这个性质可对 l 用数学归纳法予以证明.

ⅰ 当 $l=0$ 时,即要证明
$$\frac{F_k}{F_{k-1}} - \frac{F_{k+1}}{F_k} = \frac{(-1)^k}{F_{k-1} F_k}$$
因为
$$\frac{F_k}{F_{k-1}} - \frac{F_{k+1}}{F_k} = \frac{F_k^2 - F_{k-1} F_{k+1}}{F_{k-1} F_k}$$
所以我们只要证明等式
$$F_k^2 - F_{k-1} F_{k+1} = (-1)^k$$

* 若用 (a,b) 表示两个整数 a 与 b 的最大公约数,则明显有 $(F_{l+1}, F_l) = (F_{l-1} + F_l, F_l) = (F_l, F_{l-1}) = \cdots = (F_1, F_0) = 1$.

对 k 用归纳法. 当 $k=1,2$ 时,可直接验证是正确的. 设等式对 k 成立,则有

$$F_{k+1}^2 - F_k F_{k+2} = (F_k + F_{k-1})^2 - F_k(F_k + F_{k+1}) =$$
$$F_{k-1}^2 + 2F_k F_{k-1} - F_k F_{k+1} =$$
$$F_{k-1}^2 + 2F_k F_{k-1} - F_k(F_k + F_{k-1}) =$$
$$-F_k^2 + F_k F_{k-1} + F_{k-1}^2 =$$
$$-F_k^2 + F_{k-1}F_{k+1} = (-1)^{k+1}$$

即等式对 $k+1$ 也成立.

ⅱ 假定性质对于小于等于 $l-1$ 时为真,那么对于 l 也成立,因为

$$F_k/F_{k-1} - F_{k+l+1}/F_{k+l} =$$
$$(F_k(F_{k+l-1} + F_{k+l-2}) - F_{k-1}(F_{k+l} + F_{k+l-1}))/F_{k-1}F_{k+l} =$$
$$((F_k F_{k+l-1} - F_{k-1}F_{k+l}) + (F_k F_{k+l-2} - F_{k-1}F_{k+l-1}))/$$
$$F_{k-1}F_{k+l} = ((-1)^k F_{l-1} + (-1)^k F_{l-2})/(F_{k-1}F_{k+l}) =$$
$$(-1)^k F_l / (F_{k-1}F_{k+l})$$

就有

$$\left| \left(\frac{F_l}{F_{l-1}} - \frac{F_{k+1}}{F_k} \right) M \right| = \left| \left(\frac{F_l}{F_{l-1}} - \frac{F_{l+(k-l)+1}}{F_{l+(k-l)}} \right) M \right| =$$
$$\frac{F_{k-l}M}{F_{l-1}F_k} \leq \frac{F_{k-1}F_l}{F_{l-1}F_k}$$

又当 $k > l$ 时,有

$$F_{k-l}F_l < F_k^*$$

所以

$$\left| \frac{F_l}{F_{l-1}}M - \frac{F_{k+1}}{F_k}M \right| < \frac{1}{F_{l-1}}, k > l \qquad ⑰$$

去掉绝对值符号,从 ⑰ 可以得到

$$\frac{F_{k+1}}{F_k}M < \frac{F_l}{F_{l-1}}M + \frac{1}{F_{l-1}} = \left[\frac{F_l}{F_{l-1}}M\right] + S + \frac{1}{F_{l-1}} \leq$$
$$\left[\frac{F_l}{F_{l-1}}M\right] + \frac{F_{l-1}-1}{F_{l-1}} + \frac{1}{F_{l-1}} = \left[\frac{F_l}{F_{l-1}}M\right] + 1$$

及

$$\frac{F_{k+1}}{F_k}M > \frac{F_l}{F_{l-1}}M - \frac{1}{F_{l-1}} \geq \frac{F_l}{F_{l-1}}M - S = \left[\frac{F_l}{F_{l-1}}M\right]$$

即

$$\left[\frac{F_l}{F_{l-1}}M\right] < \frac{F_{k+1}}{F_k}M < \left[\frac{F_l}{F_{l-1}}M\right] + 1$$

所以

$$\left[\frac{F_{k+1}}{F_k}M\right] = \left[\frac{F_l}{F_{l-1}}M\right], k > l \qquad ⑱$$

于是 $\left[\frac{F_{k+1}}{F_k}(F_k + M)\right] = F_{k+1} + \left[\frac{F_{k+1}}{F_k}M\right] = F_{k+1} + \left[\frac{F_l}{F_{l-1}}M\right] =$
$$F_{k+1} + f(M) = f(F_k + M)$$

这样式 ⑯ 全部获证.

另一方面,从上面的证明中可以看出,形如 ⑰ 的不等式,从

* 这个不等式由下面的等式即可推得
$$F_k = F_l F_{k-l} + F_{l-1}F_{k-(l+1)}$$
我们对 l 用数学归纳法证明这个等式.

a. 当 $l=1$ 时,等式为
$$F_k = F_{k-1} + F_{k-2}$$
即循环方程,显然是成立的;

b. 假定等式对于 $l-1$ 成立,则有
$$F_k = F_{l-1}F_{k-(l-1)} + F_{l-2}F_{k-l} =$$
$$F_{l-1}(F_{k-l} + F_{k-(l+1)}) +$$
$$F_{l-2}F_{k-l} =$$
$$(F_{l-1} + F_{l-2})F_{k-l} +$$
$$F_{l-1}F_{k-(l+1)} =$$
$$F_l F_{k-l} + F_{l-1}F_{k-(l+1)}$$

即等式对 l 也成立.

形如 ⑱ 的等式，只要 $k>l$，总是成立的．现在任取一个充分大的 $k>n$，就有

$$\left[\frac{F_n}{F_{n-1}}\mu\right]=\left[\frac{F_{k+1}}{F_k}\mu\right], k>n$$

所以
$$f(\mu)=\left[\frac{F_n}{F_{n-1}}\mu\right]=\left[\frac{F_{k+1}}{F_k}\mu\right], k>n$$

既然上式对任意大的 $k(k>n)$ 都成立，于是可用

$$\lim_{k\to\infty}\frac{F_{k+1}}{F_k}=\frac{1+\sqrt{5}}{2}$$

来代替式
$$f(\mu)=\left[\frac{F_{k+1}}{F_k}\mu\right]$$

中的比值 $\frac{F_{k+1}}{F_k}$，可得

$$f(\mu)=\left[\frac{1+\sqrt{5}}{2}\mu\right]$$

从而即有
$$f(2\mu)=\left[(1+\sqrt{5})\mu\right]$$

> **❹** $\triangle ABC$ 中，$AB=AC$，一个圆内切于 $\triangle ABC$ 的外接圆，并与 AB，AC 分别相切于 P，Q，求证：线段 PQ 的中点是 $\triangle ABC$ 内切圆的圆心． 美国命题

证法 1 已知 $AB=AC$，图形关于直径 AM 对称，如图 20.8 所示．M 为两圆的切点．AM 平分 $\angle BAC$，$\angle PMQ$ 和线段 PQ，$PQ\ /\!/\ BC$，PQ 的中点用 I 表示．设 $\angle APQ=2\beta$，得到 $\angle ABC=2\beta$，且 $\angle PMQ=\angle APQ=2\beta$，因为两者都等于 PQ 弧的一半．这样 $\angle PMI=\frac{1}{2}\angle PMQ=\beta$．

因为 $\angle ABM=\angle MIP=90°$，$B$，$M$，$I$，$P$ 四点共圆且 $\angle PBI$ 和 $\angle PMI$ 对同弧，因此 $\angle PBI=\angle PMI=\beta$．这样在 $\triangle ABC$ 中，$\angle A$ 与 $\angle B$ 的平分线相交于点 I，I 为 $\triangle ABC$ 的内心．

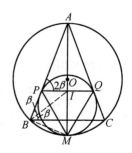

图 20.8

证法 2 如图 20.9 所示，D 是两圆切点，从圆和等腰 $\triangle ABC$ 的对称性看出：AD 是大圆直径（对称轴），$AP=AQ$，因此 PQ 中点 E 在 AD 上，并且 $AE\perp PQ$．由对称性有

$$\widehat{PD}=\widehat{QD},\ \angle PQD=\angle QPD$$

因为 $\angle DQC=\angle DPQ$，所以 $\angle DQC=\angle EQD$．又 DQ 是公共边，所以 $\mathrm{Rt}\triangle EQD\cong\mathrm{Rt}\triangle CQD$．于是有 $EQ=QC$，从而 $\angle QCE=\angle QEC$．所以 $PQ\ /\!/\ BC$，$\angle BCE=\angle QEC$．

这样就有 $\angle QCE=\angle BCE$，即 EC 平分 $\angle BCA$，E 就是

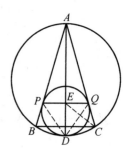

图 20.9

△ABC 的内心.

证法 3 如图 20.10 所示,联结 $OB, BD, O'P, PD$,则
$$\angle 1 = \angle 2 (PQ \parallel BC)$$
$$\angle 2 = \angle 3 (O, P, B, D \text{ 共圆})$$
$$\angle 3 = \angle 4 (O'P \parallel BD)$$
$$\angle 4 = \angle 5 (O'P = O'D)$$
$$\angle 5 = \angle 6 (O, P, B, D \text{ 共圆}).$$
因此,$\angle 1 = \angle 6$. 所以 BO 是 $\angle ABC$ 的平分线.

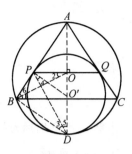

图 20.10

证法 4 上面三种方法,都是通过证明"O 是 △ABC 的角分线的交点"来完成的. 下面,我们再利用"PQ 的中点 O 到等腰 △ABC 的腰的距离等于到底边的距离"的事实来证本题.

过 O 作 $OF \perp AC$,F 为垂足;分别联结 $O'Q, CD$,则 $O'Q \perp AC, CD \perp AC$;又设直径 AD 与 BC 交于 E,如图 20.11 所示.

由 Rt△OFA ∽ Rt△$O'QA$ 得
$$\frac{OF}{OA} = \frac{O'Q}{O'A}$$
由 $O'Q = O'D$(同圆半径)得
$$\frac{O'Q}{O'A} = \frac{O'D}{O'A}$$
由 $O'Q \parallel DC$ 知
$$\frac{O'D}{O'A} = \frac{QC}{QA}$$
由 $PQ \parallel BC$ 知
$$\frac{QC}{QA} = \frac{OE}{OA}$$
因此,$\frac{OF}{OA} = \frac{OE}{OA}$,故 $OF = OE$. 所以 PQ 的中点 O 是 △ABC 的内心.

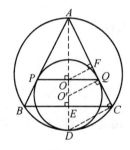

图 20.11

证法 5 以圆 O' 的圆心 O' 为原点,直径 DA 所在直线为纵轴,建立平面直角坐标系,如图 20.12 所示,为方便起见,设圆 O' 的半径为 1,大圆圆心坐标为 $O_1(0, a)$,则大圆 O_1 的半径为 $a+1$,圆 O' 与圆 O_1 的方程分别为
$$\begin{cases} x^2 + y^2 = 1 \\ x^2 + (y-a)^2 = (a+1)^2 \end{cases} \quad ①$$
又设点 Q 坐标为 (x_1, y_1),则圆 O' 的切线 AC 的方程为
$$x_1 x + y_1 y = 1 \quad ②$$

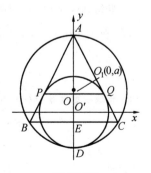

图 20.12

于是，我们有
$$\begin{cases} x_1 \cdot 0 + y_1(2a+1) = 1 \\ x_1^2 + y_1^2 = 1 \end{cases}$$

解得
$$\begin{cases} x_1 = \dfrac{\pm 2\sqrt{a^2+a}}{2a+1} \\ y_1 = \dfrac{1}{2a+1} \end{cases}$$

由此知点 Q 坐标为 $\left(\dfrac{2\sqrt{a^2+a}}{2a+1}, \dfrac{1}{2a+1}\right)$，点 O 坐标为 $\left(0, \dfrac{1}{2a+1}\right)$，$AC$ 的方程为

$$\dfrac{2\sqrt{a^2+a}}{2a+1}x + \dfrac{1}{2a+1}y - 1 = 0 \qquad ③$$

它以直线 ② 为法线，故 O 到 AC 的距离

$$d_{AC} = \left|\dfrac{2\sqrt{a^2+a}}{2a+1} \cdot 0 + \dfrac{1}{2a+1} \cdot \dfrac{1}{2a+1} - 1\right| = \dfrac{4a(a+1)}{(2a+1)^2}$$

同理
$$d_{AB} = \dfrac{4a(a+1)}{(2a+1)^2}$$

又将 ① 与 ③ 联立求解，分别得 A 与 C 的坐标为

$$A(0, 2a+1), \ C\left(\dfrac{4(a+1)\sqrt{a^2+a}}{(2a+1)^2}, \dfrac{-4a^2-2a+1}{(2a+1)^2}\right)$$

因此，O 到 BC 的距离

$$d_{BC} = \dfrac{1}{2a+1} - \dfrac{-4a^2-2a+1}{(2a+1)^2} = \dfrac{4a(a+1)}{(2a+1)^2}$$

这就是说，PQ 的中点 O 与 $\triangle ABC$ 的三边等距. 所以 O 是 $\triangle ABC$ 的内心.

注 本题可推广如下，即去掉条件 $AB = AC$，结论仍然成立，其证明如下.

利用三角法.

设 M 为 PQ 中点，则 AM 平分 $\angle PAC$，延长 AM 交外接圆 $O(R)$ 于 E，则 AE 必过它的内切圆 $O_1(r')$ 的圆心 O_1，联结 BE，如能证明 $EB = EM$，则 M 为 $\triangle ABC$ 的内心立即可得.

联结 BE, BM, O_1P. 再联结 OO_1 并延长交圆 O 于 K, D，这里 D 是二圆的切点. 在 $\triangle ABE$ 中，由正弦定理得 $BE = 2R \cdot \sin\dfrac{A}{2}$，另一方面，由于

$$EM = EO_1 + O_1M \qquad ④$$

由交弦线段定理得 $EO_1 \cdot O_1A = DO_1 \cdot O_1K$，即

$$EO_1 \cdot \dfrac{r'}{\sin\dfrac{A}{2}} = r'(2R - r')$$

由此得
$$EO_1 = (2R - r')\sin\dfrac{A}{2}$$

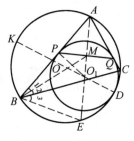

图 20.13

由 Rt$\triangle O_1PM$ 得 $O_1M = r' \cdot \sin\dfrac{A}{2}$，代入 ④ 得
$$EM = (2R-r')\sin\dfrac{A}{2} + r' \cdot \sin\dfrac{A}{2} = 2R \cdot \sin\dfrac{A}{2} = EB$$
所以 $\angle EBM = \angle EMB$

即 $\angle 2 + \angle 3 = \dfrac{A}{2} + \angle 1$

但 $\angle 3 = \dfrac{A}{2}$，所以 $\angle 1 = \angle 2$，即 BM 平分 $\angle B$，所以 M 为 $\triangle ABC$ 的内心.

❺ 若 $\{a_k\}(k=1,2,3,\cdots,n,\cdots)$ 是由一系列各不相等的正整数构成的数列. 求证：对所有的自然数 n 都有
$$\sum_{k=1}^{n}\dfrac{a_k}{k^2} \geqslant \sum_{k=1}^{n}\dfrac{1}{k}$$

法国命题

证法 1 有一由正整数构成的单调数列 $\{m_i\}$，其中 $m_i < m_j (i<j)$，那么对于任何 $k, m_k \geqslant k$，故 $m_k/k^2 \geqslant 1/k$，且
$$\sum_{k=1}^{n}\dfrac{m_k}{k^2} \geqslant \sum_{k=1}^{n}\dfrac{1}{k} \quad (\text{对任何 } n)$$

但是题中数列 $\{a_i\}$ 的单调性并不一定是必须的. 下面我们来证明一个"排序不等式"来帮助说明这一点.

设 $\{r_i\}$ 和 $\{s_i\}(i=1,2,\cdots,n)$ 为两个由实数构成的集合，且 $r_1 \leqslant r_2 \leqslant \cdots \leqslant r_n$ 及 $s_1 \leqslant s_2 \leqslant \cdots \leqslant s_n$. 那么，若 $\{t_i\}$ 为 s_i 的某种排列，则
$$\sum_{i=1}^{n} r_i s_i \geqslant \sum_{i=1}^{n} r_i t_i \geqslant r_1 s_n + r_2 s_{n-1} + \cdots + r_n s_1 \qquad ①$$

证明 假设某 j,k，若 $j<k$，有 $t_j \geqslant t_k$. 那么
$$r_j t_k + r_k t_j - (r_j t_j + r_k t_k) = (t_j - t_k)(r_k - r_j) \geqslant 0$$
因此 $r_j t_k + r_k t_j \geqslant r_j t_j + r_k t_k$

在 $\sum_{i=1}^{n} r_i t_i$ 中，将 t_j 与 t_k 对换，其值不会下降. 经过类似的有限次对换，得到 t_i 的一个不断上升的数列，故 $\sum_{i=1}^{n} r_i s_i \geqslant \sum_{i=1}^{n} r_i t_i$.

对式 ① 右边的不等式也可做类似证明.

式 ① 有一个直观的物理解释. 我们把跷跷板一端的某个位置到支点之间的距离记为 r_i，把坐在该位置上的人的质量记为 t_i. 那么当最重的人坐在跷跷板的顶端，其余的人由重而轻依次坐下. 此时，围绕支点产生的力矩和最大.

为解此题，设 T 为由各不相同正整数组成的给定数列 $\{a_k\}$ 的前 n 个元素构成的集合. 设 R 为 n 与 $1/k^2$ 的乘积构成的集合，$k=1,2,\cdots,n$. 那么

$$\sum_{k=1}^{n} \frac{a_k}{k^2} \geq (最小的 a) \cdot \frac{1}{1^2} + (次小的 a) \cdot \frac{1}{2^2} + \cdots +$$
$$(最大的 a) \cdot \frac{1}{n^2} \qquad ②$$

因最小的 a 大于等于 1, 次小的一个 a 大于等于 2, 最大的 a 大于等于 n, 故式 ② 右边总和大于等于

$$1 + \frac{2}{2^2} + \frac{3}{3^2} + \cdots + \frac{n}{n^2} = \sum_{k=1}^{n} \frac{1}{k}$$

证法 2 用数学归纳法证明.

当 $n=1$ 时, 显然有 $\frac{a_1}{1^2} \geq \frac{1}{1}$.

设当 $n=h$ (h 为自然数) 时, 有

$$\sum_{k=1}^{h} \frac{a_k}{k^2} \geq \sum_{k=1}^{h} \frac{1}{k}$$

我们来证明, 当 $n=k+1$ 时, 有

$$\sum_{k=1}^{h+1} \frac{a_k}{k^2} \geq \sum_{k=1}^{h+1} \frac{1}{k}$$

我们分 $a_{h+1} \geq h+1$ 和 $a_{h+1} < h+1$ 两种情况进行研究.

ⅰ 如果 $a_{h+1} \geq h+1$, 则有

$$\sum_{k=1}^{h+1} \frac{a_k}{k^2} = \sum_{k=1}^{h} \frac{a_k}{k^2} + \frac{a_{h+1}}{(h+1)^2} \geq \sum_{k=1}^{h} \frac{1}{k} + \frac{h+1}{(h+1)^2} =$$
$$\sum_{k=1}^{h} \frac{1}{k} + \frac{1}{h+1} = \sum_{k=1}^{h+1} \frac{1}{k}$$

故不等式成立.

ⅱ 如果 $a_{h+1} < h+1$, 则必至少有一个 $a_i^* \geq h+1$, $i \leq h+1$ (否则, $a_1, a_2, \cdots, a_{h+1}$ 这 $h+1$ 个互不相等的正整数就都小于 $h+1$ 了, 这是不可能的).

现在将第 i 个元改写为

$$a_i^* = a_{h+1} + a_i^* - a_{h+1}$$

则 $$\sum_{k=1}^{h+1} \frac{a_k}{k^2} = \sum_{k=1}^{i-1} \frac{a_k}{k^2} + \frac{a_i^*}{i^2} + \sum_{k=i+1}^{h} \frac{a_k}{k^2} + \frac{a_{h+1}}{(h+1)^2} =$$
$$\sum_{k=1}^{i-1} \frac{a_k}{k^2} + \frac{a_{h+1} + a_i^* - a_{h+1}}{i^2} + \sum_{k=i+1}^{h} \frac{a_k}{k^2} + \frac{a_{h+1}}{(h+1)^2} =$$
$$\sum_{k=1}^{i-1} \frac{a_k}{k^2} + \frac{a_{h+1}}{i^2} + \sum_{k=i+1}^{h} \frac{a_k}{k^2} + \frac{a_{h+1}}{(h+1)^2} + \frac{a_i^* - a_{h+1}}{i^2} =$$
$$\sum_{k=1}^{h} \frac{a_k}{k^2} + \frac{a_{h+1}}{(h+1)^2} + \frac{a_i^* - a_{h+1}}{i^2} \geq$$
$$\sum_{k=1}^{h} \frac{1}{k} + \frac{a_{h+1}}{(h+1)^2} + \frac{a_i^* - a_{h+1}}{i^2} (归纳法假设) \geq$$

$$\sum_{k=1}^{h} \frac{1}{k} + \frac{a_{h+1}}{(h+1)^2} + \frac{a_i^* - a_{h+1}}{(h+1)^2} (i \leqslant h+1) =$$

$$\sum_{k=1}^{h} \frac{1}{k} + \frac{a_i^*}{(h+1)^2} \geqslant$$

$$\sum_{k=1}^{h} \frac{1}{k} + \frac{h+1}{(h+1)^2} (a_i^* \geqslant h+1) =$$

$$\sum_{k=1}^{h} \frac{1}{k} + \frac{1}{h+1} = \sum_{k=1}^{h+1} \frac{1}{k}$$

证毕.

证法 3 用比较法证明. 要证

$$\sum_{k=1}^{n} \frac{a_k}{k^2} \geqslant \sum_{k=1}^{n} \frac{1}{k}$$

成立,只需证下式成立,即

$$\sum_{k=1}^{n} \frac{a_k}{k^2} - \sum_{k=1}^{n} \frac{1}{k} = \sum_{k=1}^{n} \left(\frac{a_k}{k^2} - \frac{1}{k}\right) = \sum_{k=1}^{n} \frac{a_k - k}{k^2} \geqslant 0$$

为此,考虑到"$a_1, a_2, \cdots, a_k, \cdots$ 为两两互不相同的正整数"这一已知条件,易知

$$a_1 \geqslant 1$$
$$a_1 + a_2 \geqslant 1 + 2$$
$$\vdots$$
$$a_1 + a_2 + \cdots + a_n \geqslant 1 + 2 + \cdots + n$$

即

$$\sum_{k=1}^{m} a_k - \sum_{k=1}^{m} k \geqslant 0, m = 1, 2, \cdots, n$$

因此

$$\sum_{k=1}^{n} \frac{a_k - k}{k^2} = \frac{\sum_{k=1}^{n} a_k - \sum_{k=1}^{n} k}{n^2} \geqslant 0$$

证毕.

❻ 一个国际性社团的成员来自六个国家,成员名单上有 1 978 个名字,分别标为第 $1, 2, \cdots, 1\,978$ 个. 求证:至少有一个成员的标号为来自同一国家的其他两个成员的标号之和,或者为来自同一国家的其他一个成员的标号的二倍.

荷兰命题

证法 1 该题可以这样来表达:若集合 $\{1, 2, 3, \cdots, 1\,978\}$ 被分成六个互不相交的子集 A, B, C, D, E 和 F,那么该六个子集中至少有一个子集中的一个元素为该子集中其他两个元素之和(这两个元素也可能相等).

首先,我们注意到不管 1 978 个元素如何分布在六个子集中,至少其中一个子集,不妨称为 A,包括 $[1\,978/6] + 1 = 330$ 个元

素,这些元素我们用 a_i 表示,并按大小顺序排列 $a_1 < a_2 < \cdots < a_{330}$. 若下述 329 个差中的任何一个

$$b_1 = a_{330} - a_{329}, b_2 = a_{330} - a_{328}, \cdots, b_{329} = a_{330} - a_1$$

属于集合 A,问题就解决了,因为那样对于某个 k 有

$$a_{330} - a_k = a_1 \in A$$

所以
$$a_k + a_1 = a_{330}$$

因此假设这 329 个差中没有一个落在集合 A 内,相反都分布在其他五个子集中. 同样,我们又可证得,这五个子集中至少有一个子集,称为 B 集,至少包括 $[329/5]+1=66$ 个这些元素. 我们用 c_j 表示其差

$$c_j = b'_{66} - b'_{66-j}$$

可以更详细地说明一下这个过程:将包括在 B 集中的差值 $b_j = a_{330} - a_{330-j}$ 按从小到大顺序排列,并以 $b'_1, b'_2, \cdots, b'_{66}$ 重新命名. 并构成

$$c_j = b'_{66} - b'_{66-j} = (a_{330} - a_i) - (a_{330} - a_k) = a_k - a_i$$
$$j = 1, 2, \cdots, 65; i < k < 330; 1 \leqslant a_i < a_k \leqslant 1\,978$$

其中,c_j 是满足 $1 < c_j < 1\,977$ 的整数.

若有某个 c_j 值落在 A 集或 B 集,问题就得到解答;如果没有,它们将分布在其他的 4 个子集中,其中至少有一个子集,称为 C,至少包含 $[65/4]+1=17$ 个这样的元素 c_j. 我们又将其 16 个差值 $c_{17} - c_j$ 按从小到大顺序排列,重新命名为 c'_i. $c'_i < c'_j$,若 $i < j$. 若没有一个 c'_i 元素落于集合 A, B, C,它们将分布在另外的三个子集中,而这三个子集中至少有一个子集(称为集合 D)包括至少 $[17/3]+1=6$ 个元素,并命名为 d'_i.

类似地,我们可证明,若 d'_i 元素的 5 个差值没有落在 A, B, C, D 中的任一个内,那么另外两个子集中至少有一个子集,称为 E,包含至少 $[5/2]=3$ 个这种值. 相似地,若这 3 个值的两个差值 e'_1, e'_2 没有落在 A, B, C, D, E, F 中,它们必定落在剩余的集合 F 中. 其差 $e'_2 - e'_1 < 1\,978$,一定属于六个子集中的一个.

证法 2 把这六个国家分别用 $M_i (i=1,2,3,4,5,6)$ 表示. 假设命题不成立,则任何一个成员的编号数一定和他的两个同胞编号数之和及一个同胞编号数二倍都不相等,换言之,任一国的任两代表的编号数之差一定不是此国中代表的编号. 我们记此结论为 (T). 由 $1\,978 = 6 \times 329 + 4$ 可知,成员最多的国家(设为 M_1)至少有 330 人,设他们的编号为 $k_1 > k_2 > \cdots > k_{330}$,根据 (T),$k_1 - k_i (i=2,3,\cdots,330)$ 不在 M_1 中. 又 $1\,978 > k_1 - k_i \geqslant 1$,所以这 329 个编号必在 M_2, M_3, M_4, M_5, M_6 中.

从 $329=5\times 65+4$ 知,包含 (k_1-k_i) 最多的国家(记 M_2)至少有 66 人,设此 66 人的编号为 $l_1>l_2>\cdots>l_{66}$,由 (T) 知 $l_1-l_i(i=2,\cdots,66)$ 不在 M_2 中.再设 $L_1=k_1-k_i$,$L_i=k_1-k_p$,则根据 (T),$l_1-l_i=k_p-k_i$ 也不在 M_1 中,换言之,l_1-l_i 这 65 个编号必在 M_3,M_4,M_5,M_6 中.

从 $65=4\times 16+1$ 知,包含 (l_1-l_i) 最多的国家(记 M_3)至多有 17 人,设他们的编号 $m_1>m_2>\cdots>m_{17}$,根据 (T),m_1-m_i $(i=2,\cdots,17)$ 不在 M_3 中,又因

$$m_1-m_i=(l_1-l_{i1})-(l_1-l_{i2})=l_{i2}-l_{i1}=$$
$$(k_1-k_{i2})-(k_1-k_{i1})=k_{i1}-k_{i2}$$

它们也不在 M_1 和 M_2 中,换言之,它们必在 M_4,M_5,M_6 中.

又 $17=3\times 5+2$,设包含 (m_1-m_i) 最多的国家为 M_4,其中至少有 6 人,设他们的编号为 $u_1>u_2>\cdots>u_6$,同理 u_1-u_i $(i=2,3,\cdots,6)$ 不在 M_1,M_2,M_3,M_4 中,因此必在 M_5,M_6 中.

又 $5=2\times 2+1$,设包含 (u_1-u_i) 最多的国家为 M_5,其中至少有 3 人,设他们的编号为 $v_1>v_2>v_3$,同理,v_1-v_2 和 v_1-v_3 不在 M_1,M_2,M_3,M_4,M_5 中,因此必在 M_6 中.又因 $(v_1-v_3)-(v_1-v_2)=(v_2-v_3)$,根据 (T),它不在 M_6 中,同时也不在 M_i $(i=1,2,3,4,5)$ 中,但是 $1\,978>v_2-v_3\geqslant 1$,$v_2-v_3$ 应该是一个成员的编号,于是推出矛盾,所以原命题必须成立.

证法 3 正整数或一个阿贝尔(Able)群的子集 A 称为无和的,如果对于 $x,y,z\in A$,方程 $x+y=z$ 无解.当然这里允许 $x=y$.与费马猜想有关,舒尔(Schur)在 1916 年考虑了下一问题:集合 $\{1,2,\cdots,f(n)\}$ 可以分成 n 个无和子集的最大 $f(n)$ 是多少?

我们只知道舒尔函数 $f(n)$ 的四个值.尝试可知 $f(1)=1$,$f(2)=4$,$f(3)=13$,Baumert 在 1961 年借助于计算机找到了 $f(4)=44$.$\{1,2,\cdots,44\}$ 的一个无和分划是

$$S_1=\{1,3,5,15,17,19,26,28,40,42,44\}$$
$$S_2=\{2,7,8,18,21,24,27,33,37,38,43\}$$
$$S_3=\{4,6,13,20,22,23,25,30,32,39,41\}$$
$$S_4=\{9,10,11,12,14,16,29,31,34,35,36\}$$

舒尔发现了下面的估计式

$$\frac{3^n-1}{2}\leqslant f(n)\leqslant [en!\,]-1$$

现在我们证明把集 $\{1,2,\cdots,[en!\,]\}$ 分成 n 个子集时,至少在一个子集中方程 $x+y=z$ 是有解的.

设

$$\{1,2,\cdots,[en!\,]\}=A_1\cup A_2\cup\cdots\cup A_n$$

是分成 n 个子集的划分. 我们考虑有 $[en!]+1$ 个顶点的完全图 G, 并把顶点标为 $1,2,\cdots,[en!]+1$. 用 n 种颜色 $1,2,\cdots,n$ 来对 G 染色. 边 rs 染为第 m 色, 如果 $|r-s|\in A_m$. 则图 G 有同色三角形, 即存在正整数 r,s,t 使 $r<s<t\leqslant[en!]+1$ 且 rs,rt,st 有同一种颜色 m, 即
$$s-r, t-s, t-r \in A_m$$
因为 $(s-r)+(t-s)=t-r, A_m$ 不是无和的. 这就推出
$$f(n)\leqslant[en!]-1$$
特别有 $f(6)\leqslant[720e]-1$.

这可视为是较简单的证明. 其中数 1 978 可换成 1 957.

推广 可以从相反方面提出问题, 不出现原题指出的现象, 可以有多少人参加 n 个国家组成的国际社团?

此推广属于人民大学分校数学教研室苏亚贵先生

若一个自然数集合中任二数之正差 Δ_A 不属于这个集合, 则称此集合为正则集合, 或说它是正则的, 用这个定义, 可以把上面的问题抽象为如下的数学问题:

n 个正则集合, 能包含多少个(从 1 开始的)连续自然数?

现给出一个数学命题和一个猜想.

1. 一个数学命题

(1) n 个正则集合包含的连续自然数.

由于 n 个正则集合 P_n 的形式很多, 它包含连续自然数的个数 H_n 就不确定. 去掉 P_n 中大于 H_n 的数字, 得到 n 个正则子集合 A_n, 以后称它们为正则组合. A_n 与 P_n 包含同样多的连续自然数, 随着 n 的增加, A_n 的形式和 H_n 都急剧增多.

$n=3$ 时, A_n 已有多种, 只写三个, 即

$$\begin{bmatrix} 1 & 4 & 6 & 9 \\ 2 & 5 & 8 & 9 \\ 2 & 3 & 7 & 8 \end{bmatrix}, \begin{bmatrix} 1 & 4 & 7 & 10 \\ 2 & 5 & 6 & 9 \\ 3 & 7 & 8 & 9 \end{bmatrix}, \begin{bmatrix} 1 & 4 & 7 & 10 & 12 \\ 2 & 3 & 7 & 11 & 12 \\ 5 & 6 & 7 & 8 & 9 \end{bmatrix}$$

相应的 H_3 为 $9, 10, 12$.

但不论 n 多大, A_n 绝不能包含全体自然数. 换句话说, H_n 一定有上界, 因此有最大值.

本文的命题给出一类正则组合 A_n 的表达式和计算 H_n 的公式.

(2) 几个定义.

定义 1 称 $\{[N]^{(k)}\}$ 为自然数 N 的 k 级集合, 即
$$\{[N]^{(k)}\}=\{[9N-4]^{(k-1)},[9N-3]^{(k-1)},[9N-2]^{(k-1)},$$
$$[9N-1]^{(k-1)},[9N]^{(k-1)}\}, k=1,2,\cdots \qquad ①$$
规定
$$[N]^{(0)}=N$$

用符集$[N]^{(k)}$可写出n个数集合的表达式:

设 $n = \begin{cases} 2m+1 & (n \text{ 为奇数}) \\ 2m+2 & (n \text{ 为偶数}) \end{cases}, m = 0, 1, 2, \cdots$

以 C_s 表示第 s 个自然数集合 $(s = 1, 2, \cdots, n)$. C_s 中的各数由 ②, ③ 确定, 即

$$C_s = \begin{cases} C_{2k+1} = \{[1+3i]^{(k)}\} & ② \\ C_{2k+2} = \{[2+9i]^{(k)}, [3+9i]^{(k)}\} & ③ \end{cases}$$

其中, $k = 0, 1, 2, \cdots, m; i = 0, 1, 2, \cdots$.

定义 2 $\quad b_P = \dfrac{1}{2} \times 3^{P-1} - \dfrac{1}{2}, P = 1, 2, \cdots, n \quad$ ④

在由 ②, ③ 表示出的 C_s 中, 令 $i = 0, 1, 2, \cdots, b_{n-s+1}$, 则得 C_s 的子集合, 记为 $C_{s, b_{n-s+1}}$ $(s = 1, 2, \cdots, n)$.

定义 3 $\quad M_{n,s} = C_{s, b_{n-s+1}}$ 中的最大数 $(s = 1, 2, \cdots, n)$.

(3) 一个命题.

命题: 可以找到 n 个正则组合 A_n, 包含 H_n 个连续自然数, 即

$$A_n = \begin{pmatrix} C_{1, b_n} \\ C_{2, b_{n-1}} \\ \vdots \\ C_{s, b_{n-s+1}} \\ \vdots \\ C_{n, b_1} \end{pmatrix} \quad ⑤$$

$$H_n = \max(C_{1, b_n}) = M_{n,1} = \dfrac{1}{2} \times 3^n - \dfrac{1}{2} \quad ⑥$$

下面写出前几个 A_n 和 H_n, 即

$$A_1 = (1), A_2 = \begin{pmatrix} 1 & 4 \\ 2 & 3 \end{pmatrix}, A_3 = \begin{pmatrix} 1 & 4 & 7 & 10 & 13 \\ 2 & 3 & 7 & 11 & 12 \\ 5 & 6 & 7 & 8 & 9 \end{pmatrix}$$

$$A_4 = \begin{pmatrix} 1 & 4 & 7 & 10 & 13 & 16 & 19 & 22 & 25 & 28 & 31 & 34 & 37 & 40 \\ 2 & 3 & 7 & 11 & 12 & 16 & 20 & 21 & 25 & 29 & 30 & 34 & 38 & 39 \\ 5 & 6 & 7 & 8 & 9 & 19 & 20 & 21 & 22 & 32 & 33 & 34 & 35 & 36 \\ 14 & 15 & 16 & 17 & 18 & 19 & 20 & 21 & 22 & 23 & 24 & 25 & 26 & 27 \end{pmatrix}$$

H_1	H_2	H_3	H_4	H_5	H_6	$\cdots$
1	4	13	40	121	364	$\cdots$

要证明上述命题只需证明:

ⅰ A_n 中每个组合都是正则的;

ⅱ $H_n = M_{n,1} = \dfrac{1}{2} \times 3^n - \dfrac{1}{2}$ 为 A_n 中的最大数;

ⅲ $H_{n+1} \notin \{C_s\} (s = 1, 2, \cdots, n)$;

ⅳ $\{1,2,\cdots,M_{n,1}\}=C_{1,b_n}+C_{2,b_{n-1}}+\cdots+C_{n,b_1}$.

写成四个定理加以证明,就证明了命题. 为便于计算,将②,③改写成如下形式,即

$$C_s=\begin{cases}C_{2k+1}=\{9^k+3\times 9^k i-\sum_{j=0}^{k}d_j 9^{k-j}\} & ②'\\ C_{2k+2}=\{e9^k+9^{k+1}i-\sum_{j=0}^{k}d_j 9^{k-j}\} & ③'\end{cases}$$

其中,$k=0,1,2,\cdots,m$;$i=0,1,2,\cdots$;$e=2,3$.

$$d_j=\begin{cases}0(k=0,j=0)\\ 0,1,2,3,4(k>0,j=1,2,\cdots,k)\end{cases}$$

2. 命题的证明

定理 1 A_n 中 $C_{s,b_{n-s+1}}(s=1,2,\cdots,n)$ 是正则的.

定理 1 的证明 $C_{s,b_{n-s+1}}$ 是 C_s 的一部分,故只要证明 C_s 是正则的即可,设

$$n=\begin{cases}2m+1(n \text{ 为奇数})\\ 2m+2(n \text{ 为偶数})\end{cases}$$

ⅰ $s=2k+1$ 时,$C_s=C_{2k+1}(k=0,1,\cdots,m)$.

以 ΔC_{2k+1} 表示 C_{2k+1} 中任二数的正差 Δa 组成的集合,由 ②' 可得

$$\Delta C_{2k+1}=\{|\Delta_1|\}+\{3\times 9^k P\pm\Delta_1\}, P=1,2,\cdots \qquad ⑦$$

当 $k>0$ 时

$$\Delta_1=l_1 9^{k-1}\pm\{l_2 9^{k-2}\pm(\cdots\pm(l_{l-1}9\pm l_k)\cdots)\}$$

$$l_j=0,1,2,3,4;j=1,2,\cdots,k$$

当 $k=0$ 时,$\Delta_1=0$,$\{|\Delta_1|\}$ 是空集只要证 ΔC_{2k+1} 中没有属于 C_{2k+1} 的数,即要证

$$C_{2k+1}\bigcap\Delta C_{2k+1}=\varnothing \qquad ⑧$$

对同一个 C_s 而言,⑧ 中 k 为定数$(0\leqslant k\leqslant m)$. 用 3×9^k 除式 ⑧ 中二集合的每一个数,各得由余数组成的集合,记为 $\{R_{2k+1}\}$ 和 $\{\Delta R_{2k+1}\}$. 因 C_{2k+1} 中的数都不是 3×9^k 的倍数,故只要二余数集合没有共同数 ⑧ 就成立,即只要证

$$\{R_{2k+1}\}\bigcap\{\Delta R_{2k+1}\}=\varnothing, 0\leqslant k\leqslant m \qquad ⑨$$

由 ②' $\{R_{2k+1}\}=\{9^k-\sum_{j=0}^{k}d_j q^{k-j}\}$

$$\min\{R_{2k+1}\}=9^k-4\sum_{j=1}^{k}q^{k-j}=$$

$$9^k-\frac{1}{2}(9^k-1)=\frac{1}{2}\times 9^k+\frac{1}{2}$$

$$\max\{R_{2k+1}\}=9^k$$

所以

$$\frac{1}{2} \times 9^k + \frac{1}{2} \leqslant R_{2k+1} 9^k \qquad \text{⑩}$$

由 ⑦ 有 $\quad \{\Delta R_{2k+1}\} = \{|\Delta_1|\} + \{3 \times 9^k - |\Delta_1|\}$

$$\max\{|\Delta_1|\} = 4(9^{k-1} + 9^{k-2} + \cdots + 1) = \frac{1}{2} \times 9^k - \frac{1}{2}$$

$$\min\{3 \times 9^k - |\Delta_1|\} = 3 \times 9^k - \left(\frac{1}{2} \times 9^k - \frac{1}{2}\right) = \frac{5}{2} \times 9^k + \frac{1}{2}$$

所以 $\quad \Delta R_{2k+1} \leqslant \frac{1}{2} \times 9^k - \frac{1}{2}$

或

$$\Delta R_{2k+1} \geqslant \frac{5}{2} \times 9^k + \frac{1}{2} \qquad \text{⑪}$$

比较 ⑩ 与 ⑪ 可得

$$\max\{|\Delta_1|\} < \min\{R_{2k+1}\}$$
$$\max\{R_{2k+1}\} < \min\{3 \times 9^k - |\Delta_1|\}$$

故 ⑨ 成立，即当 s 为奇数时，C_s 是正则的.

ⅱ $s = 2k+2$ 时，$C_s = C_{2k+2}(k=0,1,\cdots,m)$.

由 ③ 得

$$\Delta C_{2k+2} = \{|\Delta_2|\} + \{9^{k+1}P \pm \Delta_2\}, P = 1, 2, \cdots \qquad \text{⑫}$$

当 $k > 0$ 时

$$\Delta_2 = q9^k \pm (l_1 9^{k-1} \pm (\cdots \pm (l_{k-1} 9 \pm l_k)\cdots))$$
$$q = 0, 1; l_j = 0, 1, 2, 3, 4, j = 1, 2, \cdots, k$$

当 $k = 0$ 时，$\Delta_2 = 0$，$\{|\Delta_2|\}$ 是空集.

同理，可用 9^{k+1} 除 C_{2k+2} 和 ΔC_{2k+2} 中的每个数，各得由余数组成的集合 $\{R_{2k+2}\}$ 和 $\{\Delta R_{2k+2}\}$. 只要证

$$\{R_{2k+2}\} \cap \{\Delta R_{2+2}\} = \varnothing, 0 \leqslant k \leqslant m \qquad \text{⑬}$$

由 ③′ $\quad \{R_{2k+2}\} = \{e9^k - \sum_{j=0}^{k} d_j 9^{k-j}\}$

$$\min\{R_{2k+2}\} = 2 \times 9^k - 4\sum_{j=1}^{k} 9^{k-j} = \frac{3}{2} \times 9^k + \frac{1}{2}$$

$$\max\{R_{2k+2}\} = 3 \times 9^k$$

所以

$$\frac{3}{2} \times 9^k + \frac{1}{2} \leqslant R_{2k+2} \leqslant 3 \times 9^k \qquad \text{⑭}$$

由 ⑫ 得 $\quad \{\Delta R_{2k+2}\} = \{|\Delta_2|\} + \{9^{k+1} - |\Delta_2|\}$

$$\max\{|\Delta_2|\} = 9^k + 4\sum_{j=1}^{k} 9^{k-j} = \frac{3}{2} \times 9^k - \frac{1}{2}$$

$$\min\{9^{k+1} - |\Delta_2|\} = 9^{k+1} - \left(\frac{3}{2} \times 9^k - \frac{1}{2}\right) = \frac{15}{2} \times 9^k + \frac{1}{2}$$

故 $\quad \Delta R_{2k+2} \leqslant \frac{3}{2} \times 9^k - \frac{1}{2}$

或
$$\Delta R_{2k+2} \geqslant \frac{15}{2} \times 9^k + \frac{1}{2} \quad \text{⑮}$$

比较 ⑭ 与 ⑮ 可得
$$\max\{|\Delta_2|\} < \min\{R_{2k+2}\}$$
$$\max\{R_{2k+2}\} < \min\{9^{k+1} - |\Delta_2|\}$$

这证明 ⑬ 成立,故 s 为偶数时,C_s 是正则的. 由 i,ii 的证明,定理 1 成立.

定理 2 正则组合 $C_{s,b_{n-s+1}}$ 中最大数记为 $M_{n+s}(s=1,2,\cdots,n)$ 则有
$$M_{n,n} < M_{n,n-1} < \cdots < M_{n,2} < M_{n,1} = H_n = \frac{1}{2} \times 3^n - \frac{1}{2} \quad \text{⑯}$$

定理 2 的证明 设 $n = \begin{cases} 2m+1 & (n \text{ 为奇数}) \\ 2m+2 & (n \text{ 为偶数}) \end{cases}$

i $s = 2k+1$ 时,$C_{s,b_{n-s+1}} = C_{2k+1,b_{n-2k}}(k=0,1,\cdots,m)$.
$$C_{2k+1,b_{n-2k}} = \{9^k + 3 \times 9^k i - \sum_{j=0}^{k} d_j 9^{k-j}\}, i=0,1,\cdots,b_{n-2k} \quad \text{⑰}$$
$$\max(C_{2k+1},b_{n-2k}) = 9^k + 3 \times 9^k b_{n-2k} =$$
$$9^k + 3 \times 9^k \left(\frac{1}{2} \times 3^{n-2k-1} - \frac{1}{2}\right) =$$
$$\frac{1}{2} \times 3^n - \frac{1}{2} \times 3^{2k} =$$
$$\frac{1}{2} \times 3^n - \frac{1}{2} \times 3^{s-1} \quad \text{⑱}$$

ii $s = 2k+2$ 时,$C_{s,b_{n-s+1}} = C_{2k+2,b_{n-2k-1}}(k=0,1,\cdots,m)$.
$$C_{2k+2,b_{n-2k-1}} = \{e9^k + 9^{k+1} i - \sum_{j=0}^{K} d_j 9^{k-j}\}, i=0,1,\cdots,b_{n-2k-1} \quad \text{⑲}$$
$$\max(C_{2k+2,b_{n-2k-1}}) = 3 \times 9^k + 9^{k+1} b_{n-2k-1} =$$
$$3 \times 9^k + 9^{k+1}\left(\frac{1}{2} \times 3^{n-2k-2} - \frac{1}{2}\right) =$$
$$3 \times 9^k + \frac{1}{2} \times 3^n - \frac{9}{2} \times 9^k =$$
$$\frac{1}{2} \times 3^n - \frac{1}{2} \times 3^{2k+1} = \frac{1}{2} \times 3^n - \frac{1}{2} \times 3^{s-1} \quad \text{⑳}$$

由 ⑱ 与 ⑳ 可得
$$\max(C_{s,b_{n-s+1}}) = \frac{1}{2} \times 3^n - \frac{1}{2} \times 3^{s-1} = M_{n,s}, s=1,2,\cdots,n \quad \text{㉑}$$

由 ㉑ 可见 ⑯ 成立,定理 2 证毕.

定理 3 $M_{n,1} + 1 \notin C_s(s=1,2,\cdots,n)$.

定理 3 的证明 将 C_s 中的数从小到大依次排列,令 $\mu_{n,s}$ 表示 C_s 中比 $M_{n,s}$ 大的下一个数. 由定理 2,$M_{n,s} < M_{n,1} + 1$,故只要证

$$M_{n,1}+1 < \mu_{n,s}, s=1,2,\cdots,n \qquad ⑳$$

i $s=2k+1$ 时,据 ⑰ 有

$$\mu_{n,s}=9^k+3\times 9^k(b_{n-2k+1})-4\sum_{j=1}^{k}9^{k-j}=$$

$$9^k+3\times 9^k\left(\frac{1}{2}\times 3^{n-2k-1}+\frac{1}{2}\right)-\frac{1}{2}(9^k-1)=$$

$$\frac{1}{2}\times 3^n+9^k\left(1+\frac{3}{2}-\frac{1}{2}\right)+\frac{1}{2}=$$

$$\frac{1}{2}\times 3^n+2\times 3^{s-1}+\frac{1}{2} \qquad ㉓$$

ii $s=2k+2$ 时,据 ⑲ 有

$$\mu_{n,s}=2\times 9^k+9^{k+1}(b_{n-2k+1}+1)-4\sum_{j=1}^{k}9^{k-j}=$$

$$2\times 9^k+9^{k+1}\left(\frac{1}{2}\times 3^{n-2k-2}+\frac{1}{2}\right)-\frac{1}{2}(9^k-1)=$$

$$\frac{1}{2}\times 3^n+9^k\left(2+\frac{9}{2}-\frac{1}{2}\right)+\frac{1}{2}=$$

$$\frac{1}{2}\times 3^n+2\times 3^{s-1}+\frac{1}{2} \qquad ㉔$$

由 ㉓ 与 ㉔ 得

$$\mu_{n,s}=\frac{1}{2}\times 3^n+2\times 3^{s-1}+\frac{1}{2}, s=1,2,\cdots,n \qquad ㉕$$

由 ⑯
$$M_{n,1}+1=H_n+1=\frac{1}{2}\times 3^n+\frac{1}{2}$$

与 ㉕ 比较得 $\qquad M_{n,1}+1 < \mu_{n,s}$

即 ⑳ 成立,定理 3 证毕.

定理 4

$$C_{1,b_n}+C_{2,b_{n-1}}+\cdots+C_{n,b_1}=\{N\}, N=1,2,\cdots,M_{n,1} \qquad ㉖$$

定理 4 的证明 由定理 2,若 $N\geqslant M_{n,1}+1$ 则

$$N\notin C_{1,b_n}+\cdots+C_{n,b_1}$$

故只要证明

$$\{N\}\subset\{C_s\}, N=1,2,\cdots,M_{n,1}; s=1,2,\cdots,n \qquad ㉗$$

用数学归纳法,$n=1, M_{1,1}=1, N=1\subset C_1$,㉗ 成立,假设 $n=1,2,\cdots,P$ 时 ㉗ 成立,求证 $n=P+1$ 时 ㉗ 成立. 即设

$$\{N\}=\{1,2,\cdots,M_{l,1}\}\subset\{C_s\}$$

$$s=1,2,\cdots,l; l=1,2,\cdots,P \qquad ㉘$$

求证

$$\{N\}=\{1,2,\cdots,M_{P+1,1}\}\subset\{C_s\}, s=1,2,\cdots,P+1 \qquad ㉙$$

先将 N 值分成三组,分别证明每组属于 $\{C_s\}$,令

$$\{N\}=\{N_{1j}\}+\{N_{2j}\}+\{N_{3j}\}$$

其中 $\{N_{1j}\}=\{1,4,7,\cdots,M_{P+j,1}-6,M_{P+1,1}-3,M_{P+1,1}\}=$

$$\{1+3j\} \subset C_1$$

$\{N_{1j}\}$ 中 $j=0,1,\cdots,b_{P+1}$，这是因为从 ④,⑥ 有

$$M_{r,1}=b_{r+1}=1+3b_r, r=1,2,\cdots \quad ㉚$$

故只要证

$$\{N_{2j}\}+\{N_{3j}\} \subset \{C_s\}, s=1,2,\cdots,P+1 \quad ㉛$$

其中 $\{N_{2j}\}=\{3,6,\cdots,M_{P+1,1}-4,M_{P+1,1}-1\}=$
$\{3j\}, j=1,2,\cdots,b_{P+1}$

$\{N_{3j}\}=\{2,5,\cdots,M_{P+1,1}-5,M_{P+1,1}-2\}=$
$\{3j-1\}, j=1,2,\cdots,b_{P+1}$

再把全部 j 值分为三组，求证对于每组 j 值，㉛ 都成立.

ⅰ $j=1,4,7,\cdots,b_{P+1}=1+3t, t=0,1,\cdots,b_P$.

$\{N_{2j}\}=\{3j\}=\{3+9t\}=\{3,12,\cdots,M_{P+1,1}-1\} \subset C_2$

$\{N_{3j}\}=\{3j-1\}=\{2+9t\}=\{2,11,\cdots,M_{P+1,1}-2\} \subset C_2$

故只要证明下面 ⅱ 与 ⅲ 两种情形 ㉛ 成立.

ⅱ $j=3,6,\cdots,b_{P+1}-1=3t, t=1,2,\cdots,b_P$.

$\{N_{2j}\}=\{3_j\}=\{9t\}=\{9,18,\cdots,M_{P+1,1}-4\} \subset \{C_s\} \quad ㉜$

$\{N_{3j}\}=\{3_j-1\}=\{9t-1\}=\{8,17,\cdots,M_{P+1,1}-5\} \subset \{C_s\} \quad ㉝$

ⅲ $j=2,5,\cdots,b_{P+1}-2=3t-1, t=1,2,\cdots,b_P$.

$\{N_{2j}\}=\{3j\}=\{9t-3\}=\{6,15,\cdots,M_{P+1,1}-7\} \subset \{C_s\} \quad ㉞$

$\{N_{3j}\}=\{3j-1\}=\{9t-4\}=\{5,14,\cdots,M_{P+1,1}-8\} \subset \{C_s\} \quad ㉟$

㉜,㉝,㉞,㉟ 中，$s=1,2,\cdots,P+1$.

先证 ㉜，其中，$t=1,2,\cdots,b_P$，据 ㉚ $b_P=M_{P-1,1}$，由归纳假设 ㉘ 知

$$\{t\} \subset \{C_s\}, s=1,2,\cdots,P-1$$

那么 $\{9t\} \subset \{9C_s\}$

设

$$P-1=\begin{cases} 2m+1(P-1 \text{ 为奇数}) \\ 2m+2(P-1 \text{ 为偶数}) \end{cases}$$

由 ②′,③′，$9C_s (s=1,2,\cdots,P-1)$ 可写成

$$9C_s = \begin{cases} 9C_{2k+1}=\{9^{k+1}+3\times 9^{k+1}i-\sum_{j=0}^{k+1}d_j 9^{k+1-j}\}= \\ \qquad C_{2(k+1)+1}=C_{s+2} \quad ㊱ \\ 9C_{2k+2}=\{e9^{k+1}+9^{(k+1)+1}i-\sum_{j=0}^{k+1}d_j 9^{k+1-j}\}= \\ \qquad C_{2(k+1)+1}=C_{s+2} \quad ㊲ \end{cases}$$

㊱,㊲ 中 $d_{k+1}=0, k=0,1,\cdots,m$ 时，$s=1,2,\cdots,P-1$，由 ㊱，㊲ 有

$$\{9t\} \subset \{C_s\}, t=1,2,\cdots,b_P; s=3,4,\cdots,P+1$$

故 ㉜ 成立. 不难看出,只要 $t \leqslant b_P$, $9t-1, 9t-3, 9t-4$ 必与 $9t$ 属于同一个 C_s $(3 \leqslant s \leqslant P+1)$. 这时 C_s 中的 d_{k+1} 不是 0,而是分别取值 1,3,4. 所以 ㉝,㉞,㉟ 都成立. 于是 ㉛ 成立. 这证明 ㉙ 成立. 根据数学归纳法,㉗ 成立,故定理 4 成立.

4. 一个数学猜想

能否找到其他形式的 A'_n 包含 H'_n 个连续自然数,使 $H'_n > H_n$ 呢? 若找不到,⑤ 中的 A_n 就是最佳形式,H_n 就是最优解,⑤ 中的 A_n 还有若干性质,特别是:

(1) $\min(C_{s+1, b_{n-s}}) = \min(C_{s+1}) = H_{s+1}, 1 \leqslant s \leqslant n-1$;

(2) 在 $C_{s+1, b_{n-s}}$ 中若添加比 $H_s + 1$ 小的自然数,就一定破坏 $C_{s+1, b_{n-s}}$ 的正则性.

因为 C_s 包含数字的平均密度很高,所以性质(1)和(2)具有很强的优越性.

当 $n=1,2,3$ 时,A_1, A_2, A_3 显然是最佳形式,H_1, H_2, H_3 都是最优解. ⑤ 中 A_n 里的正则组合又具有 ②,③ 中的 k 级集合的特殊形式. 这使人猜想:由 ⑤ 中 A_n 得到 H_n 可能是最优解. 进一步讨论已超出了本书的范围.

第 20 届国际数学奥林匹克英文原题

The twentieth International Mathematical Olympiads was held from July 1st to July 13th 1978 in the cities of Bushteni and Bucharest.

❶ Let m, n be natural numbers with $1 \leqslant m \leqslant n$. In their decimal representations, the last three digits of 1978^m are equal, respectively, to the last three digits of 1978^n. Find m and n such that $m+n$ has its least value. (Cuba)

❷ Let P be an interior point of a sphere. Three mutually perpendicular rays from P intersect the sphere at points A, B and C. Let Q be the vertex diagonally opposite to P in the parallelepiped determined by PA, PB and PC. Find the locus of Q for all such triads of rays from P. (USA)

❸ The set of all positive integers $\mathbf{N}^* = \{1, 2, 3, \cdots\}$ is the union of two disjoint subsets $\{f(1), f(2), \cdots, f(n), \cdots\}$ and $\{g(1), g(2), \cdots, g(n), \cdots\}$ where
$$f(1) < f(2) < \cdots < f(n) < \cdots$$
$$g(1) < g(2) < \cdots < g(n) < \cdots$$
and $g(n) = f(f(n)) + 1$, for all $n \geqslant 1$. Determine $f(240)$. (United Kingdom)

❹ In a triangle ABC the sides AB and AC are equal. A circle is tangent internally to the circumcircle of triangle ABC and also to sides AB, AC at P, Q respectively. Prove that the midpoint of segment PQ is the centre of the incircle of triangle ABC. (USA)

❺ Let $\{a_k\}_{k \geqslant 1}$ be a sequence of distinct positive integers. Prove that for all numbers n (France)

$$\sum_{k=1}^{n} \frac{a_k}{k^2} \geqslant \sum_{k=1}^{n} \frac{1}{k}$$

(Netherlands)

6 An international society has its members from six different countries. The list of members contains 1 978 names, numbered $1, 2, \cdots, 1\,978$. Prove that there is at least one member whose number is the sum of the numbers of two members from his own country, or twice as large as the number of one member from his own country.

第 20 届国际数学奥林匹克各国成绩表

1979,罗马尼亚

名次	国家或地区	分数（满分320）	金牌	奖牌 银牌	铜牌	参赛队人数
1.	罗马尼亚	237	2	3	2	8
2.	美国	225	1	3	3	8
3.	英国	201	1	2	2	8
4.	越南	200	—	2	6	8
5.	捷克斯洛伐克	195	—	2	3	8
6.	德意志联邦共和国	184	1	—	3	8
7.	保加利亚	182	—	1	3	8
8.	法国	179	—	2	4	8
9.	奥地利	174	—	3	2	8
10.	南斯拉夫	171	—	1	2	8
11.	荷兰	157	—	1	1	8
12.	波兰	156	—	—	2	8
13.	芬兰	118	—	—	2	8
14.	瑞典	117	—	—	1	8
15.	古巴	68	—	—	2	4
16.	土耳其	66	—	—	—	8
17.	蒙古	61	—	—	—	8

第 20 届国际数学奥林匹克预选题

❶ 集合 $M=\{1,2,\cdots,2n\}$ 被分成了 k 个互不相交的子集 $M_1,M_2,\cdots,M_k$，其中 $n\geqslant k^3+k$。证明：在 M 中存在偶数个数 $2j_1,2j_2,\cdots,2j_{k+1}$，它们属于同一个子集 $M_i(1\leqslant i\leqslant k)$ 中，使得 $2j_1-1,2j_2-1,\cdots,2j_{k+1}-1$ 也在同一个子集 $M_j(1\leqslant j\leqslant k)$ 中。

证法 1 由于共有 k 个子集，故由抽屉原则可知，必存在一个子集 M_s，使得 M_s 中至少含有 $\frac{2n}{k}\geqslant 2(k^2+1)$ 个元素。而由于 M_s 中的元素不是偶数就是奇数，因此仍然由抽屉原则可知，M_s 中必至少含有 k^2+1 个偶数或至少含有 k^2+1 个奇数。不妨设是前者。现在考虑这 k^2+1 个偶数中每个偶数之前的奇数，在这 k^2+1 个奇数中，必有多于 k 个数是属于同一子集的（否则，在这 k^2+1 个奇数中，属于同一个子集的数将至多有 k 个，因而 $\{1,2,\cdots,2n\}$ 就至少要被分成了 $\frac{k^2+1}{k}$ 个子集，由于 $\frac{k^2+1}{k}>k$，因此这与假设矛盾）。这也就是说，在这 k^2+1 个奇数中，至少要有 $k+1$ 个数是属于同一子集，比如说属于子集 M_t 的。现在子集 M_s 对应于这些数的 $k+1$ 个偶数就是符合要求的数。同理可证 M_s 中至少含有 k^2+1 个奇数的情况。

证法 2 对所有的 $i,j\in\{1,2,\cdots,k\}$，考虑集合 $N_{ij}=\{r\mid 2r\in M_i, 2r-1\in M_j\}$，那么 $\{N_{ij}\mid i,j\}$ 是 $\{1,2,\cdots,n\}$ 的 k^2 个子集，由于 $n\geqslant k^3+1$，因此这些子集中必有一个至少含有 $k+1$ 个元素，由此即可得出所需的结论。

注：当 $n=k^3$ 时，命题不一定成立。

❷ 设
$$f(x)=(x+2x^2+\cdots+nx^n)^2=a_2x^2+a_3x^3+\cdots+a_{2n}x^{2n}$$
证明
$$a_{n+1}+a_{n+2}+\cdots+a_{2n}=\binom{n+1}{2}\frac{5n^2+5n+2}{12}$$

❸ 求出所有使得方程
$$x^2 - 2x[x] + x - a = 0$$
有两个非负实根的实数 a. ($[x]$ 表示小于或等于 x 的最大整数)

❹ 在平面上给了两个定向相同的等边三角形 ABO 和 $A'B'O$, 其中 $\triangle ABO$ 的中心是 S, $A' \neq S$, $B' \neq S$. 设 M 是 $A'B$ 的中点而 N 是 AB' 的中点, 证明: $\triangle SB'M$ 和 $\triangle SA'N$ 相似.

解法 1 考虑平面上的变换 φ, 它由中心为 B, 位似系数为 2 的位似变换 H 和围绕 O 转动 $60°$ 的旋转 R (旋转的定向与所给三角形的定向一致) 复合而成. 我们直接看出, 这一变换是一个旋转位似. 我们也看出 H 把 S 映为 S 关于 OA 的对称点, 而 R 又把这一点映回 S. 因此 S 是这个映射的不动点, 因而也是 φ 的中心. 所以 φ 是关于 S 的转角为 $60°$ 的, 位似系数为 2 的旋转位似变换 (图 20.14).

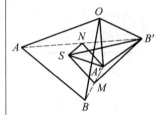

图 20.14

(事实上, 这也可以从下述事实看出: φ 保持三角形的角度不变并且把线段 SE 映到 SB 中看出, 其中 E 是 AB 的中点)

由于 $\varphi(M) = B'$, 我们可以得出 $\angle MSB' = 60°$ 以及 $SB'/SM = 2$. 类似的有 $\angle NSA' = 60°$ 和 $SA'/SN = 2$, 因此 $\triangle MSB'$ 和 $\triangle NSA'$ 相似.

解法 2 这里可能更简单的方法是使用复数. 把原点放在 O 处, 并用复数 a, a' 表示点 A, A' 以及用 ω 表示 1 的 6 次原根. 那么表示点 B, B', S 和 N 的复数就分别是 $b = \omega a$, $b' = \omega a'$, $s = (a + \omega a)/3$ 和 $n = (a + \omega a')/2$, 现在易于验证 $(n-s) = \omega(a'-s)/2$, 即 $\angle NSA' = 60°$ 和 $SA'/SN = 2$.

❺ 证明对任意 $\triangle ABC$, 在三角形所在的平面上存在一个点 P 以及分别在直线 BC, AC 和 AB 上的三个点 A', B', C', 使得
$$AB \cdot PC' = AC \cdot PB' = BC \cdot PA' = 0.3M^2$$
其中 $M = \max\{AB, AC, BC\}$.

❻ 证明: 对所有 $x > 1$, 都存在一个边长为 $P_1(x) = x^4 + x^3 + 2x^2 + x + 1$, $P_2(x) = 2x^3 + x^2 + 2x + 1$ 和 $P_3(x) = x^4 - 1$ 的三角形. 证明所有这些三角形都有相同的最大角, 并算出这个角.

❼ 设 $n>m\geqslant 1$ 是使得 1978^m,1978^n 的十进表示中末三位数相同的自然数组,求出使得 $m+n$ 最小的有序对 (m,n).

注 本题为第 20 届国际数字奥林匹克竞赛题第 1 题.

❽ 给出两个 $\triangle A_1A_2A_3$ 和 $\triangle B_1B_2B_3$,其面积分别为 Δ_A 和 Δ_B. $A_iA_k>B_iB_k$,$i,k=1,2,3$.证明:如果 $\triangle A_1A_2A_3$ 不是钝角三角形,那么 $\Delta_A\geqslant\Delta_B$.

❾ 设 T_1 是边长为 a,b,c 的三角形,T_2 是边长为 u,v,w 的三角形.如果 P,Q 是这两个三角形的面积,试求
$$16PQ\leqslant a^2(-u^2+v^2+w^2)+b^2(u^2-v^2+w^2)+c^2(u^2+v^2-w^2)$$
等号什么时候成立?

解 设 γ 和 φ 分别是在 T_1 和 T_2 中 c 和 w 所对的角.由余弦定理可知,要证的不等式可变换成
$$a^2(2v^2-2uv\cos\varphi)+b^2(2u^2-2uv\cos\varphi)+$$
$$2(a^2+b^2-2ab\cos\gamma)uv\cos\varphi\geqslant 4abuv\sin\gamma\sin\varphi$$
这等价于
$$2(a^2v^2+b^2u^2)-4abuv(\cos\gamma\cos\varphi+\sin\gamma\sin\varphi)\geqslant 0$$
即
$$2(av-bu)^2+4abuv(1-\cos(\gamma-\varphi))\geqslant 0$$
此式显然成立.当且仅当 $\gamma=\varphi$ 以及 $a/b=u/v$,即两个三角形相似时,等号成立.这里 a 对应于 u,而 b 对应于 v.

❿ 证明:对任意自然数 n,存在两个素数 p,q,$p\neq q$,使得 n 整除它们之差.

⓫ 求出所有具有以下性质的自然数 $n<1978$:如果 m 是一个自然数,$1<m<n$ 且 $(m,n)=1$(即 m,n 是互素的),则 m 是素数.

⓬ 方程 $x^3+ax^2+bx+c=0$ 有三个实根 t,u,v(不一定是不同的),对哪些 a,b,c,数 t^3,u^3,v^3 是方程 $x^3+a^3x^2+b^3x+c^3=0$ 的根?

⑬ 卫星 A 和 B 在赤道平面上以高度 h 环绕地球转动,它们之间的距离为 $2r$,其中 r 是地球的半径.对什么 h 值,可以从赤道上的某个点在互相垂直的方向上看到它们.

⑭ 设 $p(x,y)$ 和 $q(x,y)$ 是两个二元多项式,对 $x \geqslant 0, y \geqslant 0$ 具有以下性质:

(1) 对每个固定的 y,$p(x,y)$ 和 $q(x,y)$ 是 x 的递增函数;

(2) 对每个固定的 x,$p(x,y)$ 是 x 的递增函数而 $q(x,y)$ 是 x 的递减函数;

(3) 对每个 x,$p(x,0)=q(x,0)$,且 $p(0,0)=0$.

证明:方程组 $p(x,y)=a, q(x,y)=b$ 当 $0 \leqslant b \leqslant a$ 时在集合 $x \geqslant 0, y \geqslant 0$ 中有唯一的解,但是当 $b < a$ 时,在集合 $x \geqslant 0, y \geqslant 0$ 中没有解.

⑮ 证明:对每个与 10 互素的正整数 n,都存在一个 n 的倍数,在其十进表示式中没有数字 1.

⑯ 设 $\varphi:\{1,2,3,\cdots\} \to \{1,2,3,\cdots\}$ 是单射.证明:对所有的 n 有

$$\sum_{k=1}^{n} \frac{\varphi(k)}{k^2} \geqslant \sum_{k=1}^{n} \frac{1}{k}$$

注 此题为第 20 届国际数学奥林匹克竞赛题第 5 题.

⑰ 证明:对任意满足等式 $xy-z^2=1$ 的正整数 x,y,z,可以求出非负整数 a,b,c,d 使得 $x=a^2+b^2, y=c^2+d^2, z=ac+bd$.

令 $z=(2q)!$ 而推出对任意素数 $p=4q+1$,p 可表示成两个整数的平方和.

证法 1 设 $z_0 \geqslant 1$ 是一个正整数,假设命题对所有的三元组 $(x,y,z), z < z_0$ 为真,我们将证明命题对 $z=z_0$ 也为真.

如果 $z_0=1$,那么显然不可能有 $x_0=y_0$,因而我们从 $(x_0, y_0, z_0), z_0 > 1, x_0 < y_0$ 开始,由定义

$$x = z_0, y = x_0 + y_0 - 2z_0, z = z_0 - x_0$$

得出另一个新的三元组.

首先我们断言 x,y,z 都是正整数.对 x,z 这是显然的,由于

$$y = x_0 + y_0 - 2z_0 \geqslant 2(\sqrt{x_0 y_0} - z_0) > 2(z_0 - z_0) = 0$$

因此 y 也是正整数. 此外还有 $xy - z^2 = x_0(x_0 + y_0 - 2z_0) - (z_0 - x_0)^2 = x_0 y_0 - z_0^2 = 1$, 以及由假设有 $z < z_0$, 我们就得出命题对 x, y, z 也成立. 那样, 对某几个非负整数 a, b, c, d 我们有
$$x = a^2 + b^2, y = c^2 + d^2, z = ac + bd$$
但是我们也可得出关于 x_0, y_0, z_0 的这种表示
$$x_0 = a^2 + b^2, y_0 = (a+c)^2 + (b+d)^2, z_0 = a(a+c) + b(b+d)$$

对问题的第二部分, 我们注意对 $z = (2q)!$, 由 Wilson 定理有
$$z^2 = (2q)!\,(2q)(2q-1)\cdots 1 \equiv$$
$$(2q)!\,(-(2q+1))(-(2q+2))\cdots(-4q) =$$
$$(-1)^{2q}(4q)! \equiv -1 \pmod{p}$$

因此对某个正整数 $y > 0$ 成立, $p \mid z^2 + 1 = py$. 现在从问题的第一部分就得出存在整数 a, b 使得 $x = p = a^2 + b^2$.

证法 2 另一种方法是使用 Gauss 整数的算数.

引理 设 m, n, p, q 是 $\mathbf{Z}$ 或任意唯一分解域中使得 $mn = pq$ 的元素. 那么必存在元素 a, b, c, d 使得 $m = ab, n = cd, p = ac, q = bd$.

证明是直接的, 例如, 通过把 m, n, p, q 分解为素因子即可.

现对 Gauss 整数 (由于 $\mathbf{Z}[i]$ 具有唯一分解性质) 应用引理, 并注意
$$xy = z^2 + 1 = (z + i)(z - i)$$
因此我们有对某几个 $a, b, c, d \in \mathbf{Z}[i]$
$$x = ab, y = cd, z + i = ac \text{ 以及 } z - i = bd$$
设 $a = a_1 + a_2 i, b = b_1 + b_2 i, c = c_1 + c_2 i, d = d_1 + d_2 i$, 那么由上式可以得出
$$(a_1, a_2) = \cdots = (d_1, d_2)$$
因而有 $b = \bar{a}, c = \bar{d}$, 这样, 由 $x = ab = a\bar{a} = a_1^2 + a_2^2, y = d\bar{d} = d_1^2 + d_2^2$ 和 $z + i = (a_1 d_1 + a_2 d_2) + i(a_2 d_1 - a_1 d_2) \Rightarrow z = a_1 d_1 + a_2 d_2$ 就立刻得出命题.

❶⑧ 给出自然数 n, 证明: 在圆 $(O(0,0), \sqrt{n})$ 内的整点的个数 $M(n)$ 满足
$$\pi n - 5\sqrt{n} + 1 < M(n) < \pi n + 4\sqrt{n} + 1$$

⑲ 考虑平面上三条不同的半直线 Ox, Oy, Oz. 证明: 存在唯一的三个点 $A \in Ox, B \in Oy, C \in Oz$ 使得 $\triangle OAB$, $\triangle OBC, \triangle OCA$ 的周长都等于一个给定的数 $2p > 0$.

证明 设 $x = OA, y = OB, z = OC, \alpha = \angle BOC, \beta = \angle COA$, $\gamma = \angle AOB$. 从所给条件可以得出方程 $x + y + \sqrt{x^2 + y^2 - 2xy \cos \gamma} = 2p$, 这个方程又可化为 $(2p - x - y)^2 = x^2 + y^2 - 2xy \cos \gamma$, 即 $(p-x)(p-y) = xy(1 - \cos \gamma)$, 因而

$$\frac{p-x}{x} \cdot \frac{p-y}{y} = 1 - \cos \gamma$$

同理可得 $\dfrac{p-y}{y} \cdot \dfrac{p-z}{z} = 1 - \cos \alpha, \dfrac{p-z}{z} \cdot \dfrac{p-x}{x} = 1 - \cos \beta$.

令 $u = \dfrac{p-x}{x}, v = \dfrac{p-y}{y}, w = \dfrac{p-z}{z}$, 那么, 上面的方程组就成为

$$uv = 1 - \cos \gamma, vw = 1 - \cos \alpha, wu = 1 - \cos \beta$$

而此方程组有唯一的正实数解 $u, v, w: u = \sqrt{\dfrac{(1-\cos \beta)(1-\cos \gamma)}{1-\cos \alpha}}, \cdots$. 最后 x, y, z 的值可由 u, v, w 唯一确定.

注: 三条直线不必一定处于同一平面中. 此外, 此处的三条直线可换成任意奇数条直线.

⑳ 设 O 是一个圆的圆心, OU, OV 是这个圆的互相垂直的半径, 弦 PQ 通过 UV 的中点 M. 设 W 使得 $PM = PW$, 其中 U, V, M, W 共线. 设 R 使得 $PR = MQ$, 其中 R 位于直线 PW 上, 证明: $MR = UV$.

问题的另一种说法: 圆 S 的圆心为 O, 半径为 r. 设 M 是一个距离 O 为 $\dfrac{r}{\sqrt{2}}$ 的点, 设 PMQ 是 S 的弦. 点 N 由关系式 $\overrightarrow{PN} = \overrightarrow{MQ}$ 定义, R 是 N 对通过点 P 并平行于 OM 的直线的反射点. 证明: $MR = \sqrt{2} r$.

㉑ 一个圆分别和正方形的边 AB, BC, CD, DA 切于 K, L, M, N。BU, KV 是使得 U 在 DM 而 V 在 DN 上的平行线. 证明: UV 与圆相切.

㉒ 两个非零整数 x, y (不一定是正的) 使得 $x+y$ 是 x^2+y^2 的因子, 而 $\dfrac{x^2+y^2}{x+y}$ 是 1 978 的因子. 证明: $x=y$.

㉓ 设 S 是所有不是 5 的倍数且小于 $30m$ 的正奇数的集合, 其中 m 是一个任意正数. 具有以下性质的最小整数 k 是什么? 任取 S 的由 k 个整数组成的子集, 其中必有两个不同的整数, 使得其中一个可以整除另一个.

解 S 的子集 $\{a_i\}=\{1,7,11,13,17,19,23,29,\cdots,30m-1\}$ 包含了 S 中所有不是 3 的倍数的元素, 一共有 $8m$ 个那种元素. S 中每个元素都可唯一的被表示成 $3^t a_i$ 的形式, 其中 $t \geq 0$. 因此在 S 的拥有 $8m+1$ 个元素的子集中, 必在某两个元素的这种表示式中具有相同的 a_i, 因而其中一个元素必可整除另一个元素.

另一方面, 对每个 $i=1,2,\cdots,8m$, 必可选择一个 $t \geq 0$, 使得 $10m < b_i = 3^t a_i < 30m$. 那样在区间 $(10m, 30m)$ 中就存在 $8m$ 个 b_i, 而这些 b_i 具有性质: 其中任意两个的商都小于 3. 因此它们之中不存在两个元素, 使得其中一个元素可整除另一个元素. 因而答案就是 $8m$.

㉔ 设 $\{f(n)\}$ 是严格递增的正整数的序列: $0 < f(1) < f(2) < f(3) < \cdots$, 如果不属于这个序列的第 n 个正整数是 $f(f(n))+1$, 确定 $f(240)$.

注 此题为第 20 届国际数学奥林匹克竞赛题第 3 题.

㉕ 考虑多项式 $P(x)=ax^2+bx+c$, 其中 $a>0$, 而 $P(x)$ 有两个实根 x_1, x_2. 证明: 当且仅当 $a+b+c \geq 0, a-b+c \geq 0, a-c \geq 0$ 时, 这两个根的绝对值都小于或等于 1.

㉖ 对每个整数 $d \geqslant 1$，设 M_d 是所有不能写成一个至少有两项，公差为 d，项为正整数的等差级数之和的整数的集合. 设 $A = M_1, B = M_1 \setminus \{2\}, C = M_3$，证明：任意 $c \in C$ 可以用唯一的方式写成 $c = ab$，其中 $a \in A, b \in B$.

证明 我们首先确切地描述集合 M_1 和 M_2 中的元素.

$x \notin M_1$ 等价于对某两个自然数 $n, a, n \geqslant 2$，有 $x = a + (a+1) + \cdots + (a+n-1) = n(2a+n-1)/2$，在数 n 和 $2a+n-1$ 之中，一个是偶数，另一个是奇数，并且二者都大于 1，因此 x 有一个大于等于 3 的奇数因子. 另一方面，对每个有奇数因子 $p \geqslant 3$ 的 x，易于看出都存在对应的 a, n，因此 $M_1 = \{2^k \mid k = 0, 1, 2, \cdots\}$.

$x \notin M_2$ 等价于 $x = a + (a+2) + \cdots + (a+2(n-1)) = n(a+n-1)$，其中 $n \geqslant 2$. 即 x 是复合数，因此 $M_2 = \{1\} \cup \{p \mid p$ 是素数$\}$.

$x \notin M_3$ 等价于 $x = a + (a+3) + \cdots + (a+3(n-1)) = n(2a+3(n-1))/2$. 剩下的事是说明，每个 $c \in M_3$ 都可以写成 $c = 2^k p$ 的形式，其中 p 是素数. 假设不然，那么 $c = 2^k pq$，其中 p, q 是奇数并且 $q \geqslant p \geqslant 3$. 那么就存在正整数 $a, n(n \geqslant 2)$，使得 $c = n(2a+3(n-1))/2$，因此 $c \notin M_3$. 实际上，如果 $k = 0$，那么 $n = 2$，因而成立 $2a + 3 = pq$；否则令 $n = p$，我们得出 $a = 2^k q - 3(p-1)/2 \geqslant 2q - 3(p-1)/2 \geqslant (p+3)/2 > 1$.

㉗ 确定 $(\sqrt{1978} + [\sqrt{1978}])^{20}$ 的小数点后的第 6 位数.

㉘ 设 c, s 是定义在 $\mathbf{R} \setminus \{0\}$ 上的在任意区间上不是常数的实函数，且满足
$$c\left(\frac{x}{y}\right) = c(x)c(y) - s(x)s(y), x \neq 0, y \neq 0$$
证明：(1) 对任意 $x \neq 0, c(1) = 1, s(1) = s(-1) = 0$，成立 $c(1/x) = c(x), s(1/x) = -s(x)$；

(2) c 和 s 或者都是偶函数或者都是奇函数（如果一个函数 $f(x)$ 对所有的 x 满足 $f(x) = f(-x)$，则称其为偶函数，如果一个函数 $f(x)$ 对所有的 x 满足 $f(x) = -f(-x)$，则称其为奇函数）. 求出所有还满足 $c(x) + s(x) = x^n$ 的函数 c 和 s，其中 n 是一个给定的正整数.

㉙ 给出非常数的函数 $f: \mathbf{R}^+ \to \mathbf{R}$，使得对所有 $x, y > 0$ 成立 $f(xy) = f(x)f(y)$. 求出对所有 $x, y > 0$ 满足

$$c\left(\frac{x}{y}\right) = c(x)c(y) - s(x)s(y)$$

和对所有 $x > 0$ 满足 $c(x) + s(x) = f(x)$ 的函数 $c, s: \mathbf{R}^+ \to \mathbf{R}$.

㉚ 一个国际组织由 6 个国家组成. 这个组织共有 1 978 个成员, 并分别用 $1, 2, \cdots, 1\,978$ 编号. 证明: 至少存在一个成员, 其编号是与他相同的国家的两个成员 (这两个成员不必是不同的) 的编号之和 (有的版本翻译为其编号与他的两个同胞的编号之和相等或是他的一个同胞的编号的二倍).

注 此题为第 20 届国际数学奥林匹克竞赛题第 6 题.

㉛ 设多项式
$$P(x) = x^n + a_{n-1}x^{n-1} + \cdots + a_1 x + a_0$$
和多项式
$$Q(x) = x^m + b_{m-1}x^{m-1} + \cdots + b_1 x + b_0$$
满足等式
$$P^2(x) = (x^2 - 1)Q^2(x) + 1$$
证明等式
$$P'(x) = nQ(x)$$

㉜ 设 C 是坐标平面上以 $(0,0), (0, 1\,978), (1\,978, 0), (1\,978, 1\,978)$ 为顶点的正方形的外接圆, 证明: C 的圆周上没有整点.

㉝ 实数序列 $\{a_n\}_0^\infty$ 称为是凸的, 如果对所有的正整数 n, 成立 $2a_n \leqslant a_{n-1} + a_{n+1}$. 设 $\{b_n\}_0^\infty$ 是正数的序列, 且对任意 $\alpha > 0$, $\{\alpha^n b_n\}_0^\infty$ 是凸的. 证明: 序列 $\{\log b_n\}_0^\infty$ 是凸的.

㉞ 定义在区间 I 上的函数 $f: I \to \mathbf{R}$ 称为是凹的, 如果对所有的 $x, y \in I, 0 \leqslant \theta \leqslant 1$, 都有 $f(\theta x + (1-\theta)y) \geqslant \theta f(x) + (1-\theta)f(y)$. 设函数 $f_1, \cdots, f_n$ 的函数值都是非负的, 证明: $(f_1 f_2 \cdots f_n)^{1/n}$ 是凹的.

证明 设 $F(x) = f_1(x) \cdots f_n(x)$, 那么由于 $f_1(x), \cdots, f_n(x)$ 都是凸的, 故

$$F(\theta x + (1-\theta)y) \geq \prod_{i=1}^{n}(\theta f_i(x) + (1-\theta)f_i(y)) =$$
$$\sum_{k=0}^{n}\theta^k(1-\theta)^{n-k}\sum f_{i_1}(x)\cdots f_{i_k}(x)f_{i_{k+1}}(y)\cdots f_{i_n}(y)$$

其中第二个和号遍历所有 $\binom{n}{k}$ 个 $\{1,\cdots,n\}$ 的 k 子集.

利用算数 — 几何平均不等式，同时注意在 $\sum f_{i_1}(x)\cdots f_{i_k}(x)f_{i_{k+1}}(y)\cdots f_{i_n}(y)$ 中共有 $\binom{n}{k}$ 项，并且，在每一项中仅有一个 $f_{i_j}(x)$ 与其他的项不同，因此在所得的平均不等式的右边，每一个 $f_{i_j}(x)$ 的指数将都是 $\binom{n-1}{k-1}$. 同理，每一项 $f_{i_j}(y)$ 的指数都是 $\binom{n-1}{n-k-1}$，就得出

$$\sum f_{i_1}(x)\cdots f_{i_k}(x)f_{i_{k+1}}(y)\cdots f_{i_n}(y) \geq \binom{n}{k} F^{\frac{\binom{n-1}{k-1}}{\binom{n}{k}}}(x) F^{\frac{\binom{n-1}{n-k-1}}{\binom{n}{k}}}(y) =$$
$$\binom{n}{k} F^{\frac{k}{n}}(x) F^{\frac{n-k}{n}}(y)$$

把上式代入前面的不等式并利用二项式公式就得出
$$F(\theta x + (1-\theta)y) \geq \sum_{k=0}^{n}\theta^k(1-\theta)^{n-k}F(x)^{\frac{k}{n}}F(y)^{\frac{n-k}{n}} =$$
$$(\theta F(x)^{\frac{1}{n}} + (1-\theta)F(y)^{\frac{1}{n}})^n$$

两边再开 n 次方就证明了所要的结果.

㉟ 实数序列 $\{a_n\}_0^N$ 称为是凹的，如果对所有的正整数 $1 \leq n \leq N-1$，成立 $2a_n \geq a_{n-1} + a_{n+1}$.

(1) 证明：对每个正的凹序列，都存在常数 $C > 0$，使得
$$\left(\sum_{n=0}^{N}a_n\right)^2 \geq C(N-1)\sum_{n=0}^{N}a_n^2;$$

(2) 证明(1)中的不等式对 $C = \dfrac{3}{4}$ 成立，且此常数是最好的.

㊱ 把 1 到 1 000 的整数从 1 开始按照自然顺序排在一个圆的圆周上，每隔 15 个数做一个标记(即给数 1, 16, 31, ⋯ 做上标记)，将此过程一直进行下去，直到达到已标记过的数为止. 问还有多少个数未做过标记？

37 化简
$$\frac{1}{\log_a(abc)} + \frac{1}{\log_b(abc)} + \frac{1}{\log_c(abc)}$$
其中 a,b,c 都是正实数.

38 给定一个圆,构造一根弦使它被两个不共线的半径三等分.

39 A 是一个各位数字都是 1 的 $2m$ 位正整数,B 是一个各位数字都是 4 的 m 位正整数. 证明:$A+B+1$ 是一个完全平方.

40 如果 $C_n^p = \frac{n!}{p!(n-p)!}(p \geq 1)$,证明恒等式
$$C_n^p = C_{n-1}^{p-1} + C_{n-2}^{p-1} + \cdots + C_p^{p-1} + C_{p-1}^{p-1}$$
然后估计和
$$S = 1 \times 2 \times 3 + 2 \times 3 \times 4 + \cdots + 97 \times 98 \times 99$$

41 在 $\triangle ABC$ 中有 $AB = AC$. 一个圆和 $\triangle ABC$ 的外接圆相切,并分别在点 P,Q 处和 $\triangle ABC$ 的边 AB,AC 相切. 证明:PQ 的中点是 $\triangle ABC$ 的内切圆圆心.

注 此题为第 20 届国际数学奥林匹克竞赛题第 4 题.

42 A,B,C,D,E 是圆心为 O 半径为 r 的圆上的点. 弦 AB,DE 互相平行并且长度都等于 x,作对角线 AC,AD,BE,CE. 如果过点 O 的线段 XY 与 AC 交于 X 并与 EC 交于 Y. 证明:直线 BX 和 DY 交于圆上某点 Z 处.

43 如果 p 是一个大于 3 的素数,证明:分数 $\frac{3}{p^2}, \frac{4}{p^2}, \cdots, \frac{p-2}{p^2}$ 之中至少有一个分数可表示成 $\frac{1}{x} + \frac{1}{y}$ 的形式,其中 x,y 是正整数.

44 在 $\triangle ABC$ 中,$\angle C = 60°$,证明:$\frac{c}{a} + \frac{c}{b} \geq 2$.

45 如果 $r > s > 0$ 且 $a > b > c$,证明
$$a^r b^s + b^r c^s + c^r a^s \geq a^s b^r + b^s c^r + c^s a^r$$

46 在半径为 R 的球面内部任意给出一点 P。从点 P 向球面上作三个互相垂直的线段 PA, PB, PC，求当点 P 固定时，以 PA, PB, PC 为边的长方体的与点 P 相对的顶点 Q 的轨迹。

注 此题为第 20 届国际数学奥林匹克竞赛题第 2 题。

47 给出表达式
$$P_n(x) = \frac{1}{2^n}\left[(x+\sqrt{x^2-1})^n + (x-\sqrt{x^2-1})^n\right]$$

证明：(1) $P_n(x)$ 满足恒等式
$$P_n(x) - xP_{n-1}(x) + \frac{1}{4}P_{n-2}(x) \equiv 0$$

(2) $P_n(x)$ 是 x 的 n 次多项式。

48 证明：当且仅当 n 是偶数或 $n=1$ 时，可把 $2n(2n+1)$ 块尺寸为 $1 \times 2 \times (n+1)$ 的长方体肥皂放进一个边长为 $2n+1$ 的立方体中。

注：放置时，假设肥皂的边平行于立方体的边。

证明 我们用自然的方法给每一块肥皂一个标记 (a_1, a_2, a_3)，$a_i \in \{1, 2, \cdots, 2n+1\}$，这表示这块肥皂位于 x-轴方向的第 a_1 排，y-轴方向的第 a_2 列，以及 z-轴方向的第 a_3 层。我们称未被任何肥皂占据的小立方块为一个空格。

现在分以下几种情况加以讨论。

(1) $n=1$。这时，6 个 $1 \times 2 \times 2$ 的肥皂块可以按以下方式放置
$$[(1,1,1),(2,2,1)], [(3,1,1),(3,2,2)], [(2,3,1),(3,3,2)]$$
其余三块则按关于立方体中心对称的位置放置（其中 $[A,B]$ 表示 $1 \times 2 \times 2$ 矩形的对角位置）。

图 20.15 是 $n=1$ 时，放置肥皂的示意图（为看的更清楚，此图的放置方法与上述方法并不一致，注意，三个空格处于立方体对角线的位置，其中最中间的空格在外面看不到）

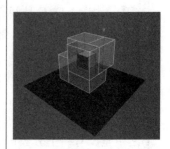

图 20.15

(2) n 是偶数。这时 $2n+1$ 个平面 $P_k = \{(a_1, a_2, k) \mid a_i = 1, \cdots, 2n+1\}$ 中的每一个都可以放置 $2n$ 个肥皂块。事实上，P_k 可以被分成角上的 4 个 $n \times (n+1)$ 的矩形和中心的一个空格，而每个 $n \times (n+1)$ 矩形可放置 $\frac{n}{2}$ 块肥皂。

(3) n 是大于或等于 3 的奇数，这时不可能把 $2n(2n+1)$ 块尺

寸为 $1\times 2\times(n+1)$ 的长方体肥皂放进一个边长为 $2n+1$ 的立方体中.

首先证明 $n=3$ 的情况. 这时如图 20.16 我们首先将 $7\times7\times7$ 立方块中的每一个位置为 (a_1,a_2,a_3) 小块按下述方法染色:

如果其中三个坐标都等于 4,则将其染成蓝色(也就是把 (4,4,4) 块染成蓝色,这个块的位置在立方体的正中心,从外面看不见);

如果其中两个坐标都等于 4,则将其染成红色(也就是从蓝色块开始按上下左右前后 6 个方向直到立方块表面的 18 个小方块,在图 20.16 中用深黑色表示);

如果其中只有一个坐标等于 4,则将其染成黄色(在图 20.16 中用浅灰色表示);

其他的小方块不染色,称为无色块.

由此可知,经过染色后,$7\times7\times7$ 立方体中共有 1 个蓝色块,18 个红色块,108 个黄色块和 216 个无色块.

通过上述染色,可把每一个 $7\times7\times7$ 立方体中的 $1\times2\times4$ 的块(这种块我们称之为一个基本块)分成以下 4 种类型:

T 类块:包含 1 个蓝色块,4 个红色块和 3 个黄色块(显然当用基本块填充立方体时,只可能有 1 个基本块);这种基本块我们称之为特殊基本块;

A 类块:包含 2 个红色块和 6 个黄色块;

B 类块:包含 1 个红色块,4 个黄色块和 3 个无色块;

C 类块:包含 2 个黄色块和 6 个无色块.

以上 3 种基本块我们称之为普通基本块.

此外还可知道,如果可用 42 个基本块填充 $7\times7\times7$ 立方体,则有 7 个小立方体不被占用,这种立方体我们称之为空块.

如果可把 $2n(2n+1)$ 个肥皂块互不重叠的放进一个边长为 $2n+1$ 的立方体内,则必成立以下命题:

引理 1 共有 $2n+1$ 个空块.

引理 1 的证明 空块的数目为 $(2n+1)^3-2n(2n+1)\cdot1\cdot2\cdot(n+1)=2n+1$.

引理 2 每块肥皂上至少含有一个颜色块.

引理 2 的证明 由于颜色块都位于中间层上,而 $2(n+1)>2n+1$,即在任何一个方向上都不可能互不重叠的放置两个肥皂块,因此任意一个肥皂块必然在某一方向上和中间层相交,这也就是说任意一个肥皂块上必至少含有一个颜色块.

引理 3 设 K_1,K_2,K_3 是大立方体的三个中间层,则每一个肥皂块必和某个中间层相交.

引理 3 的证明 如果某一个肥皂块和三个中间层都不相交,

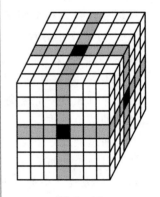

图 20.16

则由于颜色块都位于中间层上，因此这块肥皂上将不含颜色块，这与引理 1 矛盾．

引理 4　大立方体的每一个 $1 \times (2n+1) \times (2n+1)$ 平面层上必有且仅有一个空块．

引理 4 的证明　由于大立方体的每层上只可能有若干个 $1 \cdot 2, 2 \cdot (n+1)$ 或 $1 \cdot (n+1)$ 的肥皂块，而 $1 \cdot 2, 2 \cdot (n+1)$ 或 $1 \cdot (n+1)$ 都是偶数（由于 n 是奇数），因此大立方体的每一个平面上只可能含有偶数个肥皂块上的小块，但大立方体的每一层含有 $(2n+1)^2$ 个小方块，是个奇数，因此大立方体的每一层上必有空块（否则这一层上将含有奇数个肥皂块上的小块）．而由于按某一方向看，一共只有 $2n+1$ 个空块和 $2n+1$ 层，因此大立方体的每一层上只可能有一个空块（假若不然，则某一层上将没有空块，这与已证的结论矛盾）．

通过上述分类还可知成立以下引理：

引理 5　如果一个普通基本块中含有 m 个红色块，则它必同时包含 $2m+2$ 个黄色块．

方法 1．设 $B_1, B_2, \cdots, B_k$ 是所有放进大立方体内的肥皂块．

下面我们分两种情况证明：

情况 1．肥皂块不覆盖蓝色块．

如果可以把 42 块肥皂互不重叠的放进大正方体内，那么 $k = 42$．设 r_i 和 y_i 分别是每个肥皂块中的红色块和黄色块，那么由引理 4 可知

$$y_1 + y_2 + \cdots + y_{42} = 2 \times 42 + (3-1) \times (r_1 + r_2 + \cdots + r_{42})$$

由于蓝块是空块，而蓝块是三个中间层的公共块，因此根据引理 4 可知在三个中间层中不可能再有其他的空块，而红块都集中在中间层上（黄块则不然），由此可知，所有的红块都不是空块，这也就是说

$$r_1 + r_2 + \cdots + r_{42} = 18$$

把上述数字代入上式得出

$$y_1 + y_2 + \cdots + y_{42} = 2 \times 42 + 2 \times 18 = 84 + 36 = 120$$

这不可能，由于所有的黄块至多有 108 块．

情况 2．肥皂块覆盖蓝色块．

那么这块肥皂块上将含有 4 个红块，将这块肥皂拿走后，还剩 41 块肥皂．一共有 18 块红块，因此这 41 块肥皂中将含有 $18-4 = 14$ 或 $18-5 = 13$ 个红块（因为可能有一个红块是空块），但不管怎么说，至少要含有 13 个红块，因此在上面的式子中将有 $k=41$, $r_1 + r_2 + \cdots + r_{41} \geqslant 13$，因而我们有

$$y_1 + y_2 + \cdots + y_{41} = 2 \times 42 + 2 \times 15 = 84 + 30 = 114$$

与情况 1 同理，这不可能．

在一般情况下,总共有 1 个蓝块,$6n$ 个红块,$12n^2$ 个黄块和 $2n+1$ 个空块.

引理 1 ~ 引理 5 仍然成立.

在情况 1 中,$k=2n(2n+1)$,$r_1+r_2+\cdots+r_n=6n$,在情况 2 中,$k=2n(2n+1)-1$,$r_1+r_2+\cdots+r_n \geqslant 5n-2$,如 $n=3$ 那样,同理可得出矛盾.

方法 2. $n=3$ 时可像方法 1 中那样单独证明,以下设 n 是奇数,且 $n>3$.

假设不然,设 m_k 是长边垂直于中间层 $\pi_k(a_k=n+1)$ 的基本块(即 $1 \times 2 \times (n+1)$ 的长方体)的个数,其中 $k=1,2,3$. 由引理 2 可知,每一个肥皂块必和某个中间层相交,且互不重合,因此可把所有的肥皂块分成互不相交的 3 类,其总数就是所有的肥皂块数,即必有
$$m_1+m_2+m_3=2n(2n+1)$$
每个这种块只覆盖 π_k 中的两个方块,但是其他的基本块则覆盖 π_k 的 $n+1,2(n+1)$ 个方块. 由引理 4 可知,π_k 上仅含一个空块,因此必有
$$(2n+1)^2-1=2m_k+(n+1)x_k+2(n+1)y_k$$
(其中 x_k 和 y_k 分别是覆盖 π_k 的 $n+1,2(n+1)$ 个方块的肥皂块数). 因此
$$2m_k=(2n+1)^2-1-(n+1)x_k+2(n+1)y_k=$$
$$4n^2+4n-(n+1)x_k+2(n+1)y_k$$
从而 $n+1 \mid 2m_k$,所以
$$n+1 \mid (2m_1+2m_2+2m_3)=4n(2n+1)$$
但
$$\frac{4n(2n+1)}{n+1}=8n-4+\frac{4}{n+1}$$
由于 $n>3$,故 $\frac{4}{n+1}$ 不可能是整数,这与 $n+1 \mid 4n(2n+1)$ 矛盾,所得的矛盾便证明了所要的结果.

49 设 A,B,C,D 是空间中四个不同的点.

证明:(1) 利用线段 $AB+CD,AC+BD$ 和 $AD+BC$ 总可以构造一个非退化的没有钝角的三角形 T;

(2) 这四个点应该满足什么条件才能使 T 是一个直角三角形?

50 一个可变的四面体 $ABCD$ 有下列性质：它的边长和顶点都可变化，但是对边的长度相等（$BC=DA, CA=DB, AB=DC$）；顶点 A, B, C 分别在三个固定的同心的半径分别为 $3, 4, 12$ 的球面上变化．问 PD 的最大长度是多少？

51 求出 $\triangle ABC$ 的角度之间的关系，其高度 AH 和中线 AM 满足关系 $\angle BAH = \angle CAM$．

52 设 p 是一个素数，而 $A=\{a_1,\cdots,a_p\}$ 是任意自然数的子集，其元素都不能被 p 整除．按下述方式定义一个从 $P(A)$（A 的所有子集的集合）到集合 $P=\{0,1,\cdots,p-1\}$ 的映射：

(1) 如果 $B=\{a_{i_1},\cdots,a_{i_k}\} \subset A$ 且 $\sum_{j=1}^{k} a_{i_j} \equiv n \pmod{p}$，则 $f(B)=n$；

(2) $f(\varnothing)=0$，其中 $\varnothing$ 表示空集．

证明：对每个 $n \in P$，都存在 $B \subset A$ 使得 $f(B)=n$．

证明 设 $C_n=\{a_1,\cdots,a_n\}(C_0=\varnothing), P_n=\{f(B) \mid B \subset C_n\}$，我们断言 P_n 至少含有 $n+1$ 个不同的元素．首先注意 $P_0=\{0\}$ 含 1 个元素．假设对某个 $n, P_{n+1}=P_n$，由于 $P_{n+1}=\{a_{n+1}+r \mid r \in P_n\}$，这就得出如果 $r \in P_n$，则也有 $r+b_n \in P_n$．因而显然对所有的 k 有 $0 \in P_n$ 蕴含 $kb_n \in P_n$，因此 $P_{n+1}=P_n$ 至少有 $p \geqslant n+1$ 个元素．如果不存在上述 n，那么对所有的 n 成立 $P_{n+1} \supset P_n$ 且 $P_{n+1} \neq P_n$，那样 $|P_{n+1}| \geqslant |P_n|+1$，所以 $|P_n| \geqslant n+1$，这就是说有 $|P_{p-1}| \geqslant p$（这里所有的运算都是关于模 p 的）．

53 确定所有使得以下方程组
$$ax+by-cz=0$$
$$a\sqrt{1-x^2}+b\sqrt{1-y^2}-c\sqrt{1-z^2}=0$$
相容的正实数组 (a,b,c)，并求出其所有的实数解．

解 显然 $|x| \leqslant 1$．由于 x 遍历 $[-1,1]$，因而 $\boldsymbol{u}=(ax, a\sqrt{1-x^2})$ 遍历平面上所有具有非负分量，且长为 a 的向量．设 $\boldsymbol{v}=(by, b\sqrt{1-y^2}), \boldsymbol{w}=(cz, c\sqrt{1-z^2})$，则方程组成为 $\boldsymbol{u}+\boldsymbol{v}=\boldsymbol{w}$，其中向量 $\boldsymbol{u}, \boldsymbol{v}, \boldsymbol{w}$ 在上半平面中的长度分别为 a, b, c．那样 a, b, c 是三角形（可能是退化的）的三条边，即 $|a-b| \leqslant c \leqslant a+b$ 是必要条件．

反过来,如果 a,b,c 满足上面的必要条件,则我们可构造一个 $\triangle OMN$ 使得 $OM=a, ON=b, MN=c$. 如果向量 $\overrightarrow{OM}, \overrightarrow{ON}$ 有一个正的分量,因而其和也有正的分量,那么对每一个这种三角形,令 $\boldsymbol{u}=\overrightarrow{OM}, \boldsymbol{v}=\overrightarrow{ON}$ 和 $\boldsymbol{w}=\overrightarrow{OM}+\overrightarrow{ON}$ 就给出一组解,而每一组解也可被一个三角形给出. 这个三角形被条件 $\alpha=\angle MON=\angle(\boldsymbol{u},\boldsymbol{v})$ 和 $\beta=\angle(\boldsymbol{u},\boldsymbol{w})$ 唯一确定. 由此即可得出方程组的解为

$$x=\cos t, y=\cos(t+\alpha), z=\cos(t+\beta), t\in[0,\pi-\alpha]$$

或

$$x=\cos t, y=\cos(t-\alpha), z=\cos(t-\beta), t\in[\alpha,\pi]$$

❺❹ 设 p,q 和 r 是空间中三条没有平面和它们都平行的直线. 证明:存在三个互相垂直的分别包含 p,q 和 r 的平面 α,β 和 γ. ($\alpha\perp\beta, \beta\perp\gamma, \gamma\perp\alpha$)

附　录
IMO 背景介绍

第1章 引 言

第1节 国际数学奥林匹克

国际数学奥林匹克(IMO)是高中学生最重要和最有威望的数学竞赛.它在全面提高高中学生的数学兴趣和发现他们之中的数学尖子方面起着重要作用.

在开始时,IMO是(范围和规模)要比今天小得多的竞赛.在1959年,只有7个国家参加第1届IMO,它们是:保加利亚,捷克斯洛伐克,民主德国,匈牙利,波兰,罗马尼亚和苏联.从此之后,这一竞赛就每年举行一次.渐渐的,东方国家,西欧国家,直至各大洲的世界各地许多国家都加入进来(唯一的一次未能举办竞赛的年份是1980年,那一年由于财政原因,没有一个国家有意主持这一竞赛.今天这已不算一个问题,而且主办国要提前好几年排队).到第45届在雅典举办IMO时,已有不少于85个国家参加.

竞赛的形式很快就稳定下来并且以后就不变了.每个国家可派出6个参赛队员,每个队员都单独参赛(即没有任何队友协助或合作).每个国家也派出一位领队,他参加试题筛选并和其队员隔离直到竞赛结束,而副领队则负责照看队员.

IMO的竞赛共持续两天.每天学生们用四个半小时解题,两天总共要做6道题.通常每天的第一道题是最容易的而最后一道题是最难的,虽然有许多著名的例外(IMO1996—5是奥林匹克竞赛题中最难的问题之一,在700个学生中,仅有6人做出来了这道题).每题7分,最高分是42分.

每个参赛者的每道题的得分是激烈争论的结果,并且,最终,判卷人所达成的协议由主办国签名,而各国的领队和副领队则捍卫本国队员的得分公平和利益不受损失.这一评分体系保证得出的成绩是相对客观的,分数的误差极少超过2或3点.

各国自然地比较彼此的比分,只设个人奖,即奖牌和荣誉奖,在IMO中仅有少于$\frac{1}{12}$的参赛者被授予金牌,少于$\frac{1}{4}$的参赛者被授予金牌或银牌以及少于$\frac{1}{2}$的参赛者被授予金牌、银牌或者铜牌.在没被授予奖牌的学生之中,对至少有一个问题得满分的那些人授予荣誉奖.这一确定得奖的系统运行的相当完好.一方面它保证有严格的标准并且对参赛者分出适当的层次使得每个参赛者有某种可以尽力争取的目标.另一方面,它也保证竞赛有不依赖于竞赛题的难易差别的很大程度的宽容度.

根据统计,最难的奥林匹克竞赛是1971年,然后依次是1996年,1993年和1999年.得分最低的是1977年,然后依次是1960年和1999年.

竞赛题的筛选分几步进行.首先参赛国向IMO的主办国提交他们提出的供选择用的候选题,这些问题必须是以前未使用过的,且不是众所周知的新鲜问题.主办国不提出备选问题.命题委员会从所收到的问题(称为长问题单,即第一轮预选题)中选出一些问题(称为短问题单）提交由各国领队组成的 IMO 裁判团，裁判团再从第二轮预选题中选出 6 道题作为 IMO 的竞赛题.

除了数学竞赛外，IMO 也是一次非常大型的社交活动. 在竞赛之后，学生们有三天时间享受主办国组织的游览活动以及与世界各地的 IMO 参加者们互动和交往. 所有这些都确实是令人难忘的体验.

第 2 节　IMO 竞赛

已出版了很多 IMO 竞赛题的书[65]. 然而除此之外的第一轮预选题和第二轮预选题尚未被系统加以收集整理和出版，因此这一领域中的专家们对其中很多问题尚不知道. 在参考文献中可以找到部分预选题，不过收集的通常是单独某年的预选题. 参考文献[1]，[30]，[41]，[60]包括了一些多年的问题. 大体上，这些书包括了本书的大约 50% 的问题.

本书的目的是把我们全面收集的 IMO 预选题收在一本书中. 它由所有的预选题组成，包括从第 10 届以及第 12 届到第 44 届的第二轮预选题和第 19 届竞赛中的第一轮预选题. 我们没有第 9 届和第 11 届的第二轮预选题，并且我们也未能发现那两届 IMO 竞赛题是否是从第一轮预选题选出的或是否存在未被保存的第二轮预选题. 由于 IMO 的组织者通常不向参赛国的代表提供第一轮预选题，因此我们收集的题目是不全的. 在 1989 年题目的末尾收集了许多分散的第一轮预选题，以后有效的第一轮预选题的收集活动就结束了. 前八届的问题选取自参考文献[60].

本书的结构如下：如果可能的话，在每一年的问题中，和第一轮预选题或第二轮预选题一起，都单独列出了 IMO 竞赛题. 对所有的第二轮预选题都给出了解答. IMO 竞赛题的解答被包括在第二轮预选题的解答中. 除了在南斯拉夫举行的两届 IMO（由于爱国原因）之外，对第一轮预选题未给出解答，由于那将使得本书的篇幅不合理的加长. 由所收集的问题所决定，本书对奥林匹克训练营的教授和辅导教练是有益的和适用的. 通过在题号上附加 LL，SL，IMO 我们指出了题目的年号，是属于第一轮预选题，第二轮预选题还是竞赛题，例如（SL89—15）表示这道题是 1989 年第二轮预选题的第 15 题.

我们也给出了一个在我们的证明中没有明显地引用和导出的所有公式和定理一个概略的列表. 由于我们主要关注仅用于本书证明中的定理，我们相信这个列表中所收入的都是解决 IMO 问题时最有用的定理.

在一本书中收集如此之多的问题需要大量的编辑工作，我们对原来叙述不够确切和清楚的问题作了重新叙述，对原来不是用英语表达的问题做了翻译. 某些解答是来自作者和其他资源，而另一些解是本书作者所做.

许多非原始的解答显然在收入本书之前已被编辑. 我们不能保证本书的问题完全地对应于实际的第一轮预选题或第二轮预选题的名单. 然而我们相信本书的编辑已尽可能接近于原来的名单.

第 2 章 基本概念和事实

下面是本书中经常用到的概念和定理的一个列表. 我们推荐读者在(也许)进一步阅读其他文献前首先阅读这一列表并熟悉它们.

第 1 节 代 数

2.1.1 多项式

定理 2.1 二次方程 $ax^2+bx+c=0 (a,b,c \in \mathbf{R}, a \neq 0)$ 有解
$$x_{1,2} = \frac{-b \pm \sqrt{b^2-4ac}}{2a}$$

二次方程的判别式 D 定义为 $D^2 = b^2 - 4ac$, 当 $D < 0$ 时, 解是复数, 并且是共轭的; 当 $D = 0$ 时, 解退化成一个实数解; 当 $D > 0$ 时, 方程有两个不同的实数解.

定义 2.2 二项式系数 $\binom{n}{k}, n,k \in \mathbf{N}_0, k \leqslant n$ 定义为
$$\binom{n}{k} = \frac{n!}{i!\,(n-i)!}$$

对 $i > 0$, 它们满足
$$\binom{n}{i} + \binom{n}{i-1} = \binom{n+1}{i}$$

以及
$$\binom{n}{0} + \binom{n}{1} + \cdots + \binom{n}{n} = 2^n$$

$$\binom{n}{0} - \binom{n}{1} + \cdots + (-1)^n \binom{n}{n} = 0$$

$$\binom{n+m}{k} = \sum_{i=0}^{k} \binom{n}{i} \binom{m}{k-i}$$

定理 2.3 ((牛顿(Newton))二项式公式) 对 $x, y \in \mathbf{C}$ 和 $n \in \mathbf{N}$
$$(x+y)^n = \sum_{i=0}^{n} \binom{n}{i} x^{n-i} y^i$$

定理 2.4 (裴蜀(Bezout)定理) 多项式 $P(x)$ 可被二项式 $x-a (a \in \mathbf{C})$ 整除的充分必要条件是 $P(a) = 0$.

定理 2.5 (有理根定理) 如果 $x = \dfrac{p}{q}$ 是整系数多项式 $P(x) = a_n x^n + \cdots + a_0$ 的根, 且 $(p,q) = 1$, 则 $p \mid a_0, q \mid a_n$.

定理 2.6 (代数基本定理) 每个非常数的复系数多项式有一个复根.

定理 2.7 （爱森斯坦(Eisenstein)判据）设 $P(x)=a_n x^n+\cdots+a_1 x+a_0$ 是一个整系数多项式，如果存在一个素数 p 和一个整数 $k\in\{0,1,\cdots,n-1\}$，使得 $p\mid a_0,a_1,\cdots,a_k,p\nmid a_{k+1}$ 以及 $p^2\nmid a_0$，那么存在 $P(x)$ 的不可约因子 $Q(x)$，其次数至少是 k. 特别，如果 $k=n-1$，则 $P(x)$ 是不可约的.

定义 2.8 $x_1,\cdots,x_n$ 的对称多项式是一个在 $x_1,\cdots,x_n$ 的任意排列下不变的多项式，初等对称多项式是 $\sigma_k(x_1,\cdots,x_k)=\sum x_{i_1,\cdots,i_n}$（分别对 $\{1,2,\cdots,n\}$ 的 k-元素子集 $\{i_1,i_2,\cdots,i_k\}$ 求和）.

定理 2.9 （对称多项式定理）每个 $x_1,\cdots,x_n$ 的对称多项式都可用初等对称多项式 $\sigma_1,\cdots,\sigma_n$ 表出.

定理 2.10 （韦达(Vieta)公式）设 $\alpha_1,\cdots,\alpha_n$ 和 $c_1,\cdots,c_n$ 都是复数，使得
$$(x-\alpha_1)(x-\alpha_2)\cdots(x-\alpha_n)=x^n+c_1 x^{n-1}+c_2 x^{n-2}+\cdots+c_n$$
那么对 $k=1,2,\cdots,n$
$$c_k=(-1)^k\sigma_k(\alpha_1,\cdots,\alpha_n)$$

定理 2.11 （牛顿对称多项式公式）设 $\sigma_k=\sigma_k(x_1,\cdots,x_k)$ 以及 $s_k=x_1^k+x_2^k+\cdots+x_n^k$，其中 $x_1,\cdots,x_n$ 是复数，那么
$$k\sigma_k=s_1\sigma_{k-1}+s_2\sigma_{k-2}+\cdots+(-1)^k s_{k-1}\sigma_1+(-1)^k s_k$$

2.1.2 递推关系

定义 2.12 一个递推关系是指一个由序列 $x_n,n\in\mathbf{N}$ 的前面的元素的函数确定的如下的关系
$$x_n+a_1 x_{n-1}+\cdots+a_k x_{n-k}=0\ (n\geqslant k)$$

如果其中的系数 $a_1,\cdots,a_k$ 都是不依赖于 n 的常数，则上述关系称为 k 阶的线性齐次递推关系. 定义此关系的特征多项式为 $P(x)=x^k+a_1 x^{k-1}+\cdots+a_k$.

定理 2.13 利用上述定义中的记号，设 $P(x)$ 的标准因子分解式为
$$P(x)=(x-\alpha_1)^{k_1}(x-\alpha_2)^{k_2}\cdots(x-\alpha_r)^{k_r}$$
其中 $\alpha_1,\cdots,\alpha_r$ 是不同的复数，而 $k_1,\cdots,k_r$ 是正整数，那么这个递推关系的一般解由公式
$$x_n=p_1(n)\alpha_1^n+p_2(n)\alpha_2^n+\cdots+p_r(n)\alpha_r^n$$
给出，其中 p_i 是次数为 k_i 的多项式. 特别，如果 $P(x)$ 有 k 个不同的根，那么所有的 p_i 都是常数.

如果 $x_0,\cdots,x_{k-1}$ 已被设定，那么多项式的系数是唯一确定的.

2.1.3 不等式

定理 2.14 平方函数总是正的，即 $x^2\geqslant 0(\forall x\in\mathbf{R})$. 把 x 换成不同的表达式，可以得出以下的不等式.

定理 2.15 （伯努利(Bernoulli)不等式）
1. 如果 $n\geqslant 1$ 是一个整数，$x>-1$ 是实数，那么 $(1+x)^n\geqslant 1+nx$；
2. 如果 $\alpha>1$ 或 $\alpha<0$，那么对 $x>-1$ 成立不等式：$(1+x)^\alpha\geqslant 1+\alpha x$；
3. 如果 $\alpha\in(0,1)$，那么对 $x>-1$ 成立不等式：$(1+x)^\alpha\leqslant 1+\alpha x$.

定理 2.16 （平均不等式）对正实数 $x_1,\cdots,x_n$，成立 $QM \geqslant AM \geqslant GM \geqslant HM$，其中

$$QM = \sqrt{\frac{x_1^2 + \cdots + x_n^2}{n}}, AM = \frac{x_1 + \cdots + x_n}{n}$$

$$GM = \sqrt[n]{x_1 \cdots x_n}, HM = \frac{n}{\frac{1}{x_1} + \cdots + \frac{1}{x_n}}$$

所有不等式的等号都当且仅当 $x_1 = x_2 = \cdots = x_n$，数 QM, AM, GM 和 HM 分别被称为平方平均、算术平均、几何平均以及调和平均.

定理 2.17 （一般的平均不等式）设 $x_1,\cdots,x_n$ 是正实数，对 $p \in \mathbf{R}$，定义 $x_1,\cdots,x_n$ 的 p 阶平均为

$$M_p = \left(\frac{x_1^p + \cdots + x_n^p}{n}\right)^{\frac{1}{p}}, 如果 \ p \neq 0$$

以及

$$M_q = \lim_{p \to q} M_p, 如果 \ q \in \{\pm\infty, 0\}$$

特别，$\max x_i, QM, AM, GM, HM$ 和 $\min x_i$ 分别是 $M_\infty, M_2, M_1, M_0, M_{-1}$ 和 $M_{-\infty}$，那么

$$M_p \leqslant M_q, 只要 \ p \leqslant q$$

定理 2.18 （柯西－施瓦兹不等式）设 $a_i, b_i (i=1,2,\cdots,n)$ 是实数，则

$$\left(\sum_{i=1}^n a_i b_i\right)^2 \leqslant \left(\sum_{i=1}^n a_i^2\right)\left(\sum_{i=1}^n b_i^2\right)$$

当且仅当存在 $c \in \mathbf{R}$ 使得 $b_i = c a_i, i=1,\cdots,n$ 时，等号成立.

定理 2.19 （赫尔德不等式）设 $a_i, b_i (i=1,2,\cdots,n)$ 是非负实数，p,q 是使得 $\frac{1}{p} + \frac{1}{q} = 1$ 的正实数，则

$$\sum_{i=1}^n a_i b_i \leqslant \left(\sum_{i=1}^n a_i^p\right)^{\frac{1}{p}} \left(\sum_{i=1}^n b_i^q\right)^{\frac{1}{q}}$$

当且仅当存在 $c \in \mathbf{R}$ 使得 $b_i = c a_i, i=1,\cdots,n$ 时，等号成立. 柯西－施瓦兹不等式是赫尔德不等式在 $p = q = 2$ 时的特殊情况.

定理 2.20 （闵科夫斯基(Minkovski)不等式）设 $a_i, b_i, i=1,2,\cdots,n$ 是非负实数，p 是任意不小于 1 的实数，则

$$\left(\sum_{i=1}^n (a_i + b_i)^p\right)^{\frac{1}{p}} \leqslant \left(\sum_{i=1}^n a_i^p\right)^{\frac{1}{p}} + \left(\sum_{i=1}^n b_i^p\right)^{\frac{1}{p}}$$

当 $p > 1$ 时，当且仅当存在 $c \in \mathbf{R}$ 使得 $b_i = c a_i, i=1,\cdots,n$ 时，等号成立，当 $p = 1$ 时，等号总是成立.

定理 2.21 （切比雪夫(Chebyshev)不等式）设 $a_1 \geqslant a_2 \geqslant \cdots \geqslant a_n$ 以及 $b_1 \geqslant b_2 \geqslant \cdots \geqslant b_n$ 是实数，则

$$n \sum_{i=1}^n a_i b_i \geqslant \left(\sum_{i=1}^n a_i\right)\left(\sum_{i=1}^n b_i\right) \geqslant n \sum_{i=1}^n a_i b_{n+1-i}$$

当 $a_1 = a_2 = \cdots = a_n$ 或 $b_1 = b_2 = \cdots = b_n$ 时，上面的两个不等式的等号同时成立.

定义 2.22 定义在区间 I 上的实函数 f 称为是凸的，如果对所有的 $x, y \in I$ 和所有使得 $\alpha + \beta = 1$ 的 $\alpha, \beta > 0$，都有 $f(\alpha x + \beta y) \leqslant \alpha f(x) + \beta f(y)$，函数 f 称为是凹的，如果成立相反的不等式，即如果 $-f$ 是凸的.

定理 2.23 如果 f 在区间 I 上连续,那么 f 在区间 I 是凸函数的充分必要条件是对所有 $x,y \in I$,成立
$$f\left(\frac{x+y}{2}\right) \leqslant \frac{f(x)+f(y)}{2}$$

定理 2.24 如果 f 是可微的,那么 f 是凸函数的充分必要条件是它的导函数 f' 是不减的.类似地,可微函数 f 是凹函数的充分必要条件是它的导函数 f' 是不增的.

定理 2.25 (琴生不等式) 如果 $f:I \to R$ 是凸函数,那么对所有的 $\alpha_i \geqslant 0$, $\alpha_1 + \cdots + \alpha_n = 1$ 和所有的 $x_i \in I$ 成立不等式
$$f(\alpha_1 x_1 + \cdots + \alpha_n x_n) \leqslant \alpha_1 f(x_1) + \cdots + \alpha_n f(x_n)$$

对于凹函数,成立相反的不等式.

定理 2.26 (穆黑(Muirhead)不等式) 设 $x_1, x_2, \cdots, x_n \in \mathbf{R}^*$,对正实数的 n 元组 $a = (a_1, a_2, \cdots, a_n)$,定义
$$T_a(x_1, \cdots, x_n) = \sum y_1^{a_1} \cdots y_n^{a_n}$$

是对 $x_1, x_2, \cdots, x_n$ 的所有排列 $y_1, y_2, \cdots, y_n$ 求和. 称 n 元组 a 是优超 n 元组 b 的,如果
$$a_1 + a_2 + \cdots + a_n = b_1 + b_2 + \cdots + b_n$$

并且对 $k = 1, \cdots, n-1$
$$a_1 + \cdots + a_k \geqslant b_1 + \cdots + b_k$$

如果不增的 n 元组 a 优超不增的 n 元组 b,那么成立以下不等式
$$T_a(x_1, \cdots, x_n) \geqslant T_b(x_1, \cdots, x_n)$$

等号当且仅当 $x_1 = x_2 = \cdots = x_n$ 时成立.

定理 2.27 (舒尔(Schur)不等式) 利用对穆黑不等式使用的记号
$$T_{\lambda+2\mu,0,0}(x_1, x_2, x_3) + T_{\lambda,\mu,\mu}(x_1, x_2, x_3) \geqslant 2 T_{\lambda+\mu,\mu,0}(x_1, x_2, x_3)$$

其中 $\lambda, \mu \in \mathbf{R}^*$,等号当且仅当 $x_1 = x_2 = x_3$ 或 $x_1 = x_2, x_3 = 0$ (以及类似情况) 时成立.

2.1.4 群和域

定义 2.28 群是一个具有满足以下条件的运算" $*$ "的非空集合 G:
(1) 对所有的 $a, b, c \in G, a*(b*c) = (a*b)*c$;
(2) 存在一个唯一的加法元 $e \in G$ 使得对所有的 $a \in G$ 有 $e*a = a*e = a$;
(3) 对每一个 $a \in G$,存在一个唯一的逆元 $a^{-1} = b \in G$ 使得 $a*b = b*a = e$.
如果 $n \in \mathbf{Z}$,则当 $n \geqslant 0$ 时,定义 a^n 为 $a*a*\cdots*a(n$ 次$)$,否则定义为 $(a^{-1})^{-n}$.

定义 2.29 群 $\Gamma = (G, *)$ 称为是交换的或阿贝尔群,如果对任意 $a, b \in G, a*b = b*a$.

定义 2.30 集合 A 生成群 $(G, *)$,如果 G 的每个元用 A 的元素的幂和运算" $*$ "得出. 换句话说,如果 A 是群 G 的生成子,那么每个元素 $g \in G$ 就可被写成 $a_1^{i_1} * \cdots * a_n^{i_n}$,其中对 $j = 1, 2, \cdots, n, a_j \in A$ 而 $i_j \in \mathbf{Z}$.

定义 2.31 当存在使得 $a^n = e$ 的 n 时,$a \in G$ 的阶是使得 $a^n = e$ 成立的最小的 $n \in \mathbf{N}$. 一个群的阶是指其元素的个数,如果群的每个元素的阶都是有限的,则称其为有限阶的.

定义 2.32 (拉格朗日定理) 在有限群中,元素的阶必整除群的阶.

定义 2.33 一个环是一个具有两种运算"+"和"·"的非空集合 R 使得 $(R, +)$ 是阿贝尔

群，并且对任意 $a,b,c \in R$，有

(1) $(a \cdot b) \cdot c = a \cdot (b \cdot c)$;

(2) $(a+b) \cdot c = a \cdot c + b \cdot c$ 以及 $c \cdot (a+b) = c \cdot a + c \cdot b$.

一个环称为是交换的，如果对任意 $a,b \in R, a \cdot b = b \cdot a$，并且具有乘法单位元 $i \in R$，使得对所有的 $a \in R, i \cdot a = a \cdot i$.

定义 2.34 一个域是一个具有单位元的交换环，在这种环中，每个不是加法单位元的元素 a 有乘法逆 a^{-1}，使得 $a \cdot a^{-1} = a^{-1} \cdot a = i$.

定理 2.35 下面是一些群、环和域的通常的例子：

群：$(\mathbf{Z}_n, +), (\mathbf{Z}_p \setminus \{0\}, \cdot), (\mathbf{Q}, +), (\mathbf{R}, +), (\mathbf{R} \setminus \{0\}, \cdot)$;

环：$(\mathbf{Z}_n, +, \cdot), (\mathbf{Z}, +, \cdot), (\mathbf{Z}[x], +, \cdot), (\mathbf{R}[x], +, \cdot)$;

域：$(\mathbf{Z}_p, +, \cdot), (\mathbf{Q}, +, \cdot), (\mathbf{Q}(\sqrt{2}), +, \cdot), (\mathbf{R}, +, \cdot), (\mathbf{C}, +, \cdot)$.

第 2 节   分　析

定义 2.36 称序列 $\{a_n\}_{n=1}^{\infty}$ 有极限 $a = \lim_{n \to \infty} a_n$（也记为 $a_n \to a$），如果对任意 $\varepsilon > 0$，都存在 $n_\varepsilon \in \mathbf{N}$，使得当 $n \geqslant n_\varepsilon$ 时，成立 $|a_n - a| < \varepsilon$.

称函数 $f:(a,b) \to \mathbf{R}$ 有极限 $y = \lim_{x \to c} f(x)$，如果对任意 $\varepsilon > 0$，都存在 $\delta > 0$，使得对任意 $x \in (a,b), 0 < |x-c| < \delta$，都有 $|f(x) - y| < \varepsilon$.

定义 2.37 称序列 x_n 收敛到 $x \in \mathbf{R}$，如果 $\lim_{n \to \infty} x_n = x$，级数 $\sum_{n=1}^{\infty} x_n$ 收敛到 $s \in \mathbf{R}$ 的含义为 $\lim_{m \to \infty} \sum_{n=1}^{m} x_n = s$. 一个不收敛的序列或级数称为是发散的.

定理 2.38 如果序列 a_n 单调并且有界，则它必是收敛的.

定义 2.39 称函数 f 在区间 $[a,b]$ 上是连续的，如果对每个 $x_0 \in [a,b], \lim_{x \to x_0} f(x) = f(x_0)$.

定义 2.40 称函数 $f:(a,b) \to \mathbf{R}$ 在点 $x_0 \in (a,b)$ 是可微的，如果以下极限存在

$$f'(x_0) = \lim_{x \to x_0} \frac{f(x) - f(x_0)}{x - x_0}$$

称函数在 (a,b) 上是可微的，如果它在每一点 $x_0 \in (a,b)$ 都是可微的. 函数 f' 称为是函数 f 的导数，类似地，可定义 f' 的导数 f''，它称为函数 f 的二阶导数，等.

定理 2.41 可微函数是连续的. 如果 f 和 g 都是可微的，那么 $fg, \alpha f + \beta g (\alpha, \beta \in \mathbf{R})$，$f \circ g, \frac{1}{f}$（如果 $f \neq 0$），f^{-1}（如果它可被有意义地定义）都是可微的，并且成立

$$(\alpha f + \beta g)' = \alpha f' + \beta g'$$
$$(fg)' = f'g + fg'$$
$$(f \circ g)' = (f' \circ g) \cdot g'$$
$$\left(\frac{1}{f}\right)' = -\frac{f'}{f^2}$$

$$\left(\frac{f}{g}\right)' = \frac{f'g - fg'}{g^2}$$

$$(f^{-1})' = \frac{1}{(f' \circ f^{-1})}$$

定理 2.42　以下是一些初等函数的导数(a 表示实常数)

$$(x^a)' = ax^{a-1}$$

$$(\ln x)' = \frac{1}{x}$$

$$(a^x)' = a^x \ln a$$

$$(\sin x)' = \cos x$$

$$(\cos x)' = -\sin x$$

定理 2.43　(费马定理) 设 $f:[a,b] \to \mathbf{R}$ 是可微函数, 且函数 f 在此区间内达到其极大值或极小值. 如果 $x_0 \in (a,b)$ 是一个极值点(即函数在此点达到极大值或极小值), 那么 $f'(x_0) = 0$.

定理 2.44　(罗尔(Roll)定理) 设 $f(x)$ 是定义在 $[a,b]$ 上的连续可微函数, 且 $f(a) = f(b) = 0$, 则存在 $c \in (a,b)$, 使得 $f'(c) = 0$.

定义 2.45　定义在 $\mathbf{R}^n$ 的开子集 D 上的可微函数 $f_1, f_2, \cdots, f_k$ 称为是相关的, 如果存在非零的可微函数 $F: \mathbf{R}^k \to \mathbf{R}$ 使得 $F(f_1, \cdots, f_k)$ 在 D 的某个开子集上恒同于 0.

定义 2.46　函数 $f_1, \cdots, f_k: D \to \mathbf{R}$ 是独立的充分必要条件为 $k \times n$ 矩阵 $\left[\frac{\partial f_i}{\partial x_j}\right]_{i,j}$ 的秩为 k, 即在某个点, 它有 k 行是线性无关的.

定理 2.47　(拉格朗日乘数) 设 D 是 $\mathbf{R}^n$ 的开子集, 且 $f, f_1, \cdots, f_k: D \to \mathbf{R}$ 是独立无关的可微函数. 设点 a 是函数 f 在 D 内的一个极值点, 使得 $f_1 = f_2 = \cdots = f_n = 0$, 则存在实数 $\lambda_1, \cdots, \lambda_k$(所谓的拉格朗日乘数) 使得 a 是函数 $F = f + \lambda_1 f_1 + \cdots + \lambda_k f_k$ 的平衡点, 即在点 a 使得 F 的偏导数为 0 的点.

定义 2.48　设 f 是定义在 $[a,b]$ 上的实函数, 且设 $a = x_0 \leqslant x_1 \leqslant \cdots \leqslant x_n = b$ 以及 $\xi_k \in [x_{k-1}, x_k]$, 和 $S = \sum_{k=1}^{n}(x_k - x_{k-1})f(\xi_k)$ 称为达布(Darboux)和, 如果 $I = \lim_{\delta \to 0} S$ 存在(其中 $\delta = \max_k(x_k - x_{k-1})$), 则称 f 是可积的, 并称 I 是它的积分. 每个连续函数在有限区间上都是可积的.

第 3 节　几　何

2.3.1　三角形的几何

定义 2.49　三角形的垂心是其高线的交点.

定义 2.50　三角形的外心是其外接圆的圆心, 它是三角形各边的垂直平分线的交点.

定义 2.51　三角形的内心是其内切圆的圆心, 它是其各角的角平分线的交点.

定义 2.52　三角形的重心是其各边中线的交点.

定理 2.53　对每个非退化的三角形, 垂心、外心、内心、重心都是良定义的.

定理 2.54 （欧拉线）任意三角形的垂心 H，重心 G 和外心 O 位于一条直线上（欧拉线），且满足 $\overrightarrow{HG} = 2\overrightarrow{GO}$.

定理 2.55 （9点圆）三角形从顶点 A, B, C 向对边所引的垂足，AB, BC, CA, AH, BH, CH 各线段的中点位于一个圆上（9点圆）.

定理 2.56 （费尔巴哈（Feuerbach）定理）三角形的 9 点圆与其内切圆以及三个旁切圆相切.

定理 2.57 给定 $\triangle ABC$，设 $\triangle ABC'$，$\triangle AB'C$ 和 $\triangle A'BC$ 是向外的等边三角形，则 AA', BB', CC' 交于一点，称为托里拆利（Torricelli）点.

定义 2.58 设 ABC 是一个三角形，P 是一点，而 X, Y, Z 分别是从 P 向 BC, AC, AB 所引垂线的垂足，则 $\triangle XYZ$ 称为 $\triangle ABC$ 的对应于点 P 的佩多（Pedal）三角形.

定理 2.59 （西姆森（Simson）线）当且仅当点 P 位于 $\triangle ABC$ 的外接圆上时，佩多三角形是退化的，即 X, Y, Z 共线. 点 X, Y, Z 共线时，它们所在的直线称为西姆森线.

定理 2.60 （卡农（Carnot）定理）从 X, Y, Z 分别向 BC, CA, AB 所作的垂线共点的充分必要条件是

$$BX^2 - XC^2 + CY^2 - YA^2 + AZ^2 - ZB^2 = 0$$

定理 2.61 （笛沙格（Desargue）定理）设 $A_1B_1C_1$ 和 $A_2B_2C_2$ 是两个三角形. 直线 A_1A_2, B_1B_2, C_1C_2 共点或互相平行的充分必要条件是 $A = B_1C_2 \cap B_2C_1, B = C_1A_2 \cap A_1C_2, C = A_1B_2 \cap A_2B_1$ 共线.

2.3.2 向量几何

定义 2.62 对任意两个空间中的向量 a, b，定义其数量积（又称点积）为 $a \cdot b = |a||b| \cdot \cos\varphi$，而其向量积为 $a \times b = p$，其中 $\varphi = \angle(a, b)$，而 p 是一个长度为 $|p| = |a||b| \cdot |\sin\varphi|$ 的向量，它垂直于由 a 和 b 所确定的平面，并使得有顺序的三个向量 a, b, p 是正定向的（注意如果 a 和 b 共线，则 $a \times b = 0$）. 这些积关于两个向量都是线性的. 数量积是交换的，而向量积是反交换的，即 $a \times b = -b \times a$. 我们也定义三个向量 a, b, c 的混合积为 $[a, b, c] = (a \times b) \cdot c$.

原书注：向量 a 和 b 的数量积有时也表示成 $\langle a, b \rangle$.

定理 2.63 （泰勒斯（Thale）定理）设直线 AA' 和 BB' 交于点 $O, A' \neq O \neq B'$. 那么 $AB \parallel A'B' \Leftrightarrow \dfrac{\overrightarrow{OA}}{\overrightarrow{OA'}} = \dfrac{\overrightarrow{OB}}{\overrightarrow{OB'}}$（其中 $\dfrac{a}{b}$ 表示两个非零的共线向量的比例）.

定理 2.64 （塞瓦（Ceva）定理）设 ABC 是一个三角形，而 X, Y, Z 分别是直线 BC, CA, AB 上不同于 A, B, C 的点，那么直线 AX, BY, CZ 共点的充分必要条件是

$$\dfrac{\overrightarrow{BX}}{\overrightarrow{XC}} \cdot \dfrac{\overrightarrow{CY}}{\overrightarrow{YA}} \cdot \dfrac{\overrightarrow{AZ}}{\overrightarrow{ZB}} = 1$$

或等价的

$$\dfrac{\sin\angle BAX}{\sin\angle XAC} \cdot \dfrac{\sin\angle CBY}{\sin\angle YBA} \cdot \dfrac{\sin\angle ACZ}{\sin\angle ZCB} = 1$$

（最后的表达式称为三角形式的塞瓦定理）.

定理 2.65 （梅涅劳斯定理）利用塞瓦定理中的记号，点 X, Y, Z 共线的充分必要条件

是
$$\frac{\overrightarrow{BX}}{\overrightarrow{XC}} \cdot \frac{\overrightarrow{CY}}{\overrightarrow{YA}} \cdot \frac{\overrightarrow{AZ}}{\overrightarrow{ZB}} = -1$$

定理 2.66 （斯特瓦尔特(Stewart)定理）设 D 是直线 BC 上任意一点，则
$$AD^2 = \frac{\overrightarrow{DC}}{\overrightarrow{BC}} BD^2 + \frac{\overrightarrow{BD}}{\overrightarrow{BC}} CD^2 - \overrightarrow{BD} \cdot \overrightarrow{DC}$$

特别，如果 D 是 BC 的中点，则
$$4AD^2 = 2AB^2 + 2AC^2 - BC^2$$

2.3.3 重心

定义 2.67 一个质点 (A, m) 是指一个具有质量 $m > 0$ 的点 A。

定义 2.68 质点系 $(A_i, m_i), i = 1, 2, \cdots, n$ 的质心（重心）是指一个使得 $\sum_i m_i \overrightarrow{TA_i} = 0$ 的点。

定理 2.69 （莱布尼兹(Leibniz)定理）设 T 是总质量为 $m = m_1 + \cdots + m_n$ 的质点系 $\{(A_i, m_i) \mid i = 1, 2, \cdots, n\}$ 的质心，并设 X 是任意一个点，那么
$$\sum_{i=1}^n m_i XA_i^2 = \sum_{i=1}^n m_i TA_i^2 + mXT^2$$

特别，如果 T 是 $\triangle ABC$ 的重心，而 X 是任意一个点，那么
$$AX^2 + BX^2 + CX^2 = AT^2 + BT^2 + CT^2 + 3XT^2$$

2.3.4 四边形

定理 2.70 四边形 $ABCD$ 是共圆的（即 $ABCD$ 存在一个外接圆）的充分必要条件是
$$\angle ACB = \angle ADB$$
或
$$\angle ADC + \angle ABC = 180°$$

定理 2.71 （托勒密(Ptolemy)定理）凸四边形 $ABCD$ 共圆的充分必要条件是
$$AC \cdot BD = AB \cdot CD + AD \cdot BC$$
对任意四边形 $ABCD$ 则成立托勒密不等式（见 2.3.7 几何不等式）。

定理 2.72 （开世(Casey)定理）设四个圆 k_1, k_2, k_3, k_4 都和圆 k 相切。如果圆 k_i 和 k_j 都和圆 k 内切或外切，那么设 t_{ij} 表示由圆 k_i 和 $k_j (i,j \in \{1,2,3,4\})$ 所确定的外公切线的长度，否则设 t_{ij} 表示内公切线的长度。那么乘积 $t_{12}t_{34}, t_{13}t_{24}$ 以及 $t_{14}t_{23}$ 之一是其余二者之和。

圆 k_1, k_2, k_3, k_4 中的某些圆可能退化成一个点，特别设 A, B, C 是圆 k 上的三个点，圆 k 和圆 k' 在一个不包含点 B 的 $\overset{\frown}{AC}$ 上相切，那么我们有 $AC \cdot b = AB \cdot c + BC \cdot a$，其中 a, b 和 c 分别是从点 A, B 和 C 向 AC 所作的切线的长度。托勒密定理是开世定理在四个圆都退化时的特殊情况。

定理 2.73 凸四边形 $ABCD$ 相切（即 $ABCD$ 存在一个内切圆）的充分必要条件是
$$AB + CD = BC + DA$$

定理 2.74 对空间中任意四点 $A, B, C, D, AC \perp BD$ 的充分必要条件是

$$AB^2 + CD^2 = BC^2 + DA^2$$

定理 2.75 （牛顿定理）设 $ABCD$ 是四边形，$AD \cap BC = E$，$AB \cap DC = F$（那种点 A，B,C,D,E,F 构成一个完全四边形），那么 AC，BD 和 EF 的中点是共线的．如果 $ABCD$ 相切，那么其内心也在这条直线上．

定理 2.76 （布罗卡尔（Brocard）定理）设 $ABCD$ 是圆心为 O 的圆内接四边形，并设 $P = AB \cap CD$，$Q = AD \cap BC$，$R = AC \cap BD$，那么 O 是 $\triangle PQR$ 的垂心．

2.3.5 圆的几何

定理 2.77 （帕斯卡（Pascal）定理）如果 $A_1, A_2, A_3, B_1, B_2, B_3$ 是圆 γ 上不同的点，那么点 $X_1 = A_2 B_3 \cap A_3 B_2$，$X_2 = A_1 B_3 \cap A_3 B_1$ 和 $X_3 = A_1 B_2 \cap A_2 B_1$ 是共线的．在 γ 是两条直线的特殊情况下，这一结果称为帕普斯（Pappus）定理．

定理 2.78 （布里安桑（Brianchon）定理）设 $ABCDEF$ 是任意圆内接凸六边形，那么 AD，BE 和 CF 交于一点．

定理 2.79 （蝴蝶定理）设 AB 是圆 k 上的一条线段，C 是它的中点．设 p 和 q 是通过 C 的两条不同的直线，分别与圆 k 在 AB 的一侧交于 P 和 Q，而在另一侧交于 P' 和 Q'，设 E 和 F 分别是 PQ' 和 $P'Q$ 与 AB 的交点，那么 $CE = CF$．

定义 2.80 点 X 关于圆 $k(O,r)$ 的幂定义为 $P(X) = OX^2 - r^2$．设 l 是任一条通过 X 并交圆 k 于 A 和 B 的线（当 l 是切线时，$A = B$），有 $P(X) = \overrightarrow{XA} \cdot \overrightarrow{XB}$．

定义 2.81 两个圆的根轴是关于这两个圆的幂相同的点的轨迹．圆 $k_1(O_1, r_1)$ 和 $k_2(O_2, r_2)$ 的根轴垂直于 $O_1 O_2$．三个不同的圆的根轴是共点的或互相平行的．如果根轴是共点的，则它们的交点称为根心．

定义 2.82 一条不通过点 O 的直线 l 关于圆 $k(O,r)$ 的极点是一个位于 l 的与 O 相反一侧的使得 $OA \perp l$，且 $d(O,l) \cdot OA = r^2$ 的点 A．特别，如果 l 和 k 交于两点，则它的极点就是过这两个点的切线的交点．

定义 2.83 用上面的定义中的记号，称点 A 的极线是 l，特别，如果 A 是 k 外面的一点，而 AM，AN 是 k 的切线（$M, N \in k$），那么 MN 就是 A 的极线．

可以对一般的圆锥曲线类似地定义极点和极线的概念．

定理 2.84 如果点 A 属于点 B 的极线，则点 B 也属于点 A 的极线．

2.3.6 反演

定义 2.85 一个平面 π 围绕圆 $k(O,r)$（圆属于 π）的反演是一个从集合 $\pi \setminus \{O\}$ 到自身的变换，它把每个点 P 变为一个在 $\pi \setminus \{O\}$ 上使得 $OP \cdot OP' = r^2$ 的点．在下面的叙述中，我们将默认排除点 O．

定理 2.86 在反演下，圆 k 上的点不动，圆内的点变为圆外的点，反之亦然．

定理 2.87 如果 A, B 两点在反演下变为 A', B' 两点，那么 $\angle OAB = \angle OB'A'$，$ABB'A'$ 共圆且此圆垂直于 k．一个垂直于 k 的圆变为自身，反演保持连续曲线（包括直线和圆）之间的角度不变．

定理 2.88 反演把一条不包含 O 的直线变为一个包含 O 的圆，包含 O 的直线变成自身．不包含 O 的圆变为不包含 O 的圆，包含 O 的圆变为不包含 O 的直线．

2.3.7 几何不等式

定理 2.89 （三角不等式）对平面上的任意三个点 A,B,C
$$AB + BC \geqslant AC$$
当等号成立时 A,B,C 共线,且按照这一次序从左到右排列时,等号成立.

定理 2.90 （托勒密不等式）对任意四个点 A,B,C,D 成立
$$AC \cdot BD \leqslant AB \cdot CD + AD \cdot BC$$

定理 2.91 （平行四边形不等式）对任意四个点 A,B,C,D 成立
$$AB^2 + BC^2 + CD^2 + DA^2 \geqslant AC^2 + BD^2$$
当且仅当 $ABCD$ 是一个平行四边形时等号成立.

定理 2.92 如果 $\triangle ABC$ 的所有的角都小于或等于 $120°$ 时,那么当 X 是托里拆利点时, $AX + BX + CX$ 最小,在相反的情况下, X 是钝角的顶点. 使得 $AX^2 + BX^2 + CX^2$ 最小的点 X_2 是重心（见莱布尼兹定理）.

定理 2.93 （爱尔多斯－莫德尔(Erdös-Mordell) 不等式）. 设 P 是 $\triangle ABC$ 内一点,而 P 在 BC,AC,AB 上的投影分别是 X,Y,Z,那么
$$PA + PB + PC \geqslant 2(PX + PY + PZ)$$
当且仅当 $\triangle ABC$ 是等边三角形以及 P 是其中心时等号成立.

2.3.8 三角

定义 2.94 三角圆是圆心在坐标平面的原点的单位圆. 设 A 是点 $(1,0)$,而 $P(x,y)$ 是三角圆上使得 $\angle AOP = \alpha$ 的点,那么我们定义
$$\sin \alpha = y, \cos \alpha = x, \tan \alpha = \frac{y}{x}, \cot \alpha = \frac{x}{y}$$

定理 2.95 函数 $\sin$ 和 $\cos$ 是周期为 2π 的周期函数,函数 $\tan$ 和 $\cot$ 是周期为 π 的周期函数,成立以下简单公式
$$\sin^2 x + \cos^2 x = 1, \sin 0 = \sin \pi = 0$$
$$\sin(-x) = -\sin x, \cos(-x) = \cos x$$
$$\sin \frac{\pi}{2} = 1, \sin \frac{\pi}{4} = \frac{\sqrt{2}}{2}, \sin \frac{\pi}{6} = \frac{1}{2}$$
$$\cos x = \sin\left(\frac{\pi}{2} - x\right)$$
从这些公式易于导出其他的公式.

定理 2.96 对三角函数成立以下加法公式
$$\sin(\alpha \pm \beta) = \sin \alpha \cos \beta \pm \cos \alpha \sin \beta$$
$$\cos(\alpha \pm \beta) = \cos \alpha \cos \beta \mp \sin \alpha \sin \beta$$
$$\tan(\alpha \pm \beta) = \frac{\tan \alpha \pm \tan \beta}{1 \mp \tan \alpha \tan \beta}$$
$$\cot(\alpha \pm \beta) = \frac{\cot \alpha \cot \beta \mp 1}{\cot \alpha \pm \cot \beta}$$

定理 2.97 对三角函数成立以下倍角公式

$$\sin 2x = 2\sin x\cos x, \sin 3x = 3\sin x - 4\sin^3 x$$
$$\cos 2x = 2\cos^2 x - 1, \cos 3x = 4\cos^3 x - 3\cos x$$
$$\tan 2x = \frac{2\tan x}{1-\tan^2 x}, \tan 3x = \frac{3\tan x - \tan^3 x}{1 - 3\tan^2 x}$$

定理 2.98 对任意 $x \in \mathbf{R}$, $\sin x = \dfrac{2t}{1+t^2}$, $\cos x = \dfrac{1-t^2}{1+t^2}$, 其中 $t = \tan\dfrac{x}{2}$.

定理 2.99 积化和差公式
$$2\cos\alpha\cos\beta = \cos(\alpha+\beta) + \cos(\alpha-\beta)$$
$$2\sin\alpha\cos\beta = \sin(\alpha+\beta) + \sin(\alpha-\beta)$$
$$2\sin\alpha\sin\beta = \cos(\alpha-\beta) - \cos(\alpha-\beta)$$

定理 2.100 三角形的角 α, β, γ 满足
$$\cos^2\alpha + \cos^2\beta + \cos^2\gamma + 2\cos\alpha\cos\beta\cos\gamma = 1$$
$$\tan\alpha + \tan\beta + \tan\gamma = \tan\alpha\tan\beta\tan\gamma$$

定理 2.101 (棣莫弗(De Moivre) 公式)
$$(\cos x + \mathrm{i}\sin x)^n = \cos nx + \mathrm{i}\sin nx$$
其中 $\mathrm{i}^2 = -1$.

2.3.9 几何公式

定理 2.102 (海伦(Heron) 公式) 设三角形的边长为 a, b, c, 半周长为 s, 则它的面积可用这些量表成
$$S = \sqrt{s(s-a)(s-b)(s-c)} = \frac{1}{4}\sqrt{2a^2b^2 + 2a^2c^2 + 2b^2c^2 - a^4 - b^4 - c^4}$$

定理 2.103 (正弦定理) 三角形的边 a, b, c 和角 α, β, γ 满足
$$\frac{a}{\sin\alpha} = \frac{b}{\sin\beta} = \frac{c}{\sin\gamma} = 2R$$
其中 R 是 $\triangle ABC$ 的外接圆半径.

定理 2.104 (余弦定理) 三角形的边和角满足
$$c^2 = a^2 + b^2 - 2ab\cos\gamma$$

定理 2.105 $\triangle ABC$ 的外接圆半径 R 和内切圆半径 r 满足
$$R = \frac{abc}{4S}$$
和
$$r = \frac{2S}{a+b+c} = R(\cos\alpha + \cos\beta + \cos\gamma - 1)$$
如果 x, y, z 表示一个锐角三角形的外心到各边的距离, 则
$$x + y + z = R + r$$

定理 2.106 (欧拉公式) 设 O 和 I 分别是 $\triangle ABC$ 的外心和内心, 则
$$OI^2 = R(R-2r)$$
其中 R 和 r 分别是 $\triangle ABC$ 的外接圆半径和内切圆半径, 因此 $R \geqslant 2r$.

定理 2.107 设四边形的边长为 a, b, c, d, 半周长为 p, 在顶点 A, C 处的内角分别为 α, γ, 则其面积为

$$S=\sqrt{(p-a)(p-b)(p-c)(p-d)-abcd\cos^2\frac{\alpha+\gamma}{2}}$$

如果 $ABCD$ 是共圆的,则上述公式成为
$$S=\sqrt{(p-a)(p-b)(p-c)(p-d)}$$

定理 2.108 (匹多(Pedal)三角形的欧拉定理) 设 X,Y,Z 是从点 P 向 $\triangle ABC$ 的各边所引的垂足. 又设 O 是 $\triangle ABC$ 的外接圆的圆心,R 是其半径,则
$$S_{\triangle XYZ}=\frac{1}{4}\left|1-\frac{OP^2}{R^2}\right|S_{\triangle ABC}$$

此外,当且仅当 P 位于 $\triangle ABC$ 的外接圆(见西姆森线)上时,$S_{\triangle XYZ}=0$.

定理 2.109 设 $\boldsymbol{a}=(a_1,a_2,a_3),\boldsymbol{b}=(b_1,b_2,b_3),\boldsymbol{c}=(c_1,c_2,c_3)$ 是坐标空间中的三个向量,那么
$$\boldsymbol{a}\cdot\boldsymbol{b}=a_1b_1+a_2b_2+a_3b_3$$
$$\boldsymbol{a}\times\boldsymbol{b}=(a_1b_2-a_2b_1,a_2b_3-a_3b_2,a_3b_1-a_1b_3)$$
$$(\boldsymbol{a},\boldsymbol{b},\boldsymbol{c})=\left\|\begin{array}{ccc}a_1 & a_2 & a_3 \\ b_1 & b_2 & b_3 \\ c_1 & c_2 & c_3\end{array}\right\|$$

定理 2.110 $\triangle ABC$ 的面积和四面体 $ABCD$ 的体积分别等于
$$|\overrightarrow{AB}\times\overrightarrow{AC}|$$
和
$$|(\overrightarrow{AB},\overrightarrow{AC},\overrightarrow{AD})|$$

定理 2.111 (卡瓦列里(Cavalieri)原理) 如果两个立体被同一个平面所截的截面的面积总是相等的,则这两个立体的体积相等.

第 4 节　数　论

2.4.1　可除性和同余

定义 2.112　$a,b\in\mathbf{N}$ 的最大公因数 $(a,b)=\gcd(a,b)$ 是可以整除 a 和 b 的最大整数. 如果 $(a,b)=1$,则称正整数 a 和 b 是互素的. $a,b\in\mathbf{N}$ 的最小公倍数 $[a,b]=\mathrm{lcm}(a,b)$ 是可以被 a 和 b 整除的最小整数. 成立
$$[a,b](a,b)=ab$$
上面的概念容易推广到两个数以上的情况,即我们也可以定义 $(a_1,a_2,\cdots,a_n)$ 和 $[a_1,a_2,\cdots,a_n]$.

定理 2.113　(欧几里得算法) 由于 $(a,b)=(|a-b|,a)=(|a-b|,b)$,由此通过每次把 a 和 b 换成 $|a-b|$ 和 $\min\{a,b\}$ 而得出一条从正整数 a 和 b 获得 (a,b) 的链,直到最后两个数成为相等的数. 这一算法可被推广到两个数以上的情况.

定理 2.114　(欧几里得算法的推论) 对每对 $a,b\in\mathbf{N}$,存在 $x,y\in\mathbf{Z}$ 使得 $ax+by=(a,b)$,(a,b) 是使得这个式子成立的最小正整数.

定理 2.115　(欧几里得算法的第二个推论) 设 $a,m,n\in\mathbf{N},a>1$,则成立
$$(a^m-1,a^n-1)=a^{(m,n)}-1$$

定理 2.116　（算术基本定理）每个正整数当不计素数的次序时都可以用唯一的方式被表成素数的乘积.

定理 2.117　算术基本定理对某些其他的数环也成立，例如 $\mathbf{Z}[i] = \{a+bi \mid a,b \in \mathbf{Z}\}$，$\mathbf{Z}[\sqrt{2}], \mathbf{Z}[\sqrt{-2}], \mathbf{Z}[\omega]$（其中 ω 是 1 的 3 次复根）. 在这些情况下，因数分解当不计次序和 1 的因子时是唯一的.

定义 2.118　称整数 a, b 在模 n 下同余，如果 $n \mid a - b$，我们把这一事实记为 $a \equiv b \pmod{n}$.

定理 2.119　（中国剩余定理）如果 $m_1, m_2, \cdots, m_k$ 是两两互素的正整数，而 $a_1, a_2, \cdots, a_k$ 和 $c_1, c_2, \cdots, c_k$ 是使得 $(a_i, m_i) = 1 (i=1,2,\cdots,k)$ 的整数，那么同余式组
$$a_i x \equiv c_i \pmod{m_i}, i = 1, 2, \cdots, k$$
在模 $m_1 m_2 \cdots m_k$ 下有唯一解.

2.4.2　指数同余

定理 2.120　（威尔逊（Wilson）定理）如果 p 是素数，则 $p \mid (p-1)! + 1$.

定理 2.121　（费马小定理）设 p 是一个素数，而 a 是一个使得 $(a, p) = 1$ 的整数，则
$$a^{p-1} \equiv 1 \pmod{p}$$
这个定理是欧拉定理的特殊情况.

定义 2.122　对 $n \in \mathbf{N}$，定义欧拉函数是在所有小于 n 的整数中与 n 互素的整数的个数. 成立以下公式
$$\varphi(n) = n\left(1 - \frac{1}{p_1}\right) \cdots \left(1 - \frac{1}{p_k}\right)$$
其中 $n = p_1^{a_1} \cdots p_k^{a_k}$ 是 n 的素因子分解式.

定理 2.123　（欧拉定理）设 n 是自然数，而 a 是一个使得 $(a, n) = 1$ 的整数，那么
$$a^{\varphi(n)} \equiv 1 \pmod{n}$$

定理 2.124　（元根的存在性）设 p 是一个素数，则存在一个 $g \in \{1, 2, \cdots p-1\}$（称为模 p 的元根）使得在模 p 下，集合 $\{1, g, g^2, \cdots, g^{p-2}\}$ 与集合 $\{1, 2, \cdots p-1\}$ 重合.

定义 2.125　设 p 是一个素数，而 α 是一个非负整数，称 p^{α} 是 p 的可整除 a 的恰好的幂（而 α 是一个恰好的指数），如果 $p^{\alpha} \mid a$，而 $p^{\alpha+1} \nmid a$.

定理 2.126　设 a, n 是正整数，而 p 是一个奇素数，如果 $p^{\alpha} (\alpha \in \mathbf{N})$ 是 p 的可整除 $a - 1$ 的恰好的幂，那么对任意整数 $\beta \geqslant 0$，当且仅当 $p^{\beta} \mid n$ 时，$p^{\alpha+\beta} \mid a^n - 1$（见 SL1997—14）.

对 $p = 2$ 成立类似的命题. 如果 $2^{\alpha} (\alpha \in \mathbf{N})$ 是 p 的可整除 $a^2 - 1$ 的恰好的幂，那么对任意整数 $\beta \geqslant 0$，当且仅当 $2^{\beta+1} \mid n$ 时，$2^{\alpha+\beta} \mid a^n - 1$（见 SL1989—27）.

2.4.3　二次丢番图（Diophantus）方程

定理 2.127　$a^2 + b^2 = c^2$ 的整数解由 $a = t(m^2 - n^2), b = 2tmn, c = t(m^2 + n^2)$ 给出（假设 b 是偶数），其中 $t, m, n \in \mathbf{Z}$. 三元组 (a, b, c) 称为毕达哥拉斯数（译者注：在我国称为勾股数）. （如果 $(a, b, c) = 1$，则称为本原的毕达哥拉斯数（勾股数））.

定义 2.128　设 $D \in \mathbf{N}$ 是一个非完全平方数，则称不定方程
$$x^2 - Dy^2 = 1$$

是贝尔(Pell)方程,其中 $x,y \in \mathbf{Z}$.

定理 2.129 如果 (x_0, y_0) 是贝尔方程 $x^2 - Dy^2 = 1$ 在 $\mathbf{N}$ 中的最小解,则其所有的整数解 (x,y) 由 $x + y\sqrt{D} = \pm(x_0 + y_0\sqrt{D})^n, n \in \mathbf{Z}$ 给出.

定义 2.130 整数 a 称为是模 p 的平方剩余,如果存在 $x \in \mathbf{Z}$,使得 $x^2 \equiv a \pmod{p}$,否则称为模 p 的非平方剩余.

定义 2.131 对整数 a 和素数 p 定义勒让德(Legendre)符号为

$$\left(\frac{a}{p}\right) = \begin{cases} 1, & \text{如果 } a \text{ 是模 } p \text{ 的二次剩余, 且 } p \nmid a \\ 0, & \text{如果 } p \mid a \\ -1, & \text{其他情况} \end{cases}$$

显然如果 $p \mid a$ 则

$$\left(\frac{a}{p}\right) = \left(\frac{a+p}{p}\right), \left(\frac{a^2}{p}\right) = 1$$

勒让德符号是积性的,即

$$\left(\frac{a}{p}\right)\left(\frac{b}{p}\right) = \left(\frac{ab}{p}\right)$$

定理 2.132 (欧拉判据) 对奇素数 p 和不能被 p 整除的整数 a

$$\left(\frac{a}{p}\right) \equiv a^{\frac{p-1}{2}} \pmod{p}$$

定理 2.133 对素数 $p > 3$, $\left(\frac{-1}{p}\right)$, $\left(\frac{2}{p}\right)$ 和 $\left(\frac{-3}{p}\right)$ 等于 1 的充分必要条件分别为 $p \equiv 1 \pmod 4$, $p \equiv \pm 1 \pmod 8$ 和 $p \equiv 1 \pmod 6$.

定理 2.134 (高斯(Gauss)互反律) 对任意两个不同的奇素数 p 和 q,成立

$$\left(\frac{p}{q}\right)\left(\frac{q}{p}\right) = (-1)^{\frac{p-1}{2} \cdot \frac{q-1}{2}}$$

定义 2.135 对整数 a 和奇的正整数 b,定义雅可比(Jacobi)符号如下

$$\left(\frac{a}{b}\right) = \left(\frac{a}{p_1}\right)^{a_1} \cdots \left(\frac{a}{p_k}\right)^{a_k}$$

其中 $b = p_1^{a_1} \cdots p_k^{a_k}$ 是 b 的素因子分解式.

定理 2.136 如果 $\left(\frac{a}{b}\right) = -1$,那么 a 是模 b 的非二次剩余,但是逆命题不成立. 对雅可比符号来说,除了欧拉判据之外,勒让德符号的所有其余性质都保留成立.

2.4.4 法雷(Farey)序列

定义 2.137 设 n 是任意正整数,法雷序列 F_n 是由满足 $0 \leqslant a \leqslant b \leqslant n, (a,b) = 1$ 的所有从小到大排列的有理数 $\frac{a}{b}$ 所形成的序列. 例如 $F_3 = \left\{\frac{0}{1}, \frac{1}{3}, \frac{1}{2}, \frac{2}{3}, \frac{1}{1}\right\}$.

定理 2.138 如果 $\frac{p_1}{q_1}, \frac{p_2}{q_2}$ 和 $\frac{p_3}{q_3}$ 是法雷序列中三个相继的项,则

$$p_2 q_1 - p_1 q_2 = 1$$
$$\frac{p_1 + p_3}{q_1 + q_3} = \frac{p_2}{q_2}$$

第 5 节 组 合

2.5.1 对象的计数

许多组合问题涉及对满足某种性质的集合中的对象计数,这些性质可以归结为以下概念的应用.

定义 2.139 k 个元素的阶为 n 的选排列是一个从 $\{1,2,\cdots,k\}$ 到 $\{1,2,\cdots,n\}$ 的映射.对给定的 n 和 k,不同的选排列的数目是 $V_n^k = \dfrac{n!}{(n-k)!}$.

定义 2.140 k 个元素的阶为 n 的可重复的选排列是一个从 $\{1,2,\cdots,k\}$ 到 $\{1,2,\cdots,n\}$ 的任意的映射.对给定的 n 和 k,不同的可重复的选排列的数目是 $\overline{V}_n^k = k^n$.

定义 2.141 阶为 n 的全排列是 $\{1,2,\cdots,n\}$ 到自身的一个一对一映射(即当 $k=n$ 时的选排列的特殊情况),对给定的 n,不同的全排列的数目是 $P_n = n!$.

定义 2.142 k 个元素的阶为 n 的组合是 $\{1,2,\cdots,n\}$ 的一个 k 元素的子集,对给定的 n 和 k,不同的组合数是 $C_n^k = \dbinom{n}{k}$.

定义 2.143 一个阶为 n 的可重复的全排列是一个 $\{1,2,\cdots,n\}$ 到 n 个元素的积集的一个一对一映射.一个积集是一个其中的某些元素被允许是不可区分的集合,例如,$\{1,1,2,3\}$.

如果 $\{1,2,\cdots,s\}$ 表示积集中不同的元素组成的集合,并且在积集中元素 i 出现 α_i 次,那么不同的可重复的全排列的数目是

$$P_{n,\alpha_1,\cdots,\alpha_s} = \frac{n!}{\alpha_1! \ \alpha_2! \ \cdots \alpha_s!}$$

组合是积集有两个不同元素的可重复的全排列的特殊情况.

定理 2.144 (鸽笼原理)如果把元素数目为 $kn+1$ 的集合分成 n 个互不相交的子集,则其中至少有一个子集至少要包含 $k+1$ 个元素.

定理 2.145 (容斥原理)设 $S_1, S_2, \cdots, S_n$ 是集合 S 的一族子集,那么 S 中那些不属于所给子集族的元素的数目由以下公式给出

$$|S\setminus(S_1\cup\cdots\cup S_n)| = |S| - \sum_{k=1}^{n}\sum_{1\leqslant i_1<\cdots<i_k\leqslant n}(-1)^k |S_{i_1}\cap\cdots\cap S_{i_k}|$$

2.5.2 图论

定义 2.146 一个图 $G=(V,E)$ 是一个顶点 V 和 V 中某些元素对,即边的积集 E 所组成的集合.对 $x,y \in V$,当 $(x,y) \in E$ 时,称顶点 x 和 y 被一条边所连接,或称这一对顶点是这条边的端点.

一个积集为 E 的图可归结为一个真集合(即其顶点至多被一条边所连接),一个其中没有一个定点是被自身所连接的图称为是一个真图.

有限图是一个 $|E|$ 和 $|V|$ 都有限的图.

定义 2.147　一个有向图是一个 E 中的有方向的图.

定义 2.148　一个包含了 n 个顶点并且每个顶点都有边与其连接的真图称为是一个完全图.

定义 2.149　k 分图(当 $k=2$ 时,称为 $2-$ 分图)$K_{i_1,i_2,\cdots,i_k}$ 是那样一个图,其顶点 V 可分成 k 个非空的互不相交的,元素个数分别为 $i_1,i_2,\cdots,i_k$ 的子集,使得 V 的子集 W 中的每个顶点 x 仅和不在 W 中的顶点相连接.

定义 2.150　顶点 x 的阶 $d(x)$ 是 x 作为一条边的端点的次数(那样,自连接的边中就要数两次).孤立的顶点是阶为 0 的顶点.

定理 2.151　对图 $G=(V,E)$,成立等式
$$\sum_{x\in V}d(x)=2\mid E\mid$$
作为一个推论,有奇数阶的顶点的个数是偶数.

定义 2.152　图的一条路径是一个顶点的有限序列,使得其中每一个顶点都与其前一个顶点相连.路径的长度是它通过的边的数目.一条回路是一条终点与起点重合的路径.一个环是一条在其中没有一个顶点出现两次(除了起点或终点之外)的回路.

定义 2.153　图 $G=(V,E)$ 的子图 $G'=(V',E')$ 是那样一个图,在其中 $V'\subset V$ 而 E' 仅包含 E 的连接 V' 中的点的边.图的一个连通分支是一个连通的子图,其中没有一个顶点与此分支外的顶点相连.

定义 2.154　一个树是一个在其中没有环的连通图.

定理 2.155　一个有 n 个顶点的树恰有 $n-1$ 条边且至少有两个阶为 2 的顶点.

定义 2.156　欧拉路是其中每条边恰出现一次的路径.与此类似,欧拉环是环形的欧拉路.

定理 2.157　有限连通图 G 有一条欧拉路的充分必要条件是:

(1) 如果每个顶点的阶数是偶数,那么 G 包含一条欧拉环;

(2) 如果除了两个顶点之外,所有顶点的阶数都是偶数,那么 G 包含一条不是环路的欧拉路(其起点和终点就是那两个奇数阶的顶点).

定义 2.158　哈密尔顿(Hamilton)环是一个图 G 的每个顶点恰被包含一次的回路(一个平凡的事实是,这个回路也是一个环).

目前还没有发现判定一个图是否是哈密尔顿环的简单法则.

定理 2.159　设 G 是一个有 n 个顶点的图,如果 G 的任何两个不相邻顶点的阶数之和都大于 n,则 G 有一个哈密尔顿回路.

定理 2.160　(雷姆塞(Ramsey)定理) 设 $r\geqslant 1$,而 $q_1,q_2,\cdots,q_s\geqslant r$. 如果 K_n 的所有子图 K_r 都分成了 s 个不同的集合,记为 $A_1,A_2,\cdots,A_s$,那么存在一个最小的正整数 $N(q_1,q_2,\cdots,q_s;r)$ 使得当 $n>N$ 时,对某个 i,存在一个 K_{q_i} 的完全子图,它的子图 K_r 都属于 A_i. 对 $r=2$,这对应于把 K_n 的边用 s 种不同的颜色染色,并寻求子图 K_{q_i} 的第 i 种颜色的单色子图[73].

定理 2.161　利用上面定理的记号,有
$$N(p,q;r)\leqslant N(N(p-1,q;r),N(p,q-1;r);r-1)+1$$
特别
$$N(p,q;2)\leqslant N(p-1,q;2)+N(p,q-1;2)$$

已知 N 的以下值
$$N(p,q;1) = p+q-1$$
$$N(2,p;2) = p$$
$$N(3,3;2)=6, N(3,4;2)=9, N(3,5;2)=14, N(3,6;2)=18$$
$$N(3,7;2)=23, N(3,8;2)=28, N(3,9;2)=36$$
$$N(4,4;2)=18, N(4,5;2)=25^{[73]}$$

定理 2.162 （图灵(Turan)定理）如果一个有 $n=t(p-1)+r$ 个顶点的简单图的边多于 $f(n,p)$ 条，其中 $f(n,p) = \dfrac{(p-1)n^2 - r(p-1-r)}{2(p-1)}$，那么它包含子图 K_p. 有 $f(n,p)$ 个顶点而不含 K_p 的图是一个完全的多重图，它有 r 个元素个数为 $t+1$ 的子集和 $p-1-r$ 个元素个数为 t 的子集[73].

定义 2.163 平面图是一个可被嵌入一个平面的图，使得它的顶点可用平面上的点表示，而边可用平面上连接顶点的线(不一定是直的)来表示，而各边互不相交.

定理 2.164 一个有 n 个顶点的平面图至多有 $3n-6$ 条边.

定理 2.165 （库拉托夫斯基(Kuratowski)定理）K_5 和 $K_{3,3}$ 都不是平面图. 每个非平面图都包含一个和这两个图之一同胚的子图.

定理 2.166 （欧拉公式）设 E 是凸多面体的边数，F 是它的面数，而 V 是它的顶点数，则
$$E+2 = F+V$$
对平面图成立同样的公式(这时 F 代表平面图中的区域数).

参考文献

[1] 洛桑斯基 E,鲁索 C.制胜数学奥林匹克[M].候文华,张连芳,译.刘嘉焜,校.北京:科学出版社,2003.

[2] 王向东,苏化明,王方汉.不等式・理论・方法[M].郑州:河南教育出版社,1994.

[3] 中国科协青少年工作部,中国数学会.1978～1986年国际奥林匹克数学竞赛题及解答[M].北京:科学普及出版社,1989.

[4] 单墫,等.数学奥林匹克竞赛题解精编[M].南京:南京大学出版社;上海:学林出版社,2001.

[5] 顾可敬.1979～1980中学国际数学竞赛题解[M].长沙:湖南科学技术出版社,1981.

[6] 顾可敬.1981年国内外数学竞赛题解选集[M].长沙:湖南科学技术出版社,1982.

[7] 石华,卫成.80年代国际中学生数学竞赛试题详解[M].长沙:湖南教育出版社,1990.

[8] 梅向明.国际数学奥林匹克30年[M].北京:中国计量出版社,1989.

[9] 单墫,葛军.国际数学竞赛解题方法[M].北京:中国少年儿童出版社,1990.

[10] 丁石孙.乘电梯・翻硬币・游迷宫・下象棋[M].北京:北京大学出版社,1993.

[11] 丁石孙.登山・赝币・红绿灯[M].北京:北京大学出版社,1997.

[12] 黄宣国.数学奥林匹克大集[M].上海:上海教育出版社,1997.

[13] 常庚哲.国际数学奥林匹克三十年[M].北京:中国展望出版社,1989.

[14] 丁石孙.归纳・递推・无字证明・坐标・复数[M].北京:北京大学出版社,1995.

[15] 裘宗沪.数学奥林匹克试题集锦[M].上海:华东师范大学出版社,2005.

[16] 裘宗沪.数学奥林匹克试题集锦[M].上海:华东师范大学出版社,2004.

[17] 数学奥林匹克工作室.最新竞赛试题选编及解析(高中数学卷)[M].北京:首都师范大学出版社,2001.

[18] 第31届IMO选题委员会.第31届国际数学奥林匹克试题、备选题及解答[M].济南:山东教育出版社,1990.

[19] 常庚哲.数学竞赛(2)[M].长沙:湖南教育出版社,1989.

[20] 常庚哲.数学竞赛(20)[M].长沙:湖南教育出版社,1994.

[21] 杨森茂,陈圣德.第一届至第二十二届国际中学生数学竞赛题解[M].福州:福建科学技术出版社,1983.

[22] 江苏师范学院数学系.国际数学奥林匹克[M].南京:江苏科学技术出版社,1980.

[23] 恩格尔 A.解决问题的策略[M].舒五昌,冯志刚,译.上海:上海教育出版社,2005.

[24] 王连笑.解数学竞赛题的常用策略[M].上海:上海教育出版社,2005.

[25] 江仁俊,应成球,蔡训武.国际数学竞赛试题讲解[M].武汉:湖北人民出版社,1980.

[26] 单墫.第二十五届国际数学竞赛[J].数学通讯,1985(3).

[27] 付玉章.第二十九届IMO试题及解答[J].中学数学,1988(10).

[28] 苏亚贵.正则组合包含连续自然数的个数[J].数学通报,1982(8).
[29] 王根章.一道 IMO 试题的嵌入证法[J].中学数学教学.1999(5).
[30] 舒五昌.第 37 届 IMO 试题解答[J].中等数学,1996(5).
[31] 杨卫平,王卫华.第 42 届 IMO 第 2 题的再探究[J].中学数学研究,2005(5).
[32] 陈永高.第 45 届 IMO 试题解答[J].中等数学,2004(5).
[33] 周金峰,谷焕春.IMO 42−2 的进一步推广[J].数学通讯,2004(9).
[34] 魏维.第 42 届国际数学奥林匹克试题解答集锦[J].中学数学,2002(2).
[35] 程华.42 届 IMO 两道几何题另解[J].福建中学数学,2001(6).
[36] 张国清.第 39 届 IMO 试题第一题充分性的证明[J].中等数学,1999(2).
[37] 傅善林.第 42 届 IMO 第五题的推广[J].中等数学,2003(6).
[38] 龚浩生,宋庆.IMO 42−2 的推广[J].中学数学,2002(1).
[39] 厉倩.一道 IMO 试题的推广[J].中学数学研究,2002(10).
[40] 邹明.第 40 届 IMO 一赛题的简解[J].中等数学,2001(3).
[41] 许以超.第 39 届国际数学奥林匹克试题及解答[J].数学通报,1999(3).
[42] 余茂迪,宫宋家.用解析法巧解一道 IMO 试题[J].中学数学教学,1997(4).
[43] 宋庆.IMO5−5 的推广[J].中学数学教学,1997(5).
[44] 余世平.从 IMO 试题谈公式 $C_{2n}^{n} = \sum_{i=0}^{n} (C_n^i)^2$ 之应用[J].数学通讯,1997(12).
[45] 徐彦明.第 42 届 IMO 第 2 题的另一种推广[J].中学教研(数学),2002(10).
[46] 张伟军.第 41 届 IMO 两赛题的证明与评注[J].中学数学月刊,2000(11).
[47] 许静,孔令恩.第 41 届 IMO 第 6 题的解析证法[J].数学通讯,2001(7).
[48] 魏亚清.一道 IMO 赛题的九种证法[J].中学教研(数学),2002(6).
[49] 陈四川.IMO−38 试题 2 的纯几何解法[J].福建中学数学,1997(6).
[50] 常庚哲,单墫,程龙.第二十二届国际数学竞赛试题及解答[J].数学通报,1981(9).
[51] 李长明.一道 IMO 试题的背景及证法讨论[J].中学数学教学,2000(1).
[52] 王凤春.一道 IMO 试题的简证[J].中学数学研究,1998(10).
[53] 罗增儒.IMO 42−2 的探索过程[J].中学数学教学参考,2002(7).
[54] 嵇仲韶.第 39 届 IMO 一道预选题的推广[J].中学数学杂志(高中),1999(6).
[55] 王杰.第 40 届 IMO 试题解答[J].中等数学,1999(5).
[56] 舒五昌.第三十七届 IMO 试题及解答(上)[J].数学通报,1997(2).
[57] 舒五昌.第三十七届 IMO 试题及解答(下)[J].数学通报,1997(3).
[58] 黄志全.一道 IMO 试题的纯平几证法研究[J].数学教学通讯,2000(5).
[59] 段智毅,秦永.IMO−41 第 2 题另证[J].中学数学教学参考,2000(11).
[60] 杨仁宽.一道 IMO 试题的简证[J].数学教学通讯,1998(3).
[61] 相生亚,裘良.第 42 届 IMO 试题第 2 题的推广、证明及其它[J].中学数学研究,2002(2).
[62] 熊斌.第 46 届 IMO 试题解答[J].中等数学,2005(9).
[63] 谢峰,谢宏华.第 34 届 IMO 第 2 题的解答与推广[J].中等数学,1994(1).
[64] 熊斌,冯志刚.第 39 届国际数学奥林匹克[J].数学通讯,1998(12).

[65] 朱恒杰. 一道 IMO 试题的推广[J]. 中学数学杂志,1996(4).
[66] 肖果能,袁平之. 第 39 届 IMO 一道试题的研究(Ⅰ)[J]. 湖南数学通讯,1998(5).
[67] 肖果能,袁平之. 第 39 届 IMO 一道试题的研究(Ⅱ)[J]. 湖南数学通讯,1998(6).
[68] 杨克昌. 一个数列不等式——IMO23-3 的推广[J]. 湖南数学通讯,1998(3).
[69] 吴长明,胡根宝. 一道第 40 届 IMO 试题的探究[J]. 中学数学研究,2000(6).
[70] 仲翔. 第二十六届国际数学奥林匹克(续)[J]. 数学通讯,1985(11).
[71] 程善明. 一道 IMO 赛题的纯几何证法与推广[J]. 中学数学教学,1998(4).
[72] 刘元树. 一道 IMO 试题解法的再探讨[J]. 中学数学研究,1998(12).
[73] 刘连顺,仝瑞平. 一道 IMO 试题解法新探[J]. 中学数学研究,1998(8).
[74] 王凤春. 一道 IMO 试题的简证[J]. 中学数学研究,1998(10).
[75] 李长明. 一道 IMO 试题的背景及证法讨论[J]. 中学数学教学,2000(1).
[76] 方廷刚. 综合法简证一道 IMO 预选题[J]. 中学生数学,1999(2).
[77] 吴伟朝. 对函数方程 $f(x^l \cdot f^{[m]}(y)+x^n)=x^l \cdot y+f^n(x)$ 的研究[M]//湖南教育出版社编. 数学竞赛(22). 长沙:湖南教育出版社,1994.
[78] 湘普. 第 31 届国际数学奥林匹克试题解答[M]//湖南教育出版社编. 数学竞赛(6~9). 长沙:湖南教育出版社,1991.
[79] 陈永高. 第 45 届 IMO 试题解答[J]. 中等数学,2004(5).
[80] 程俊. 一道 IMO 试题的推广及简证[J]. 中等数学,2004(5).
[81] 蒋茂森. $2k$ 阶银矩阵的存在性和构造法[J]. 中等数学,1998(3).
[82] 单墫. 散步问题与银矩阵[J]. 中等数学,1999(3).
[83] 张必胜. 初等数论在 IMO 中应用研究[D]. 西安:西北大学研究生院,2010.
[84] 刘宝成,刘卫利. 国际奥林匹克数学竞赛题与费马小定理[J]. 河北北方学院学报:自然科学版,2008,24(1):13-15,20.
[85] 卓成海. 抓住"关键" 把握"异同"——对一道国际奥赛题的再探究[J]. 中学数学(高中版),2013(11):77-78.
[86] 李耀文. 均值代换在解竞赛题中的应用[J]. 中等数学,2010(8):2-5.
[87] 吴军. 妙用广义权方和不等式证明 IMO 试题[J]. 数理化解题研究(高中版),2014(8).16.
[88] 王庆金. 一道 IMO 平面几何题溯源[J]. 中学数学研究,2014(1):50.
[89] 秦建华. 一道 IMO 试题的另解与探究[J]. 中学教学参考,2014(8):40.
[90] 张上伟,陈华梅,吴康. 一道取整函数 IMO 试题的推广[J]. 中学数学研究(华南师范大学版),2013(23):42-43
[91] 尹广金. 一道美国数学奥林匹克试题的引伸[J]. 中学数学研究,2013(11):50.
[92] 熊斌,李秋生. 第 54 届 IMO 试题解答[J]. 中等数学,2013(9):20-27.
[93] 杨同伟. 一道 IMO 试题的向量解法及推广[J]. 中学生数学,2012(23):30.
[94] 李凤清,徐志军. 第 42 届 IMO 第二题的证明与加强[J] 四川职业技术学院学报,2012(5):153-154.
[95] 熊斌. 第 52 届 IMO 试题解答[J]. 中等数学,2011(9):16-20.
[96] 董志明. 多元变量 局部调整——一道 IMO 试题的新解与推广[J]. 中等数学,

2011(9):96-98.

[97] 李建潮. 一道 IMO 试题的再加强与猜想的加强[J]. 河北理科教学研究,2011(1):43-44.

[98] 边欣. 一道 IMO 试题的加强[J]. 数学通讯,2012(22):59-60.

[99] 郑日锋. 一个优美不等式与一道 IMO 试题同出一辙[J] 中等数学,2011(3):18-19.

[100] 李建潮. 一道 IMO 试题的再加强与猜想的加强[J] 河北理科教学研究,2011(1):43-44.

[101] 李长朴. 一道国际数学奥林匹克试题的拓展[J]. 数学学习与研究,2010(23):95.

[102] 李歆. 对一道 IMO 试题的探究[J]. 数学教学,2010(11):47-48.

[103] 王森生. 对一道 IMO 试题猜想的再加强及证明[J]. 福建中学数学,2010(10):48.

[104] 郝志刚. 一道国际数学竞赛题的探究[J]. 数学通讯,2010(Z2):117-118.

[105] 王业和. 一道 IMO 试题的证明与推广[J]. 中学教研(数学),2010(10):46-47.

[106] 张蕾. 一道 IMO 试题的商榷与猜想[J]. 青春岁月,2010(18):121.

[107] 张俊. 一道 IMO 试题的又一漂亮推广[J]. 中学数学月刊,2010(8):43.

[108] 秦庆雄,范花妹. 一道第 42 届 IMO 试题加强的另一简证[J]. 数学通讯,2010(14):59.

[109] 李建潮. 一道 IMO 试题的引申与瓦西列夫不等式[J] 河北理科教学研究,2010(3):1-3.

[110] 边欣. 一道第 46 届 IMO 试题的加强[J]. 数学教学,2010(5):41-43.

[111] 杨万芳. 对一道 IMO 试题的探究[J] 福建中学数学,2010(4):49.

[112] 熊睿. 对一道 IMO 试题的探究[J]. 中等数学,2010(4):23.

[113] 徐国辉,舒红霞. 一道第 42 届 IMO 试题的再加强[J]. 数学通讯,2010(8):61.

[114] 周峻民,郑慧娟. 一道 IMO 试题的证明及其推广[J]. 中学教研(数学),2011(12):41-43.

[115] 陈鸿斌. 一道 IMO 试题的加强与推广[J]. 中学数学研究,2011(11):49-50.

[116] 袁安全. 一道 IMO 试题的巧证[J]. 中学生数学,2010(8):35.

[117] 边欣. 一道第 50 届 IMO 试题的探究[J]. 数学教学,2010(3):10-12.

[118] 陈智国. 关于 IMO25-1 的推广[J]. 人力资源管理,2010(2):112-113.

[119] 薛相林. 一道 IMO 试题的类比拓广及简解[J]. 中学数学研究,2010(1):49.

[120] 王增强. 一道第 42 届 IMO 试题加强的简证[J]. 数学通讯,2010(2):61.

[121] 邵广钱. 一道 IMO 试题的另解[J]. 中学数学月刊,2009(10):43-44.

[122] 侯典峰. 一道 IMO 试题的加强与推广[J] 中学数学,2009(23):22-23.

[123] 朱华伟,付云皓. 第 50 届 IMO 试题解答[J]. 中等数学,2009(9):18-21.

[124] 边欣. 一道 IMO 试题的推广及简证[J]. 数学教学,2009(9):27,29.

[125] 朱华伟. 第 50 届 IMO 试题[J]. 中等数学,2009(8):50.

[126] 刘凯峰,龚浩生. 一道 IMO 试题的隔离与推广[J]. 中等数学,2009(7):19-20.

[127] 宋庆. 一道第 42 届 IMO 试题的加强[J]. 数学通讯,2009(10):43.

[128] 李建潮. 偶得一道 IMO 试题的指数推广[J]. 数学通讯,2009(10):44.

[129] 吴立宝,李长会. 一道 IMO 竞赛试题的证明[J]. 数学教学通讯,2009(12):64.

[130] 徐章韬. 一道 30 届 IMO 试题的别解[J]. 中学数学杂志, 2009(3):45.

[131] 张俊. 一道 IMO 试题引发的探索[J]. 数学通讯, 2009(4):31.

[132] 曹程锦. 一道第 49 届 IMO 试题的解题分析[J]. 数学通讯, 2008(23):41.

[133] 刘松华, 孙明辉, 刘凯年. "化蝶"——一道 IMO 试题证明的探索[J]. 中学数学杂志, 2008(12):54-55.

[134] 安振平. 两道数学竞赛试题的链接[J]. 中小学数学(高中版), 2008(10):45.

[135] 李建潮. 一道 IMO 试题引发的思索[J]. 中小学数学(高中版), 2008(9):44-45.

[136] 熊斌, 冯志刚. 第 49 届 IMO 试题解答[J] 中等数学, 2008(9):封底.

[137] 边欣. 一道 IMO 试题结果的加强及应用[J]. 中学数学月刊, 2008(9):29-30.

[138] 熊斌, 冯志刚. 第 49 届 IMO 试题[J] 中等数学, 2008(8):封底.

[139] 沈毅. 一道 IMO 试题的推广[J]. 中学数学月刊, 2008(8):49.

[140] 令标. 一道 48 届 IMO 试题引申的别证[J]. 中学数学杂志, 2008(8):44-45.

[141] 吕建恒. 第 48 届 IMO 试题 4 的简证[J]. 中学数学月刊, 2008(7):40.

[142] 熊光汉. 对一道 IMO 试题的探究[J]. 中学数学杂志, 2008(6):56.

[143] 沈毅, 罗元建. 对一道 IMO 赛题的探析[J]. 中学教研(数学), 2008(5):42-43

[144] 厉倩. 两道 IMO 试题探秘[J] 数理天地(高中版), 2008(4):21-22.

[145] 徐章韬. 从方差的角度解析一道 IMO 试题[J]. 中学数学杂志, 2008(3):29.

[146] 令标. 一道 IMO 试题的别证[J]. 中学数学教学, 2008(2):63-64.

[147] 李耀文. 一道 IMO 试题的别证[J]. 中学数学月刊, 2008(2):52.

[148] 张伟新. 一道 IMO 试题的两种纯几何解法[J]. 中学数学月刊, 2007(11):48.

[149] 朱华伟. 第 48 届 IMO 试题解答[J]. 中等数学, 2007(9):20-22.

[150] 朱华伟. 第 48 届 IMO 试题[J]. 中等数学, 2007(8):封底.

[151] 边欣. 一道 IMO 试题结果的加强[J]. 数学教学, 2007(3):49.

[152] 丁兴春. 一道 IMO 试题的推广[J]. 中学数学研究, 2006(10):49-50.

[153] 李胜宏. 第 47 届 IMO 试题解答[J]. 中等数学, 2006(9):22-24.

[154] 李胜宏. 第 47 届 IMO 试题[J]. 中等数学, 2006(8):封底.

[155] 傅启铭. 一道美国 IMO 试题变形后的推广[J]. 遵义师范学院学报, 2006(1):74-75.

[156] 熊斌. 第 46 届 IMO 试题[J] 中等数学, 2005(8):50.

[157] 文开庭. 一道 IMO 赛题的新隔离推广及其应用[J]. 毕节师范高等专科学校学报(综合版), 2005(2):59-62.

[158] 熊斌, 李建泉. 第 53 届 IMO 预选题(四)[J]. 中等数学, 2013(12):21-25.

[159] 熊斌, 李建泉. 第 53 届 IMO 预选题(三)[J]. 中等数学, 2013(11):22-27.

[160] 熊斌, 李建泉. 第 53 届 IMO 预选题(二)[J]. 中等数学, 2013(10):18-23

[161] 熊斌, 李建泉. 第 53 届 IMO 预选题(一)[J]. 中等数学, 2013(9):28-32.

[162] 王建荣, 王旭. 简证一道 IMO 预选题[J]. 中等数学, 2012(2):16-17.

[163] 熊斌, 李建泉. 第 52 届 IMO 预选题(四)[J]. 中等数学, 2012(12):18-22.

[164] 熊斌, 李建泉. 第 52 届 IMO 预选题(三)[J]. 中等数学, 2012(11):18-22.

[165] 李建泉. 第 51 届 IMO 预选题(四)[J]. 中等数学, 2011(11):17-20.

[166] 李建泉. 第 51 届 IMO 预选题(三)[J]. 中等数学, 2011(10):16-19.

[167] 李建泉. 第51届IMO预选题(二)[J]. 中等数学,2011(9):20-27.
[168] 李建泉. 第51届IMO预选题(一)[J]. 中等数学,2011(8):17-20.
[169] 高凯. 浅析一道IMO预选题[J]. 中等数学,2011(3):16-18.
[170] 娄姗姗. 利用等价形式证明一道IMO预选题[J]. 中等数学,2011(1):13,封底.
[171] 李奋平. 从最小数入手证明一道IMO预选题[J]. 中等数学,2011(1):14.
[172] 李赛. 一道IMO预选题的另证[J]. 中等数学,2011(1):15.
[173] 李建泉. 第50届IMO预选题(四)[J]. 中等数学,2010(11):19-22.
[174] 李建泉. 第50届IMO预选题(三)[J]. 中等数学,2010(10):19-22.
[175] 李建泉. 第50届IMO预选题(二)[J]. 中等数学,2010(9):21-27.
[176] 李建泉. 第50届IMO预选题(一)[J]. 中等数学,2010(8):19-22.
[177] 沈毅. 一道49届IMO预选题的推广[J]. 中学数学月刊,2010(04):45.
[178] 宋强. 一道第47届IMO预选题的简证[J]. 中等数学,2009(11):12.
[179] 李建泉. 第49届IMO预选题(四)[J]. 中等数学,2009(11):19-23.
[180] 李建泉. 第49届IMO预选题(三)[J]. 中等数学,2009(10):19-23.
[181] 李建泉. 第49届IMO预选题(二)[J]. 中等数学,2009(9):22-25.
[182] 李建泉. 第49届IMO预选题(一)[J]. 中等数学,2009(8):18-22.
[183] 李慧,郭璋. 一道IMO预选题的证明与推广[J]. 数学通讯,2009(22):45-47.
[184] 杨学枝. 一道IMO预选题的拓展与推广[J]. 中等数学,2009(7):18-19.
[185] 吴光耀,李世杰. 一道IMO预选题的推广[J]. 上海中学数学,2009(05):48.
[186] 李建泉. 第48届IMO预选题(四)[J]. 中等数学,2008(11):18-24.
[187] 李建泉. 第48届IMO预选题(三)[J]. 中等数学,2008(10):18-23.
[188] 李建泉. 第48届IMO预选题(二)[J]. 中等数学,2008(9):21-24.
[189] 李建泉. 第48届IMO预选题(一)[J]. 中等数学,2008(8):22-26.
[190] 苏化明. 一道IMO预选题的探讨[J]. 中等数学,2007(9):46-48.
[191] 李建泉. 第47届IMO预选题(下)[J]. 中等数学,2007(11):17-22.
[192] 李建泉. 第47届IMO预选题(中)[J]. 中等数学,2007(10):18-23.
[193] 李建泉. 第47届IMO预选题(上)[J]. 中等数学,2007(9):24-27.
[194] 沈毅. 一道IMO预选题的再探索[J]. 中学数学教学,2008(1):58-60.
[195] 刘才华. 一道IMO预选题的简证[J]. 中等数学,2007(8):24.
[196] 苏化明. 一道IMO预选题的探讨[J]. 中等数学,2007(9):19-20.
[197] 李建泉. 第46届IMO预选题(下)[J]. 中等数学,2006(11):19-24.
[198] 李建泉. 第46届IMO预选题(中)[J]. 中等数学,2006(10):22-25.
[199] 李建泉. 第46届IMO预选题(上)[J]. 中等数学,2006(9):25-28.
[200] 贯福春. 吴娃双舞醉芙蓉——一道IMO预选题赏析[J]. 中学生数学,2006(18):21,18.
[201] 杨学枝. 一道IMO预选题的推广[J]. 中等数学,2006(5):17.
[202] 邹宇,沈文选. 一道IMO预选题的再推广[J]. 中学数学研究,2006(4):49-50.
[203] 苏炜杰. 一道IMO预选题的简证[J]. 中等数学,2006(2):21.
[204] 李建泉. 第45届IMO预选题(下)[J]. 中等数学,2005(11):28-30.

[205] 李建泉. 第 45 届 IMO 预选题(中)[J]. 中等数学,2005(10):32-36.
[206] 李建泉. 第 45 届 IMO 预选题(上)[J]. 中等数学,2005(9):23-29.
[207] 苏化明. 一道 IMO 预选题的探索[J]. 中等数学,2005(9):9-10.
[208] 谷焕春,周金峰. 一道 IMO 预选题的推广[J]. 中等数学,2005(2):20.
[209] 李建泉. 第 44 届 IMO 预选题(下)[J]. 中等数学,2004(6):25-30.
[210] 李建泉. 第 44 届 IMO 预选题(上)[J]. 中等数学,2004(5):27-32.
[211] 方廷刚. 复数法简证一道 IMO 预选题[J]. 中学数学月刊,2004(11):42.
[212] 李建泉. 第 43 届 IMO 预选题(下)[J]. 中等数学,2003(6):28-30.
[213] 李建泉. 第 43 届 IMO 预选题(上)[J]. 中等数学,2003(5):25-31.
[214] 孙毅. 一道 IMO 预选题的简解[J]. 中等数学,2003(5):19.
[215] 宿晓阳. 一道 IMO 预选题的推广[J]. 中学数学月刊,2002(12):40.
[216] 李建泉. 第 42 届 IMO 预选题(下)[J]. 中等数学,2002(6):32-36.
[217] 李建泉. 第 42 届 IMO 预选题(上)[J]. 中等数学,2002(5):24-29.
[218] 宋庆,黄伟民. 一道 IMO 预选题的推广[J]. 中等数学,2002(6):43.
[219] 李建泉. 第 41 届 IMO 预选题(下)[J]. 中等数学,2002(1):33-39.
[220] 李建泉. 第 41 届 IMO 预选题(中)[J]. 中等数学,2001(6):34-37.
[221] 李建泉. 第 41 届 IMO 预选题(上)[J]. 中等数学,2001(5):32-36.
[222] 方廷刚. 一道 IMO 预选题再解[J]. 中学数学月刊,2002(05):43.
[223] 蒋太煌. 第 39 届 IMO 预选题 8 的简证[J]. 中等数学,2001(5):22-23.
[224] 张赟. 一道 IMO 预选题的推广[J]. 中等数学,2001(2):26.
[225] 林运成. 第 39 届 IMO 预选题 8 别证[J]. 中等数学,2001(1):22.
[226] 李建泉. 第 40 届 IMO 预选题(上)[J]. 中等数学,2000(5):33-36.
[227] 李建泉. 第 40 届 IMO 预选题(中)[J]. 中等数学,2000(6):35-37.
[228] 李建泉. 第 41 届 IMO 预选题(下)[J]. 中等数学,2001(1):35-39.
[229] 李来敏. 一道 IMO 预选题的三种初等证法及推广[J]. 中学数学教学,2000(3): 38-39.
[230] 李来敏. 一道 IMO 预选题的两种证法[J]. 中学数学月刊,2000(3):48.
[231] 张善立. 一道 IMO 预选题的指数推广[J]. 中等数学,1999(5):24.
[232] 云保奇. 一道 IMO 预选题的另一个结论[J]. 中等数学,1999(4):21.
[233] 辛慧. 第 38 届 IMO 预选题解答(上)[J]. 中等数学,1998(5):28-31.
[234] 李直. 第 38 届 IMO 预选题解答(中)[J]. 中等数学,1998(6):31-35.
[235] 冼声. 第 38 届 IMO 预选题解答(中)[J]. 中等数学,1999(1):32-38.
[236] 石卫国. 一道 IMO 预选题的推广[J]. 陕西教育学院学报,1998(4):72-73.
[237] 张赟. 一道 IMO 预选题的引申[J]. 中等数学,1998(3):22-23.
[238] 安金鹏,李宝毅. 第 37 届 IMO 预选题及解答(上)[J]. 中等数学,1997(6):33-37.
[239] 安金鹏,李宝毅. 第 37 届 IMO 预选题及解答(下)[J]. 中等数学,1998(1):34-40.
[240] 刘江枫,李学武. 第 37 届 IMO 预选题[J]. 中等数学,1997(5):30-32.
[241] 党庆寿. 一道 IMO 预选题的简解[J]. 中学数学月刊,1997(8):43-44.
[242] 黄汉生. 一道 IMO 预选题的加强[J]. 中等数学,1997(3):17.

[243] 贝嘉禄. 一道国际竞赛预选题的加强[J]. 中学数学月刊,1997(6):26-27.
[244] 王富英. 一道 IMO 预选题的推广及其应用[J]. 中学数学教学参,1997(8~9):74-75.
[245] 孙哲. 一道 IMO 预选题的简证与加强[J]. 中等数学,1996(3):18.
[246] 李学武. 第 36 届 IMO 预选题及解答(下)[J]. 中等数学,1996(6):26-29,37.
[247] 张善立. 一道 IMO 预选题的简证[J]. 中等数学,1996(10):36.
[248] 李建泉. 利用根轴的性质解一道 IMO 预选题[J]. 中等数学,1996(4):14.
[249] 黄虎. 一道 IMO 预选题妙解及推广[J]. 中等数学,1996(4):15.
[250] 严鹏. 一道 IMO 预选题探讨[J]. 中等数学,1996(2):16.
[251] 杨桂芝. 第 34 届 IMO 预选题解答(上)[J]. 中等数学,1995(6):28-31.
[252] 杨桂芝. 第 34 届 IMO 预选题解答(中)[J]. 中等数学,1996(1):29-31.
[253] 杨桂芝. 第 34 届 IMO 预选题解答(下)[J]. 中等数学,1996(2):21-23.
[254] 舒金银. 一道 IMO 预选题简证[J]. 中等数学,1995(1):16-17.
[255] 黄宣国,夏兴国. 第 35 届 IMO 预选题[J]. 中等数学,1994(5):19-20.
[256] 苏淳,严镇军. 第 33 届 IMO 预选题[J]. 中等数学,1993(2):19-20.
[257] 耿立顺. 一道 IMO 预选题的简单解法[J]. 中学教研,1992(05):26.
[258] 苏化明. 谈一道 IMO 预选题[J]. 中学教研,1992(05):28-30.
[259] 黄玉民. 第 32 届 IMO 预选题及解答[J]. 中等数学,1992(1):22-34.
[260] 朱华伟. 一道 IMO 预选题的溯源及推广[J]. 中学数学,1991(03):45-46.
[261] 蔡玉书. 一道 IMO 预选题的推广[J]. 中等数学,1990(6):9.
[262] 第 31 届 IMO 选题委员会. 第 31 届 IMO 预选题解答[J]. 中等数学,1990(5):7-22,封底.
[263] 单墫,刘亚强. 第 30 届 IMO 预选题解答[J]. 中等数学,1989(5):6-17.
[264] 苏化明. 一道 IMO 预选题的推广及应用[J]. 中等数学,1989(4):16-19.

后记 | Postscript

行为的背后是动机,编一套洋洋百万言的丛书一定要有很强的动机才行,借后记不妨和盘托出.

首先,这是一本源于"匮乏"的书. 1976 年编者初中一年级,时值"文化大革命"刚刚结束,物质产品与精神产品极度匮乏,学校里薄薄的数学教科书只有几个极简单的习题,根本满足不了学习的需要. 当时全国书荒,偌大的书店无书可寻,学生无题可做,在这种情况下,笔者的班主任郭清泉老师便组织学生自编习题集. 如果说忠诚党的教育事业不仅仅是一个口号的话,那么郭老师确实做到了. 在其个人生活极为困顿的岁月里,他拿出多年珍藏的数学课外书领着一批初中学生开始选题、刻钢板、推油辊. 很快一本本散发着油墨清香的习题集便发到了每个同学的手中,喜悦之情难以名状,正如高尔基所说:"像饥饿的人扑到了面包上."当时电力紧张,经常停电,晚上写作业时常点蜡烛,冬夜,烛光如豆,寒气逼人,伏案演算着自己编的数学题,沉醉其中,物我两忘. 30 多年后同样的冬夜,灯光如昼,温暖如夏,坐拥书城,竟茫然不知所措,此时方觉匮乏原来也是一种美(想想西南联大当时在山洞里、在防空洞中,学数学学成了多少大师级人物. 日本战后恢复期产生了三位物理学诺贝尔奖获得者,如汤川秀树等,以及高木贞治、小平邦彦、广中平佑的成长都证明了这一点),可惜现在的学生永远也体验不到那种意境了(中国人也许是世界上最讲究意境的,所谓"雪夜闭门读禁书",也是一种意境),所以编此书颇有怀旧之感. 有趣的是后来这次经历竟在笔者身上产生了

"异化",抄习题的乐趣多于做习题,比为买椟还珠不以为过,四处收集含有习题的数学著作,从吉米多维奇到菲赫金哥尔茨,从斯米尔诺夫到维诺格拉朵夫,从笹部贞市郎到哈尔莫斯,乐此不疲。凡30年几近偏执,朋友戏称:"这是一种不需治疗的精神病。"虽然如此,毕竟染此"病症"后容易忽视生活中那些原本的乐趣。这有些像葛朗台用金币碰撞的叮当声取代了花金币的真实快感一样。匮乏带给人的除了美感之外,更多的是恐惧。中国科学院数学研究所数论室主任徐广善先生来哈尔滨工业大学讲课,课余时曾透露过陈景润先生生前的一个小秘密(曹珍富教授转述,编者未加核实)。陈先生的一只抽屉中存有多只快生锈的上海牌手表。这个不可思议的现象源于当年陈先生所经历过的可怕的匮乏。大学刚毕业,分到北京四中,后被迫离开,衣食无着,生活窘迫,后虽好转,但那次经历给陈先生留下了深刻记忆,为防止以后再次陷于匮乏,就买了当时陈先生认为在中国最能保值增值的上海牌手表,以备不测。像经历过饥饿的田鼠会疯狂地往洞里搬运食物一样,经历过如饥似渴却无题可做的编者在潜意识中总是觉得题少,只有手中有大量习题集,心里才觉安稳。所以很多时候表面看是一种热爱,但更深层次却是恐惧,是缺少富足感的体现。

其次,这是一本源于"传承"的书。哈尔滨作为全国解放最早的城市,开展数学竞赛活动也是很早的,早期哈尔滨工业大学的吴从炘教授、黑龙江大学的颜秉海教授、船舶工程学院(现哈尔滨工程大学)的戴遗山教授、哈尔滨师范大学的吕庆祝教授作为先行者为哈尔滨的数学竞赛活动打下了基础,定下了格调。中期哈尔滨市教育学院王翠满教授、王万祥教授、时承权教授,哈尔滨师专的冯宝琦教授、陆子采教授,哈尔滨师范大学的贾广聚教授,黑龙江大学的王路群教授、曹重光教授,哈三中的周建成老师,哈一中的尚杰老师,哈师大附中的沙洪泽校长,哈六中的董乃培老师,为此作出了长期的努力。20世纪80年代中期开始,一批中青年数学工作者开始加入,主要有哈尔滨工业大学的曹珍富教授、哈师大附中的李修福老师及笔者。90年代中期,哈尔滨的数学奥林匹克活动渐入佳境,又有像哈师大附中刘利益等老师加入进来,但在高等学校中由于搞数学竞赛研究既不算科研又不计入工作量,所以再坚持难免会被边缘化,于是研究人员逐渐以中学教师为主,在高校中近乎绝迹。2008年CMO在哈尔滨举行,大型专业杂志《数学奥林匹克与数学文化》创刊,好戏连台,让哈尔滨的数学竞赛事业再度辉煌。

第三，这是一本源于"氛围"的书。很难想象速滑运动员产生于非洲，也无法相信深山古刹之外会有高僧。环境与氛围至关重要。在整个社会日益功利化、世俗化、利益化、平面化的大背景下，编者师友们所营造的小的氛围影响着其中每个人的道路选择，以学有专长为荣，不学无术为耻的价值观点互相感染、共同坚守，用韩波博士的话讲，这已是我们这台计算机上的硬件。赖于此，本书的出炉便在情理之中，所以理应致以敬意，借此向王忠玉博士、张本祥博士、郭梦书博士、吕书臣博士、康大臣博士、刘孝廷博士、刘晓燕博士、王延青博士、钟德寿博士、薛小平博士、韩波博士、李龙锁博士、刘绍武博士对笔者多年的关心与鼓励致以诚挚的谢意，特别是尚琥教授在编者即将放弃之际给予的坚定的支持。

第四，这是一个"蝴蝶效应"的产物。如果说人的成长过程具有一点动力系统迭代的特征的话，那么其方程一定是非线性的，即对初始条件具有敏感依赖的，俗称"蝴蝶效应"。简单说就是一个微小的"扰动"会改变人生的轨迹，如著名拓扑学家，纽结大师王诗宬1977年时还是一个喜欢中国文学史的插队知青，一次他到北京去游玩，坐332路车去颐和园，看见"北京大学"四个字，就跳下车进入校门，当时他的脑子中正在想一个简单的数学问题（大多数时候他都是在推敲几句诗），就是六个人的聚会上总有三个人认识或三个人不认识（用数学术语说就是6阶2色完全图中必有单色3阶子图存在），然后碰到一个老师，就问他，他说你去问姜伯驹老师（我国著名数学家姜亮夫之子），姜伯驹老师的办公室就在我办公室对面。而当他找到姜伯驹教授时，姜伯驹说为什么不来试试学数学，于是一句话，一辈子，有了今天北京大学数学所的王诗宬副所长（《世纪大讲堂》，第2辑，辽宁人民出版社，2003：128-149）。可以设想假如他遇到的是季羡林或俞平伯，今天该会是怎样。同样可以设想，如果编者初中的班主任老师是一位体育老师，足球健将的话，那么今天可能会多一位超级球迷"罗西"，少一位执着的业余数学爱好者，也绝不会有本书的出现。

第五，这也是一本源于"尴尬"的书。编者高中就读于一所具有数学竞赛传统的学校，班主任是学校主抓数学竞赛的沙洪泽老师。当时成立数学兴趣小组时，同学们非常踊跃，但名额有限，可能是沙老师早已发现编者并无数学天分所以不被选中，再次申请并请姐姐（在同校高二年级）去求情均未果。遂产生逆反心理，后来坚持以数学谋生，果真由于天资不足，屡战屡败，虽自我鼓励，屡败再屡战，但其结果仍如寒山子诗所说："用力磨碌砖，那堪将作镜。"直至而立之年，幡然悔悟，但

"贼船"既上,回头已晚,彻底告别又心有不甘,于是以业余身份尴尬地游走于业界20余年,才有今天此书问世.

看来如果当初沙老师增加一个名额让编者尝试一下,后再知难而退,结果可能会皆大欢喜.但有趣的是当年竞赛小组的人竟无一人学数学专业,也无一人从事数学工作.看来教育是很值得研究的,"欲擒故纵"也不失为一种好方法.沙老师后来也放弃了数学教学工作,从事领导工作,转而研究教育,颇有所得,还出版了专著《教育——为了人的幸福》(教育科学出版社,2005),对此进行了深入研究.

最后,这也是一本源于"信心"的书.近几年,一些媒体为了吸引眼球,不惜把中国在国际上处于领先地位的数学奥林匹克妖魔化且多方打压,此时编写这套题集是有一定经济风险的.但编者坚信中国人对数学是热爱的.利玛窦、金尼阁指出:"多少世纪以来,上帝表现了不只用一种方法把人们吸引到他身边.垂钓人类的渔人以自己特殊的方法吸引人们的灵魂落入他的网中,也就不足为奇了.任何可能认为伦理学、物理学和数学在教会工作中并不重要的人,都是不知道中国人的口味的,他们缓慢地服用有益的精神药物,除非它有知识的作料增添味道."(利玛窦,金尼阁,著.《利玛窦中国札记》.何高济,王遵仲,李申,译.何兆武,校.中华书局,1983:347).中国的广大中学生对数学竞赛活动是热爱的,是能够被数学所吸引的,对此我们有充分的信心.而且,奥林匹克之于中国就像围棋之于日本,足球之于巴西,瑜伽之于印度一样,在世界上有品牌优势.2001年笔者去新西兰探亲,在奥克兰的一份中文报纸上看到一则广告,赫然写着中国内地教练专教奥数,打电话过去询问,对方声音甜美,颇富乐感,原来是毕业于沈阳音乐学院的女学生,在新西兰找工作四处碰壁后,想起在大学念书期间勤工俭学时曾辅导过小学生奥数,所以,便想一试身手,果真有家长把小孩送来,她便也以教练自居,可见数学奥林匹克已经成为一种类似于中国制造的品牌.出版这样的书,担心何来呢!

数学无国界,它是人类最共性的语言.数学超理性多呈冰冷状,所以一个个性化的,充满个体真情实感的后记是需要的,虽然难免有自恋之嫌,但毕竟带来一丝人气.

刘培杰

2014年10月

刘培杰数学工作室
已出版(即将出版)图书目录——初等数学

书　　名	出版时间	定　价	编号
新编中学数学解题方法全书(高中版)上卷(第2版)	2018—08	58.00	951
新编中学数学解题方法全书(高中版)中卷(第2版)	2018—08	68.00	952
新编中学数学解题方法全书(高中版)下卷(一)(第2版)	2018—08	58.00	953
新编中学数学解题方法全书(高中版)下卷(二)(第2版)	2018—08	58.00	954
新编中学数学解题方法全书(高中版)下卷(三)(第2版)	2018—08	68.00	955
新编中学数学解题方法全书(初中版)上卷	2008—01	28.00	29
新编中学数学解题方法全书(初中版)中卷	2010—07	38.00	75
新编中学数学解题方法全书(高考复习卷)	2010—01	48.00	67
新编中学数学解题方法全书(高考真题卷)	2010—01	38.00	62
新编中学数学解题方法全书(高考精华卷)	2011—03	68.00	118
新编平面解析几何解题方法全书(专题讲座卷)	2010—01	18.00	61
新编中学数学解题方法全书(自主招生卷)	2013—08	88.00	261

数学奥林匹克与数学文化(第一辑)	2006—05	48.00	4
数学奥林匹克与数学文化(第二辑)(竞赛卷)	2008—01	48.00	19
数学奥林匹克与数学文化(第二辑)(文化卷)	2008—07	58.00	36'
数学奥林匹克与数学文化(第三辑)(竞赛卷)	2010—01	48.00	59
数学奥林匹克与数学文化(第四辑)(竞赛卷)	2011—08	58.00	87
数学奥林匹克与数学文化(第五辑)	2015—06	98.00	370

世界著名平面几何经典著作钩沉——几何作图专题卷(共3卷)	2022—01	198.00	1460
世界著名平面几何经典著作钩沉(民国平面几何老课本)	2011—03	38.00	113
世界著名平面几何经典著作钩沉(建国初期平面三角老课本)	2015—08	38.00	507
世界著名解析几何经典著作钩沉——平面解析几何卷	2014—01	38.00	264
世界著名数论经典著作钩沉(算术卷)	2012—01	28.00	125
世界著名数学经典著作钩沉——立体几何卷	2011—02	28.00	88
世界著名三角学经典著作钩沉(平面三角卷Ⅰ)	2010—06	28.00	69
世界著名三角学经典著作钩沉(平面三角卷Ⅱ)	2011—01	38.00	78
世界著名初等数论经典著作钩沉(理论和实用算术卷)	2011—07	38.00	126
世界著名几何经典著作钩沉(解析几何卷)	2022—10	68.00	1564

发展你的空间想象力(第3版)	2021—01	98.00	1464
空间想象力进阶	2019—05	68.00	1062
走向国际数学奥林匹克的平面几何试题诠释. 第1卷	2019—07	88.00	1043
走向国际数学奥林匹克的平面几何试题诠释. 第2卷	2019—09	78.00	1044
走向国际数学奥林匹克的平面几何试题诠释. 第3卷	2019—03	78.00	1045
走向国际数学奥林匹克的平面几何试题诠释. 第4卷	2019—09	98.00	1046
平面几何证明方法全书	2007—08	35.00	1
平面几何证明方法全书习题解答(第2版)	2006—12	18.00	10
平面几何天天练上卷·基础篇(直线型)	2013—01	58.00	208
平面几何天天练中卷·基础篇(涉及圆)	2013—01	28.00	234
平面几何天天练下卷·提高篇	2013—01	58.00	237
平面几何专题研究	2013—07	98.00	258
平面几何解题之道. 第1卷	2022—05	38.00	1494
几何学习题集	2020—10	48.00	1217
通过解题学习代数几何	2021—04	88.00	1301
圆锥曲线的奥秘	2022—06	88.00	1541

刘培杰数学工作室
已出版(即将出版)图书目录——初等数学

书　名	出版时间	定价	编号
最新世界各国数学奥林匹克中的平面几何试题	2007—09	38.00	14
数学竞赛平面几何典型题及新颖解	2010—07	48.00	74
初等数学复习及研究(平面几何)	2008—09	68.00	38
初等数学复习及研究(立体几何)	2010—06	38.00	71
初等数学复习及研究(平面几何)习题解答	2009—01	58.00	42
几何学教程(平面几何卷)	2011—03	68.00	90
几何学教程(立体几何卷)	2011—07	68.00	130
几何变换与几何证题	2010—06	88.00	70
计算方法与几何证题	2011—06	28.00	129
立体几何技巧与方法(第2版)	2022—10	168.00	1572
几何瑰宝——平面几何500名题暨1500条定理(上、下)	2021—07	168.00	1358
三角形的解法与应用	2012—07	18.00	183
近代的三角形几何学	2012—07	48.00	184
一般折线几何学	2015—08	48.00	503
三角形的五心	2009—06	28.00	51
三角形的六心及其应用	2015—10	68.00	542
三角形趣谈	2012—08	28.00	212
解三角形	2014—01	28.00	265
探秘三角形:一次数学旅行	2021—10	68.00	1387
三角学专门教程	2014—09	28.00	387
图天下几何新题试卷.初中(第2版)	2017—11	58.00	855
圆锥曲线习题集(上册)	2013—06	68.00	255
圆锥曲线习题集(中册)	2015—01	78.00	434
圆锥曲线习题集(下册·第1卷)	2016—10	78.00	683
圆锥曲线习题集(下册·第2卷)	2018—01	98.00	853
圆锥曲线习题集(下册·第3卷)	2019—10	128.00	1113
圆锥曲线的思想方法	2021—08	48.00	1379
圆锥曲线的八个主要问题	2021—10	48.00	1415
论九点圆	2015—05	88.00	645
近代欧氏几何学	2012—03	48.00	162
罗巴切夫斯基几何学及几何基础概要	2012—07	28.00	188
罗巴切夫斯基几何学初步	2015—06	28.00	474
用三角、解析几何、复数、向量计算解数学竞赛几何题	2015—03	48.00	455
用解析法研究圆锥曲线的几何理论	2022—05	48.00	1495
美国中学几何教程	2015—04	88.00	458
三线坐标与三角形特征点	2015—04	98.00	460
坐标几何学基础.第1卷,笛卡儿坐标	2021—08	48.00	1398
坐标几何学基础.第2卷,三线坐标	2021—09	28.00	1399
平面解析几何方法与研究(第1卷)	2015—05	18.00	471
平面解析几何方法与研究(第2卷)	2015—06	18.00	472
平面解析几何方法与研究(第3卷)	2015—07	18.00	473
解析几何研究	2015—01	38.00	425
解析几何学教程.上	2016—01	38.00	574
解析几何学教程.下	2016—01	38.00	575
几何学基础	2016—01	58.00	581
初等几何研究	2015—02	58.00	444
十九和二十世纪欧氏几何学中的片段	2017—01	58.00	696
平面几何中考.高考.奥数一本通	2017—07	28.00	820
几何学简史	2017—08	28.00	833
四面体	2018—01	48.00	880
平面几何证明方法思路	2018—12	68.00	913
折纸中的几何练习	2022—09	48.00	1559
中学新几何学(英文)	2022—10	98.00	1562
线性代数与几何	2023—04	68.00	1633

刘培杰数学工作室
已出版(即将出版)图书目录——初等数学

书　　名	出版时间	定　价	编号
平面几何图形特性新析.上篇	2019—01	68.00	911
平面几何图形特性新析.下篇	2018—06	88.00	912
平面几何范例多解探究.上篇	2018—04	48.00	910
平面几何范例多解探究.下篇	2018—12	68.00	914
从分析解题过程学解题:竞赛中的几何问题研究	2018—07	68.00	946
从分析解题过程学解题:竞赛中的向量几何与不等式研究(全2册)	2019—06	138.00	1090
从分析解题过程学解题:竞赛中的不等式问题	2021—01	48.00	1249
二维、三维欧氏几何的对偶原理	2018—12	38.00	990
星形大观及闭折线论	2019—03	68.00	1020
立体几何的问题和方法	2019—11	58.00	1127
三角代换论	2021—05	58.00	1313
俄罗斯平面几何问题集	2009—08	88.00	55
俄罗斯立体几何问题集	2014—03	58.00	283
俄罗斯几何大师——沙雷金论数学及其他	2014—01	48.00	271
来自俄罗斯的5000道几何习题及解答	2011—03	58.00	89
俄罗斯初等数学问题集	2012—05	38.00	177
俄罗斯函数问题集	2011—03	38.00	103
俄罗斯组合分析问题集	2011—01	48.00	79
俄罗斯初等数学万题选——三角卷	2012—11	38.00	222
俄罗斯初等数学万题选——代数卷	2013—08	68.00	225
俄罗斯初等数学万题选——几何卷	2014—01	68.00	226
俄罗斯《量子》杂志数学征解问题100题选	2018—08	48.00	969
俄罗斯《量子》杂志数学征解问题又100题选	2018—08	48.00	970
俄罗斯《量子》杂志数学征解问题	2020—05	48.00	1138
463个俄罗斯几何老问题	2012—01	28.00	152
《量子》数学短文精粹	2018—09	38.00	972
用三角、解析几何等计算解来自俄罗斯的几何题	2019—11	88.00	1119
基谢廖夫平面几何	2022—01	48.00	1461
基谢廖夫立体几何	2023—04	48.00	1599
数学:代数、数学分析和几何(10—11年级)	2021—01	48.00	1250
立体几何.10—11年级	2022—01	58.00	1472
直观几何学:5—6年级	2022—04	58.00	1508
平面几何:9—11年级	2022—10	48.00	1571

谈谈素数	2011—03	18.00	91
平方和	2011—03	18.00	92
整数论	2011—05	38.00	120
从整数谈起	2015—10	28.00	538
数与多项式	2016—01	38.00	558
谈谈不定方程	2011—05	28.00	119
质数漫谈	2022—07	68.00	1529

解析不等式新论	2009—06	68.00	48
建立不等式的方法	2011—03	98.00	104
数学奥林匹克不等式研究(第2版)	2020—07	68.00	1181
不等式研究(第二辑)	2012—02	68.00	153
不等式的秘密(第一卷)(第2版)	2014—02	38.00	286
不等式的秘密(第二卷)	2014—01	38.00	268
初等不等式的证明方法	2010—06	38.00	123
初等不等式的证明方法(第二版)	2014—11	38.00	407
不等式·理论·方法(基础卷)	2015—07	38.00	496
不等式·理论·方法(经典不等式卷)	2015—07	38.00	497
不等式·理论·方法(特殊类型不等式卷)	2015—07	48.00	498
不等式探究	2016—03	38.00	582
不等式探秘	2017—01	88.00	689
四面体不等式	2017—01	68.00	715
数学奥林匹克中常见重要不等式	2017—09	38.00	845

刘培杰数学工作室
已出版(即将出版)图书目录——初等数学

书 名	出版时间	定价	编号
三正弦不等式	2018-09	98.00	974
函数方程与不等式:解法与稳定性结果	2019-04	68.00	1058
数学不等式.第1卷,对称多项式不等式	2022-05	78.00	1455
数学不等式.第2卷,对称有理不等式与对称无理不等式	2022-05	88.00	1456
数学不等式.第3卷,循环不等式与非循环不等式	2022-05	88.00	1457
数学不等式.第4卷,Jensen不等式的扩展与加细	2022-05	88.00	1458
数学不等式.第5卷,创建不等式与解不等式的其他方法	2022-05	88.00	1459
同余理论	2012-05	38.00	163
$[x]$与$\{x\}$	2015-04	48.00	476
极值与最值.上卷	2015-06	28.00	486
极值与最值.中卷	2015-06	38.00	487
极值与最值.下卷	2015-06	28.00	488
整数的性质	2012-11	38.00	192
完全平方数及其应用	2015-08	78.00	506
多项式理论	2015-10	88.00	541
奇数、偶数、奇偶分析法	2018-01	98.00	876
不定方程及其应用.上	2018-12	58.00	992
不定方程及其应用.中	2019-01	78.00	993
不定方程及其应用.下	2019-02	98.00	994
Nesbitt不等式加强式的研究	2022-06	128.00	1527
最值定理与分析不等式	2023-02	78.00	1567
一类积分不等式	2023-02	88.00	1579
邦费罗尼不等式及概率应用	2023-05	58.00	1637
历届美国中学生数学竞赛试题及解答(第一卷)1950—1954	2014-07	18.00	277
历届美国中学生数学竞赛试题及解答(第二卷)1955—1959	2014-04	18.00	278
历届美国中学生数学竞赛试题及解答(第三卷)1960—1964	2014-06	18.00	279
历届美国中学生数学竞赛试题及解答(第四卷)1965—1969	2014-04	28.00	280
历届美国中学生数学竞赛试题及解答(第五卷)1970—1972	2014-06	18.00	281
历届美国中学生数学竞赛试题及解答(第六卷)1973—1980	2017-07	18.00	768
历届美国中学生数学竞赛试题及解答(第七卷)1981—1986	2015-01	18.00	424
历届美国中学生数学竞赛试题及解答(第八卷)1987—1990	2017-05	18.00	769
历届中国数学奥林匹克试题集(第3版)	2021-10	58.00	1440
历届加拿大数学奥林匹克试题集	2012-08	38.00	215
历届美国数学奥林匹克试题集:1972~2019	2020-04	88.00	1135
历届波兰数学竞赛试题集.第1卷,1949~1963	2015-03	18.00	453
历届波兰数学竞赛试题集.第2卷,1964~1976	2015-03	18.00	454
历届巴尔干数学奥林匹克试题集	2015-05	38.00	466
保加利亚数学奥林匹克	2014-10	38.00	393
圣彼得堡数学奥林匹克试题集	2015-01	38.00	429
匈牙利奥林匹克数学竞赛题解.第1卷	2016-05	28.00	593
匈牙利奥林匹克数学竞赛题解.第2卷	2016-05	28.00	594
历届美国数学邀请赛试题集(第2版)	2017-10	78.00	851
普林斯顿大学数学竞赛	2016-06	38.00	669
亚太地区数学奥林匹克竞赛题	2015-07	18.00	492
日本历届(初级)广中杯数学竞赛试题及解答.第1卷(2000~2007)	2016-05	28.00	641
日本历届(初级)广中杯数学竞赛试题及解答.第2卷(2008~2015)	2016-05	38.00	642
越南数学奥林匹克题选:1962—2009	2021-07	48.00	1370
360个数学竞赛问题	2016-08	58.00	677
奥数最佳实战题.上卷	2017-06	38.00	760
奥数最佳实战题.下卷	2017-06	58.00	761
哈尔滨市早期中学数学竞赛试题汇编	2016-07	28.00	672
全国高中数学联赛试题及解答:1981—2019(第4版)	2020-07	138.00	1176
2022年全国高中数学联合竞赛模拟题集	2022-06	30.00	1521

刘培杰数学工作室
已出版（即将出版）图书目录——初等数学

书　名	出版时间	定　价	编号
20 世纪 50 年代全国部分城市数学竞赛试题汇编	2017—07	28.00	797
国内外数学竞赛题及精解：2018～2019	2020—08	45.00	1192
国内外数学竞赛题及精解：2019～2020	2021—11	58.00	1439
许康华竞赛优学精选集.第一辑	2018—08	68.00	949
天问叶班数学问题征解 100 题．Ⅰ，2016—2018	2019—05	88.00	1075
天问叶班数学问题征解 100 题．Ⅱ，2017—2019	2020—07	98.00	1177
美国初中数学竞赛：AMC8 准备（共 6 卷）	2019—07	138.00	1089
美国高中数学竞赛：AMC10 准备（共 6 卷）	2019—08	158.00	1105
王连笑教你怎样学数学：高考选择题解题策略与客观题实用训练	2014—01	48.00	262
王连笑教你怎样学数学：高考数学高层次讲座	2015—02	48.00	432
高考数学的理论与实践	2009—08	38.00	53
高考数学核心题型解题方法与技巧	2010—01	28.00	86
高考思维新平台	2014—03	38.00	259
高考数学压轴题解题诀窍(上)(第 2 版)	2018—01	58.00	874
高考数学压轴题解题诀窍(下)(第 2 版)	2018—01	48.00	875
北京市五区文科数学三年高考模拟题详解：2013～2015	2015—08	48.00	500
北京市五区理科数学三年高考模拟题详解：2013～2015	2015—09	68.00	505
向量法巧解数学高考题	2009—08	28.00	54
高中数学课堂教学的实践与反思	2021—11	48.00	791
数学高考参考	2016—01	78.00	589
新课程标准高考数学解答题各种题型解法指导	2020—08	78.00	1196
全国及各省市高考数学试题审题要津与解法研究	2015—02	48.00	450
高中数学章节起始课的教学研究与案例设计	2019—05	28.00	1064
新课标高考数学——五年试题分章详解(2007～2011)(上、下)	2011—10	78.00	140,141
全国中考数学压轴题审题要津与解法研究	2013—04	78.00	248
新编全国及各省市中考数学压轴题审题要津与解法研究	2014—05	58.00	342
全国及各省市 5 年中考数学压轴题审题要津与解法研究(2015 版)	2015—04	58.00	462
中考数学专题总复习	2007—04	28.00	6
中考数学较难题常考题型解题方法与技巧	2016—09	48.00	681
中考数学难题常考题型解题方法与技巧	2016—09	48.00	682
中考数学中档题常考题型解题方法与技巧	2017—08	68.00	835
中考数学选择填空压轴好题妙解 365	2017—05	38.00	759
中考数学：三类重点考题的解法例析与习题	2020—04	48.00	1140
中小学数学的历史文化	2019—11	48.00	1124
初中平面几何百题多思创新解	2020—01	58.00	1125
初中数学中考备考	2020—01	58.00	1126
高考数学之九章演义	2019—08	68.00	1044
高考数学之难题谈笑间	2022—06	68.00	1519
化学可以这样学：高中化学知识方法智慧感悟疑难辨析	2019—07	58.00	1103
如何成为学习高手	2019—09	58.00	1107
高考数学：经典真题分类解析	2020—04	78.00	1134
高考数学解答题破解策略	2020—11	58.00	1221
从分析解题过程学解题：高考压轴题与竞赛题之关系探究	2020—08	88.00	1179
教学新思考：单元整体视角下的初中数学教学设计	2021—03	58.00	1278
思维再拓展：2020 年经典几何题的多解探究与思考	即将出版		1279
中考数学小压轴汇编初讲	2017—07	48.00	788
中考数学大压轴专题微言	2017—09	48.00	846
怎么解中考平面几何探索题	2019—06	48.00	1093
北京中考数学压轴题解题方法突破(第 8 版)	2022—11	78.00	1577
助你高考成功的数学解题智慧：知识是智慧的基础	2016—01	58.00	596
助你高考成功的数学解题智慧：错误是智慧的试金石	2016—04	58.00	643
助你高考成功的数学解题智慧：方法是智慧的推手	2016—04	68.00	657
高考数学奇思妙解	2016—04	38.00	610
高考数学解题策略	2016—05	48.00	670
数学解题泄天机(第 2 版)	2017—10	48.00	850

刘培杰数学工作室
已出版(即将出版)图书目录——初等数学

书　名	出版时间	定　价	编号
高考物理压轴题全解	2017—04	58.00	746
高中物理经典问题25讲	2017—05	28.00	764
高中物理教学讲义	2018—01	48.00	871
高中物理教学讲义:全模块	2022—03	98.00	1492
高中物理答疑解惑65篇	2021—11	48.00	1462
中学物理基础问题解析	2020—08	48.00	1183
初中数学、高中数学脱节知识补缺教材	2017—06	48.00	766
高考数学小题抢分必练	2017—10	48.00	834
高考数学核心素养解读	2017—09	38.00	839
高考数学客观题解题方法和技巧	2017—10	38.00	847
十年高考数学精品试题审题要津与解法研究	2021—10	98.00	1427
中国历届高考数学试题及解答.1949—1979	2018—01	38.00	877
历届中国高考数学试题及解答.第二卷,1980—1989	2018—10	28.00	975
历届中国高考数学试题及解答.第三卷,1990—1999	2018—10	48.00	976
数学文化与高考研究	2018—03	48.00	882
跟我学解高中数学题	2018—07	58.00	926
中学数学研究的方法及案例	2018—05	58.00	869
高考数学抢分技能	2018—07	68.00	934
高一新生常用数学方法和重要数学思想提升教材	2018—06	38.00	921
2018年高考数学真题研究	2019—01	68.00	1000
2019年高考数学真题研究	2020—05	88.00	1137
高考数学全国卷六道解答题常考题型解题诀窍:理科(全2册)	2019—07	78.00	1101
高考数学全国卷16道选择、填空题常考题型解题诀窍.理科	2018—09	88.00	971
高考数学全国卷16道选择、填空题常考题型解题诀窍.文科	2020—01	88.00	1123
高中数学一题多解	2019—06	58.00	1087
历届中国高考数学试题及解答:1917—1999	2021—08	98.00	1371
2000～2003年全国及各省市高考数学试题及解答	2022—05	88.00	1499
2004年全国及各省市高考数学试题及解答	2022—07	78.00	1500
突破高原:高中数学解题思维探究	2021—08	48.00	1375
高考数学中的"取值范围"	2021—10	48.00	1429
新课程标准高中数学各种题型解法大全.必修一分册	2021—06	58.00	1315
新课程标准高中数学各种题型解法大全.必修二分册	2022—01	68.00	1471
高中数学各种题型解法大全.选择性必修一分册	2022—06	68.00	1525
高中数学各种题型解法大全.选择性必修二分册	2023—01	58.00	1600
高中数学各种题型解法大全.选择性必修三分册	2023—04	48.00	1643
历届全国初中数学竞赛经典试题详解	2023—04	88.00	1624

书　名	出版时间	定　价	编号
新编640个世界著名数学智力趣题	2014—01	88.00	242
500个最新世界著名数学智力趣题	2008—06	48.00	3
400个最新世界著名数学最值问题	2008—09	48.00	36
500个世界著名数学征解问题	2009—06	48.00	52
400个中国最佳初等数学征解老问题	2010—01	48.00	60
500个俄罗斯数学经典老题	2011—01	28.00	81
1000个国外中学物理好题	2012—04	48.00	174
300个日本高考数学题	2012—05	38.00	142
700个早期日本高考数学试题	2017—02	88.00	752
500个前苏联早期高考数学试题及解答	2012—05	28.00	185
546个早期俄罗斯大学生数学竞赛题	2014—03	38.00	285
548个来自美苏的数学好问题	2014—11	28.00	396
20所苏联著名大学早期入学试题	2015—02	18.00	452
161道德国工科大学生必做的微分方程习题	2015—05	28.00	469
500个德国工科大学生必做的高数习题	2015—06	28.00	478
360个数学竞赛问题	2016—08	58.00	677
200个趣味数学故事	2018—02	48.00	857
470个数学奥林匹克中的最值问题	2018—10	88.00	985
德国讲义日本考题.微积分卷	2015—04	48.00	456
德国讲义日本考题.微分方程卷	2015—04	38.00	457
二十世纪中叶中、英、美、日、法、俄高考数学试题精选	2017—06	38.00	783

刘培杰数学工作室
已出版(即将出版)图书目录——初等数学

书　　名	出版时间	定　价	编号
中国初等数学研究　2009卷(第1辑)	2009—05	20.00	45
中国初等数学研究　2010卷(第2辑)	2010—05	30.00	68
中国初等数学研究　2011卷(第3辑)	2011—07	60.00	127
中国初等数学研究　2012卷(第4辑)	2012—07	48.00	190
中国初等数学研究　2014卷(第5辑)	2014—02	48.00	288
中国初等数学研究　2015卷(第6辑)	2015—06	68.00	493
中国初等数学研究　2016卷(第7辑)	2016—04	68.00	609
中国初等数学研究　2017卷(第8辑)	2017—01	98.00	712
初等数学研究在中国.第1辑	2019—03	158.00	1024
初等数学研究在中国.第2辑	2019—10	158.00	1116
初等数学研究在中国.第3辑	2021—05	158.00	1306
初等数学研究在中国.第4辑	2022—06	158.00	1520
几何变换(Ⅰ)	2014—07	28.00	353
几何变换(Ⅱ)	2015—06	28.00	354
几何变换(Ⅲ)	2015—01	38.00	355
几何变换(Ⅳ)	2015—12	38.00	356
初等数论难题集(第一卷)	2009—05	68.00	44
初等数论难题集(第二卷)(上、下)	2011—02	128.00	82,83
数论概貌	2011—03	18.00	93
代数数论(第二版)	2013—08	58.00	94
代数多项式	2014—06	38.00	289
初等数论的知识与问题	2011—02	28.00	95
超越数论基础	2011—03	28.00	96
数论初等教程	2011—03	28.00	97
数论基础	2011—03	18.00	98
数论基础与维诺格拉多夫	2014—03	18.00	292
解析数论基础	2012—08	28.00	216
解析数论基础(第二版)	2014—01	48.00	287
解析数论问题集(第二版)(原版引进)	2014—05	88.00	343
解析数论问题集(第二版)(中译本)	2016—04	88.00	607
解析数论基础(潘承洞,潘承彪著)	2016—07	98.00	673
解析数论导引	2016—07	58.00	674
数论入门	2011—03	38.00	99
代数数论入门	2015—03	38.00	448
数论开篇	2012—07	28.00	194
解析数论引论	2011—03	48.00	100
Barban Davenport Halberstam均值和	2009—01	40.00	33
基础数论	2011—03	28.00	101
初等数论100例	2011—05	18.00	122
初等数论经典例题	2012—07	18.00	204
最新世界各国数学奥林匹克中的初等数论试题(上、下)	2012—01	138.00	144,145
初等数论(Ⅰ)	2012—01	18.00	156
初等数论(Ⅱ)	2012—01	18.00	157
初等数论(Ⅲ)	2012—01	28.00	158

刘培杰数学工作室
已出版(即将出版)图书目录——初等数学

书　名	出版时间	定　价	编号
平面几何与数论中未解决的新老问题	2013—01	68.00	229
代数数论简史	2014—11	28.00	408
代数数论	2015—09	88.00	532
代数、数论及分析习题集	2016—11	98.00	695
数论导引提要及习题解答	2016—01	48.00	559
素数定理的初等证明.第2版	2016—09	48.00	686
数论中的模函数与狄利克雷级数(第二版)	2017—11	78.00	837
数论:数学导引	2018—01	68.00	849
范氏大代数	2019—02	98.00	1016
解析数学讲义.第一卷,导来式及微分、积分、级数	2019—04	88.00	1021
解析数学讲义.第二卷,关于几何的应用	2019—04	68.00	1022
解析数学讲义.第三卷,解析函数论	2019—04	78.00	1023
分析・组合・数论纵横谈	2019—04	58.00	1039
Hall代数:民国时期的中学数学课本:英文	2019—08	88.00	1106
基谢廖夫初等代数	2022—07	38.00	1531
数学精神巡礼	2019—01	58.00	731
数学眼光透视(第2版)	2017—06	78.00	732
数学思想领悟(第2版)	2018—01	68.00	733
数学方法溯源(第2版)	2018—08	68.00	734
数学解题引论	2017—05	58.00	735
数学史话览胜(第2版)	2017—01	48.00	736
数学应用展观(第2版)	2017—08	68.00	737
数学建模尝试	2018—04	48.00	738
数学竞赛采风	2018—01	68.00	739
数学测评探营	2019—05	58.00	740
数学技能操握	2018—03	48.00	741
数学欣赏拾趣	2018—02	48.00	742
从毕达哥拉斯到怀尔斯	2007—10	48.00	9
从迪利克雷到维斯卡尔迪	2008—01	48.00	21
从哥德巴赫到陈景润	2008—05	98.00	35
从庞加莱到佩雷尔曼	2011—08	138.00	136
博弈论精粹	2008—03	58.00	30
博弈论精粹.第二版(精装)	2015—01	88.00	461
数学 我爱你	2008—01	28.00	20
精神的圣徒　别样的人生——60位中国数学家成长的历程	2008—09	48.00	39
数学史概论	2009—06	78.00	50
数学史概论(精装)	2013—03	158.00	272
数学史选讲	2016—01	48.00	544
斐波那契数列	2010—02	28.00	65
数学拼盘和斐波那契魔方	2010—07	38.00	72
斐波那契数列欣赏(第2版)	2018—08	58.00	948
Fibonacci数列中的明珠	2018—06	58.00	928
数学的创造	2011—02	48.00	85
数学美与创造力	2016—01	48.00	595
数海拾贝	2016—01	48.00	590
数学中的美(第2版)	2019—04	68.00	1057
数论中的美学	2014—12	38.00	351

刘培杰数学工作室
已出版(即将出版)图书目录——初等数学

书　名	出版时间	定　价	编号
数学王者　科学巨人——高斯	2015—01	28.00	428
振兴祖国数学的圆梦之旅:中国初等数学研究史话	2015—06	98.00	490
二十世纪中国数学史料研究	2015—10	48.00	536
数字谜、数阵图与棋盘覆盖	2016—01	58.00	298
时间的形状	2016—01	38.00	556
数学发现的艺术:数学探索中的合情推理	2016—07	58.00	671
活跃在数学中的参数	2016—07	48.00	675
数海趣史	2021—05	98.00	1314
数学解题——靠数学思想给力(上)	2011—07	38.00	131
数学解题——靠数学思想给力(中)	2011—07	48.00	132
数学解题——靠数学思想给力(下)	2011—07	38.00	133
我怎样解题	2013—01	48.00	227
数学解题中的物理方法	2011—06	28.00	114
数学解题的特殊方法	2011—06	48.00	115
中学数学计算技巧(第2版)	2020—10	48.00	1220
中学数学证明方法	2012—01	58.00	117
数学趣题巧解	2012—03	28.00	128
高中数学教学通鉴	2015—05	58.00	479
和高中生漫谈:数学与哲学的故事	2014—08	28.00	369
算术问题集	2017—03	38.00	789
张教授讲数学	2018—07	38.00	933
陈永明实话实说数学教学	2020—04	68.00	1132
中学数学学科知识与教学能力	2020—06	58.00	1155
怎样把课讲好:大罕数学教学随笔	2022—03	58.00	1484
中国高考评价体系下高考数学探秘	2022—03	48.00	1487
自主招生考试中的参数方程问题	2015—01	28.00	435
自主招生考试中的极坐标问题	2015—04	28.00	463
近年全国重点大学自主招生数学试题全解及研究.华约卷	2015—02	38.00	441
近年全国重点大学自主招生数学试题全解及研究.北约卷	2016—05	38.00	619
自主招生数学解证宝典	2015—09	48.00	535
中国科学技术大学创新班数学真题解析	2022—03	48.00	1488
中国科学技术大学创新班物理真题解析	2022—03	58.00	1489
格点和面积	2012—07	18.00	191
射影几何趣谈	2012—04	28.00	175
斯潘纳尔引理——从一道加拿大数学奥林匹克试题谈起	2014—01	28.00	228
李普希兹条件——从几道近年高考数学试题谈起	2012—10	18.00	221
拉格朗日中值定理——从一道北京高考试题的解法谈起	2015—10	18.00	197
闵科夫斯基定理——从一道清华大学自主招生试题谈起	2014—01	28.00	198
哈尔测度——从一道冬令营试题的背景谈起	2012—08	28.00	202
切比雪夫逼近问题——从一道中国台北数学奥林匹克试题谈起	2013—04	38.00	238
伯恩斯坦多项式与贝齐尔曲面——从一道全国高中数学联赛试题谈起	2013—03	38.00	236
卡塔兰猜想——从一道普特南竞赛试题谈起	2013—06	18.00	256
麦卡锡函数和阿克曼函数——从一道前南斯拉夫数学奥林匹克试题谈起	2012—08	18.00	201
贝蒂定理与拉姆克莫斯尔定理——从一个拣石子游戏谈起	2012—08	18.00	217
皮亚诺曲线和豪斯道夫分球定理——从无限集谈起	2012—08	18.00	211
平面凸图形与凸多面体	2012—10	28.00	218
斯坦因豪斯问题——从一道二十五省市自治区中学数学竞赛试题谈起	2012—07	18.00	196

刘培杰数学工作室
已出版(即将出版)图书目录——初等数学

书 名	出版时间	定 价	编号
纽结理论中的亚历山大多项式与琼斯多项式——从一道北京市高一数学竞赛试题谈起	2012—07	28.00	195
原则与策略——从波利亚"解题表"谈起	2013—04	38.00	244
转化与化归——从三大尺规作图不能问题谈起	2012—08	28.00	214
代数几何中的贝祖定理(第一版)——从一道 IMO 试题的解法谈起	2013—08	18.00	193
成功连贯理论与约当块理论——从一道比利时数学竞赛试题谈起	2012—04	18.00	180
素数判定与大数分解	2014—08	18.00	199
置换多项式及其应用	2012—10	18.00	220
椭圆函数与模函数——从一道美国加州大学洛杉矶分校(UCLA)博士资格考题谈起	2012—10	28.00	219
差分方程的拉格朗日方法——从一道 2011 年全国高考理科试题的解法谈起	2012—08	28.00	200
力学在几何中的一些应用	2013—01	38.00	240
从根式解到伽罗华理论	2020—01	48.00	1121
康托洛维奇不等式——从一道全国高中联赛试题谈起	2013—03	28.00	337
西格尔引理——从一道第 18 届 IMO 试题的解法谈起	即将出版		
罗斯定理——从一道前苏联数学竞赛试题谈起	即将出版		
拉克斯定理和阿廷定理——从一道 IMO 试题的解法谈起	2014—01	58.00	246
毕卡大定理——从一道美国大学数学竞赛试题谈起	2014—07	18.00	350
贝齐尔曲线——从一道全国高中联赛试题谈起	即将出版		
拉格朗日乘子定理——从一道 2005 年全国高中联赛试题的高等数学解法谈起	2015—05	28.00	480
雅可比定理——从一道日本数学奥林匹克试题谈起	2013—04	48.00	249
李天岩－约克定理——从一道波兰数学竞赛试题谈起	2014—06	28.00	349
受控理论与初等不等式:从一道 IMO 试题的解法谈起	2023—03	48.00	1601
布劳维不动点定理——从一道前苏联数学奥林匹克试题谈起	2014—01	38.00	273
伯恩赛德定理——从一道英国数学奥林匹克试题谈起	即将出版		
布查特－莫斯特定理——从一道上海市初中竞赛试题谈起	即将出版		
数论中的同余数问题——从一道普特南竞赛试题谈起	即将出版		
范·德蒙行列式——从一道美国数学奥林匹克试题谈起	即将出版		
中国剩余定理:总数法构建中国历史年表	2015—01	28.00	430
牛顿程序与方程求根——从一道全国高考试题解法谈起	即将出版		
库默尔定理——从一道 IMO 预选试题谈起	即将出版		
卢丁定理——从一道冬令营试题的解法谈起	即将出版		
沃斯滕霍姆定理——从一道 IMO 预选试题谈起	即将出版		
卡尔松不等式——从一道莫斯科数学奥林匹克试题谈起	即将出版		
信息论中的香农熵——从一道近年高考压轴题谈起	即将出版		
约当不等式——从一道希望杯竞赛试题谈起	即将出版		
拉比诺维奇定理	即将出版		
刘维尔定理——从一道《美国数学月刊》征解问题的解法谈起	即将出版		
卡塔兰恒等式与级数求和——从一道 IMO 试题的解法谈起	即将出版		
勒让德猜想与素数分布——从一道爱尔兰竞赛试题谈起	即将出版		
天平称重与信息论——从一道基辅市数学奥林匹克试题谈起	即将出版		
哈密尔顿－凯莱定理:从一道高中数学联赛试题的解法谈起	2014—09	18.00	376
艾思特曼定理——从一道 CMO 试题的解法谈起	即将出版		

刘培杰数学工作室
已出版(即将出版)图书目录——初等数学

书　　名	出版时间	定　价	编号
阿贝尔恒等式与经典不等式及应用	2018—06	98.00	923
迪利克雷除数问题	2018—07	48.00	930
幻方、幻立方与拉丁方	2019—08	48.00	1092
帕斯卡三角形	2014—03	18.00	294
蒲丰投针问题——从2009年清华大学的一道自主招生试题谈起	2014—01	38.00	295
斯图姆定理——从一道"华约"自主招生试题的解法谈起	2014—01	18.00	296
许瓦兹引理——从一道加利福尼亚大学伯克利分校数学系博士生试题谈起	2014—08	18.00	297
拉姆塞定理——从王诗宬院士的一个问题谈起	2016—04	48.00	299
坐标法	2013—12	28.00	332
数论三角形	2014—04	38.00	341
毕克定理	2014—07	18.00	352
数林掠影	2014—09	48.00	389
我们周围的概率	2014—10	38.00	390
凸函数最值定理:从一道华约自主招生题的解法谈起	2014—10	28.00	391
易学与数学奥林匹克	2014—10	38.00	392
生物数学趣谈	2015—01	18.00	409
反演	2015—01	28.00	420
因式分解与圆锥曲线	2015—01	18.00	426
轨迹	2015—01	28.00	427
面积原理:从常庚哲命的一道CMO试题的积分解法谈起	2015—01	48.00	431
形形色色的不动点定理:从一道28届IMO试题谈起	2015—01	38.00	439
柯西函数方程:从一道上海交大自主招生的试题谈起	2015—02	28.00	440
三角恒等式	2015—02	28.00	442
无理性判定:从一道2014年"北约"自主招生试题谈起	2015—01	38.00	443
数学归纳法	2015—03	18.00	451
极端原理与解题	2015—04	28.00	464
法雷级数	2014—08	18.00	367
摆线族	2015—01	38.00	438
函数方程及其解法	2015—05	38.00	470
含参数的方程和不等式	2012—09	28.00	213
希尔伯特第十问题	2016—01	38.00	543
无穷小量的求和	2016—01	28.00	545
切比雪夫多项式:从一道清华大学金秋营试题谈起	2016—01	38.00	583
泽肯多夫定理	2016—03	38.00	599
代数等式证题法	2016—01	28.00	600
三角等式证题法	2016—01	28.00	601
吴大任教授藏书中的一个因式分解公式:从一道美国数学邀请赛试题的解法谈起	2016—06	28.00	656
易卦——类万物的数学模型	2017—08	68.00	838
"不可思议"的数与数系可持续发展	2018—01	38.00	878
最短线	2018—01	38.00	879
数学在天文、地理、光学、机械力学中的一些应用	2023—03	88.00	1576
从阿基米德三角形谈起	2023—01	28.00	1578
幻方和魔方(第一卷)	2012—05	68.00	173
尘封的经典——初等数学经典文献选读(第一卷)	2012—07	48.00	205
尘封的经典——初等数学经典文献选读(第二卷)	2012—07	38.00	206
初级方程式论	2011—03	28.00	106
初等数学研究(Ⅰ)	2008—09	68.00	37
初等数学研究(Ⅱ)(上、下)	2009—05	118.00	46,47
初等数学专题研究	2022—10	68.00	1568

— 11 —

刘培杰数学工作室
已出版（即将出版）图书目录——初等数学

书　　名	出版时间	定　价	编号
趣味初等方程妙题集锦	2014—09	48.00	388
趣味初等数论选美与欣赏	2015—02	48.00	445
耕读笔记(上卷)：一位农民数学爱好者的初数探索	2015—04	28.00	459
耕读笔记(中卷)：一位农民数学爱好者的初数探索	2015—05	28.00	483
耕读笔记(下卷)：一位农民数学爱好者的初数探索	2015—05	28.00	484
几何不等式研究与欣赏.上卷	2016—01	88.00	547
几何不等式研究与欣赏.下卷	2016—01	48.00	552
初等数列研究与欣赏·上	2016—01	48.00	570
初等数列研究与欣赏·下	2016—01	48.00	571
趣味初等函数研究与欣赏.上	2016—09	48.00	684
趣味初等函数研究与欣赏.下	2018—09	48.00	685
三角不等式研究与欣赏	2020—10	68.00	1197
新编平面解析几何解题方法研究与欣赏	2021—10	78.00	1426
火柴游戏(第2版)	2022—05	38.00	1493
智力解谜.第1卷	2017—07	38.00	613
智力解谜.第2卷	2017—07	38.00	614
故事智力	2016—07	48.00	615
名人们喜欢的智力问题	2020—01	48.00	616
数学大师的发现、创造与失误	2018—01	48.00	617
异曲同工	2018—09	48.00	618
数学的味道	2018—01	58.00	798
数学千字文	2018—10	68.00	977
数贝偶拾——高考数学题研究	2014—04	28.00	274
数贝偶拾——初等数学研究	2014—04	38.00	275
数贝偶拾——奥数题研究	2014—04	48.00	276
钱昌本教你快乐学数学(上)	2011—12	48.00	155
钱昌本教你快乐学数学(下)	2012—03	58.00	171
集合、函数与方程	2014—01	28.00	300
数列与不等式	2014—01	38.00	301
三角与平面向量	2014—01	28.00	302
平面解析几何	2014—01	38.00	303
立体几何与组合	2014—01	28.00	304
极限与导数、数学归纳法	2014—01	38.00	305
趣味数学	2014—03	28.00	306
教材教法	2014—04	68.00	307
自主招生	2014—05	58.00	308
高考压轴题(上)	2015—01	48.00	309
高考压轴题(下)	2014—10	68.00	310
从费马到怀尔斯——费马大定理的历史	2013—10	198.00	Ⅰ
从庞加莱到佩雷尔曼——庞加莱猜想的历史	2013—10	298.00	Ⅱ
从切比雪夫到爱尔特希(上)——素数定理的初等证明	2013—07	48.00	Ⅲ
从切比雪夫到爱尔特希(下)——素数定理100年	2012—12	98.00	Ⅲ
从高斯到盖尔方特——二次域的高斯猜想	2013—10	198.00	Ⅳ
从库默尔到朗兰兹——朗兰兹猜想的历史	2014—01	98.00	Ⅴ
从比勃巴赫到德布朗斯——比勃巴赫猜想的历史	2014—02	298.00	Ⅵ
从麦比乌斯到陈省身——麦比乌斯变换与麦比乌斯带	2014—02	298.00	Ⅶ
从布尔到豪斯道夫——布尔方程与格论漫谈	2013—10	198.00	Ⅷ
从开普勒到阿诺德——三体问题的历史	2014—05	298.00	Ⅸ
从华林到华罗庚——华林问题的历史	2013—10	298.00	Ⅹ

刘培杰数学工作室
已出版(即将出版)图书目录——初等数学

书 名	出版时间	定 价	编号
美国高中数学竞赛五十讲.第1卷(英文)	2014—08	28.00	357
美国高中数学竞赛五十讲.第2卷(英文)	2014—08	28.00	358
美国高中数学竞赛五十讲.第3卷(英文)	2014—09	28.00	359
美国高中数学竞赛五十讲.第4卷(英文)	2014—09	28.00	360
美国高中数学竞赛五十讲.第5卷(英文)	2014—10	28.00	361
美国高中数学竞赛五十讲.第6卷(英文)	2014—11	28.00	362
美国高中数学竞赛五十讲.第7卷(英文)	2014—12	28.00	363
美国高中数学竞赛五十讲.第8卷(英文)	2015—01	28.00	364
美国高中数学竞赛五十讲.第9卷(英文)	2015—01	28.00	365
美国高中数学竞赛五十讲.第10卷(英文)	2015—02	38.00	366
三角函数(第2版)	2017—04	38.00	626
不等式	2014—01	38.00	312
数列	2014—01	38.00	313
方程(第2版)	2017—04	38.00	624
排列和组合	2014—01	28.00	315
极限与导数(第2版)	2016—04	38.00	635
向量(第2版)	2018—08	58.00	627
复数及其应用	2014—08	28.00	318
函数	2014—01	38.00	319
集合	2020—01	48.00	320
直线与平面	2014—01	28.00	321
立体几何(第2版)	2016—04	38.00	629
解三角形	即将出版		323
直线与圆(第2版)	2016—11	38.00	631
圆锥曲线(第2版)	2016—09	48.00	632
解题通法(一)	2014—07	38.00	326
解题通法(二)	2014—07	38.00	327
解题通法(三)	2014—05	38.00	328
概率与统计	2014—01	28.00	329
信息迁移与算法	即将出版		330
IMO 50年.第1卷(1959—1963)	2014—11	28.00	377
IMO 50年.第2卷(1964—1968)	2014—11	28.00	378
IMO 50年.第3卷(1969—1973)	2014—09	28.00	379
IMO 50年.第4卷(1974—1978)	2016—04	38.00	380
IMO 50年.第5卷(1979—1984)	2015—04	38.00	381
IMO 50年.第6卷(1985—1989)	2015—04	58.00	382
IMO 50年.第7卷(1990—1994)	2016—01	48.00	383
IMO 50年.第8卷(1995—1999)	2016—06	38.00	384
IMO 50年.第9卷(2000—2004)	2015—04	58.00	385
IMO 50年.第10卷(2005—2009)	2016—01	48.00	386
IMO 50年.第11卷(2010—2015)	2017—03	48.00	646

刘培杰数学工作室
已出版(即将出版)图书目录——初等数学

书 名	出版时间	定 价	编号
数学反思(2006—2007)	2020—09	88.00	915
数学反思(2008—2009)	2019—01	68.00	917
数学反思(2010—2011)	2018—05	58.00	916
数学反思(2012—2013)	2019—01	58.00	918
数学反思(2014—2015)	2019—03	78.00	919
数学反思(2016—2017)	2021—03	58.00	1286
数学反思(2018—2019)	2023—01	88.00	1593
历届美国大学生数学竞赛试题集.第一卷(1938—1949)	2015—01	28.00	397
历届美国大学生数学竞赛试题集.第二卷(1950—1959)	2015—01	28.00	398
历届美国大学生数学竞赛试题集.第三卷(1960—1969)	2015—01	28.00	399
历届美国大学生数学竞赛试题集.第四卷(1970—1979)	2015—01	18.00	400
历届美国大学生数学竞赛试题集.第五卷(1980—1989)	2015—01	28.00	401
历届美国大学生数学竞赛试题集.第六卷(1990—1999)	2015—01	28.00	402
历届美国大学生数学竞赛试题集.第七卷(2000—2009)	2015—08	18.00	403
历届美国大学生数学竞赛试题集.第八卷(2010—2012)	2015—01	18.00	404
新课标高考数学创新题解题诀窍:总论	2014—09	28.00	372
新课标高考数学创新题解题诀窍:必修 1~5 分册	2014—08	38.00	373
新课标高考数学创新题解题诀窍:选修 2—1,2—2,1—1,1—2分册	2014—09	38.00	374
新课标高考数学创新题解题诀窍:选修 2—3,4—4,4—5分册	2014—09	18.00	375
全国重点大学自主招生英文数学试题全攻略:词汇卷	2015—07	48.00	410
全国重点大学自主招生英文数学试题全攻略:概念卷	2015—01	28.00	411
全国重点大学自主招生英文数学试题全攻略:文章选读卷(上)	2016—09	38.00	412
全国重点大学自主招生英文数学试题全攻略:文章选读卷(下)	2017—01	58.00	413
全国重点大学自主招生英文数学试题全攻略:试题卷	2015—07	38.00	414
全国重点大学自主招生英文数学试题全攻略:名著欣赏卷	2017—03	48.00	415
劳埃德数学趣题大全.题目卷.1:英文	2016—01	18.00	516
劳埃德数学趣题大全.题目卷.2:英文	2016—01	18.00	517
劳埃德数学趣题大全.题目卷.3:英文	2016—01	18.00	518
劳埃德数学趣题大全.题目卷.4:英文	2016—01	18.00	519
劳埃德数学趣题大全.题目卷.5:英文	2016—01	18.00	520
劳埃德数学趣题大全.答案卷:英文	2016—01	18.00	521
李成章教练奥数笔记.第1卷	2016—01	48.00	522
李成章教练奥数笔记.第2卷	2016—01	48.00	523
李成章教练奥数笔记.第3卷	2016—01	38.00	524
李成章教练奥数笔记.第4卷	2016—01	38.00	525
李成章教练奥数笔记.第5卷	2016—01	38.00	526
李成章教练奥数笔记.第6卷	2016—01	38.00	527
李成章教练奥数笔记.第7卷	2016—01	38.00	528
李成章教练奥数笔记.第8卷	2016—01	48.00	529
李成章教练奥数笔记.第9卷	2016—01	28.00	530

刘培杰数学工作室
已出版(即将出版)图书目录——初等数学

书　名	出版时间	定　价	编号
第19～23届"希望杯"全国数学邀请赛试题审题要津详细评注(初一版)	2014—03	28.00	333
第19～23届"希望杯"全国数学邀请赛试题审题要津详细评注(初二、初三版)	2014—03	38.00	334
第19～23届"希望杯"全国数学邀请赛试题审题要津详细评注(高一版)	2014—03	28.00	335
第19～23届"希望杯"全国数学邀请赛试题审题要津详细评注(高二版)	2014—03	38.00	336
第19～25届"希望杯"全国数学邀请赛试题审题要津详细评注(初一版)	2015—01	38.00	416
第19～25届"希望杯"全国数学邀请赛试题审题要津详细评注(初二、初三版)	2015—01	58.00	417
第19～25届"希望杯"全国数学邀请赛试题审题要津详细评注(高一版)	2015—01	48.00	418
第19～25届"希望杯"全国数学邀请赛试题审题要津详细评注(高二版)	2015—01	48.00	419
物理奥林匹克竞赛大题典——力学卷	2014—11	48.00	405
物理奥林匹克竞赛大题典——热学卷	2014—04	28.00	339
物理奥林匹克竞赛大题典——电磁学卷	2015—07	48.00	406
物理奥林匹克竞赛大题典——光学与近代物理卷	2014—06	28.00	345
历届中国东南地区数学奥林匹克试题集(2004～2012)	2014—06	18.00	346
历届中国西部地区数学奥林匹克试题集(2001～2012)	2014—07	18.00	347
历届中国女子数学奥林匹克试题集(2002～2012)	2014—08	18.00	348
数学奥林匹克在中国	2014—06	98.00	344
数学奥林匹克问题集	2014—01	38.00	267
数学奥林匹克不等式散论	2010—06	38.00	124
数学奥林匹克不等式欣赏	2011—09	38.00	138
数学奥林匹克超级题库(初中卷上)	2010—01	58.00	66
数学奥林匹克不等式证明方法和技巧(上、下)	2011—08	158.00	134,135
他们学什么:原民主德国中学数学课本	2016—09	38.00	658
他们学什么:英国中学数学课本	2016—09	38.00	659
他们学什么:法国中学数学课本.1	2016—09	38.00	660
他们学什么:法国中学数学课本.2	2016—09	28.00	661
他们学什么:法国中学数学课本.3	2016—09	38.00	662
他们学什么:苏联中学数学课本	2016—09	28.00	679
高中数学题典——集合与简易逻辑·函数	2016—07	48.00	647
高中数学题典——导数	2016—07	48.00	648
高中数学题典——三角函数·平面向量	2016—07	48.00	649
高中数学题典——数列	2016—07	58.00	650
高中数学题典——不等式·推理与证明	2016—07	38.00	651
高中数学题典——立体几何	2016—07	48.00	652
高中数学题典——平面解析几何	2016—07	78.00	653
高中数学题典——计数原理·统计·概率·复数	2016—07	48.00	654
高中数学题典——算法·平面几何·初等数论·组合数学·其他	2016—07	68.00	655

刘培杰数学工作室
已出版(即将出版)图书目录——初等数学

书　名	出版时间	定　价	编号
台湾地区奥林匹克数学竞赛试题.小学一年级	2017-03	38.00	722
台湾地区奥林匹克数学竞赛试题.小学二年级	2017-03	38.00	723
台湾地区奥林匹克数学竞赛试题.小学三年级	2017-03	38.00	724
台湾地区奥林匹克数学竞赛试题.小学四年级	2017-03	38.00	725
台湾地区奥林匹克数学竞赛试题.小学五年级	2017-03	38.00	726
台湾地区奥林匹克数学竞赛试题.小学六年级	2017-03	38.00	727
台湾地区奥林匹克数学竞赛试题.初中一年级	2017-03	38.00	728
台湾地区奥林匹克数学竞赛试题.初中二年级	2017-03	38.00	729
台湾地区奥林匹克数学竞赛试题.初中三年级	2017-03	28.00	730
不等式证题法	2017-04	28.00	747
平面几何培优教程	2019-08	88.00	748
奥数鼎级培优教程.高一分册	2018-09	88.00	749
奥数鼎级培优教程.高二分册.上	2018-04	68.00	750
奥数鼎级培优教程.高二分册.下	2018-04	68.00	751
高中数学竞赛冲刺宝典	2019-04	68.00	883
初中尖子生数学超级题典.实数	2017-07	58.00	792
初中尖子生数学超级题典.式、方程与不等式	2017-08	58.00	793
初中尖子生数学超级题典.圆、面积	2017-08	38.00	794
初中尖子生数学超级题典.函数、逻辑推理	2017-08	48.00	795
初中尖子生数学超级题典.角、线段、三角形与多边形	2017-07	58.00	796
数学王子——高斯	2018-01	48.00	858
坎坷奇星——阿贝尔	2018-01	48.00	859
闪烁奇星——伽罗瓦	2018-01	58.00	860
无穷统帅——康托尔	2018-01	48.00	861
科学公主——柯瓦列夫斯卡娅	2018-01	48.00	862
抽象代数之母——埃米·诺特	2018-01	48.00	863
电脑先驱——图灵	2018-01	58.00	864
昔日神童——维纳	2018-01	48.00	865
数坛怪侠——爱尔特希	2018-01	68.00	866
传奇数学家徐利治	2019-09	88.00	1110
当代世界中的数学.数学思想与数学基础	2019-01	38.00	892
当代世界中的数学.数学问题	2019-01	38.00	893
当代世界中的数学.应用数学与数学应用	2019-01	38.00	894
当代世界中的数学.数学王国的新疆域(一)	2019-01	38.00	895
当代世界中的数学.数学王国的新疆域(二)	2019-01	38.00	896
当代世界中的数学.数林撷英(一)	2019-01	38.00	897
当代世界中的数学.数林撷英(二)	2019-01	48.00	898
当代世界中的数学.数学之路	2019-01	38.00	899

刘培杰数学工作室
已出版(即将出版)图书目录——初等数学

书 名	出版时间	定 价	编号
105个代数问题:来自AwesomeMath夏季课程	2019—02	58.00	956
106个几何问题:来自AwesomeMath夏季课程	2020—07	58.00	957
107个几何问题:来自AwesomeMath全年课程	2020—07	58.00	958
108个代数问题:来自AwesomeMath全年课程	2019—01	68.00	959
109个不等式:来自AwesomeMath夏季课程	2019—04	58.00	960
国际数学奥林匹克中的110个几何问题	即将出版		961
111个代数和数论问题	2019—05	58.00	962
112个组合问题:来自AwesomeMath夏季课程	2019—05	58.00	963
113个几何不等式:来自AwesomeMath夏季课程	2020—08	58.00	964
114个指数和对数问题:来自AwesomeMath夏季课程	2019—09	48.00	965
115个三角问题:来自AwesomeMath夏季课程	2019—09	58.00	966
116个代数不等式:来自AwesomeMath全年课程	2019—04	58.00	967
117个多项式问题:来自AwesomeMath夏季课程	2021—09	58.00	1409
118个数学竞赛不等式	2022—08	78.00	1526
紫色彗星国际数学竞赛试题	2019—02	58.00	999
数学竞赛中的数学:为数学爱好者、父母、教师和教练准备的丰富资源.第一部	2020—04	58.00	1141
数学竞赛中的数学:为数学爱好者、父母、教师和教练准备的丰富资源.第二部	2020—07	48.00	1142
和与积	2020—10	38.00	1219
数论:概念和问题	2020—12	68.00	1257
初等数学问题研究	2021—03	48.00	1270
数学奥林匹克中的欧几里得几何	2021—10	68.00	1413
数学奥林匹克题解新编	2022—01	58.00	1430
图论入门	2022—09	58.00	1554
澳大利亚中学数学竞赛试题及解答(初级卷)1978~1984	2019—02	28.00	1002
澳大利亚中学数学竞赛试题及解答(初级卷)1985~1991	2019—02	28.00	1003
澳大利亚中学数学竞赛试题及解答(初级卷)1992~1998	2019—02	28.00	1004
澳大利亚中学数学竞赛试题及解答(初级卷)1999~2005	2019—02	28.00	1005
澳大利亚中学数学竞赛试题及解答(中级卷)1978~1984	2019—03	28.00	1006
澳大利亚中学数学竞赛试题及解答(中级卷)1985~1991	2019—03	28.00	1007
澳大利亚中学数学竞赛试题及解答(中级卷)1992~1998	2019—03	28.00	1008
澳大利亚中学数学竞赛试题及解答(中级卷)1999~2005	2019—03	28.00	1009
澳大利亚中学数学竞赛试题及解答(高级卷)1978~1984	2019—05	28.00	1010
澳大利亚中学数学竞赛试题及解答(高级卷)1985~1991	2019—05	28.00	1011
澳大利亚中学数学竞赛试题及解答(高级卷)1992~1998	2019—05	28.00	1012
澳大利亚中学数学竞赛试题及解答(高级卷)1999~2005	2019—05	28.00	1013
天才中小学生智力测验题.第一卷	2019—03	38.00	1026
天才中小学生智力测验题.第二卷	2019—03	38.00	1027
天才中小学生智力测验题.第三卷	2019—03	38.00	1028
天才中小学生智力测验题.第四卷	2019—03	38.00	1029
天才中小学生智力测验题.第五卷	2019—03	38.00	1030
天才中小学生智力测验题.第六卷	2019—03	38.00	1031
天才中小学生智力测验题.第七卷	2019—03	38.00	1032
天才中小学生智力测验题.第八卷	2019—03	38.00	1033
天才中小学生智力测验题.第九卷	2019—03	38.00	1034
天才中小学生智力测验题.第十卷	2019—03	38.00	1035
天才中小学生智力测验题.第十一卷	2019—03	38.00	1036
天才中小学生智力测验题.第十二卷	2019—03	38.00	1037
天才中小学生智力测验题.第十三卷	2019—03	38.00	1038

刘培杰数学工作室
已出版(即将出版)图书目录——初等数学

书 名	出版时间	定 价	编号
重点大学自主招生数学备考全书:函数	2020—05	48.00	1047
重点大学自主招生数学备考全书:导数	2020—08	48.00	1048
重点大学自主招生数学备考全书:数列与不等式	2019—10	78.00	1049
重点大学自主招生数学备考全书:三角函数与平面向量	2020—08	68.00	1050
重点大学自主招生数学备考全书:平面解析几何	2020—07	58.00	1051
重点大学自主招生数学备考全书:立体几何与平面几何	2019—08	48.00	1052
重点大学自主招生数学备考全书:排列组合・概率统计・复数	2019—09	48.00	1053
重点大学自主招生数学备考全书:初等数论与组合数学	2019—08	48.00	1054
重点大学自主招生数学备考全书:重点大学自主招生真题.上	2019—04	68.00	1055
重点大学自主招生数学备考全书:重点大学自主招生真题.下	2019—04	58.00	1056
高中数学竞赛培训教程:平面几何问题的求解方法与策略.上	2018—05	68.00	906
高中数学竞赛培训教程:平面几何问题的求解方法与策略.下	2018—06	78.00	907
高中数学竞赛培训教程:整除与同余以及不定方程	2018—01	88.00	908
高中数学竞赛培训教程:组合计数与组合极值	2018—04	48.00	909
高中数学竞赛培训教程:初等代数	2019—06	78.00	1042
高中数学讲座:数学竞赛基础教程(第一册)	2019—06	48.00	1094
高中数学讲座:数学竞赛基础教程(第二册)	即将出版		1095
高中数学讲座:数学竞赛基础教程(第三册)	即将出版		1096
高中数学讲座:数学竞赛基础教程(第四册)	即将出版		1097
新编中学数学解题方法1000招丛书.实数(初中版)	2022—05	58.00	1291
新编中学数学解题方法1000招丛书.式(初中版)	2022—05	48.00	1292
新编中学数学解题方法1000招丛书.方程与不等式(初中版)	2021—04	58.00	1293
新编中学数学解题方法1000招丛书.函数(初中版)	2022—05	38.00	1294
新编中学数学解题方法1000招丛书.角(初中版)	2022—05	48.00	1295
新编中学数学解题方法1000招丛书.线段(初中版)	2022—05	48.00	1296
新编中学数学解题方法1000招丛书.三角形与多边形(初中版)	2021—04	48.00	1297
新编中学数学解题方法1000招丛书.圆(初中版)	2022—05	48.00	1298
新编中学数学解题方法1000招丛书.面积(初中版)	2021—07	28.00	1299
新编中学数学解题方法1000招丛书.逻辑推理(初中版)	2022—06	48.00	1300
高中数学题典精编.第一辑.函数	2022—01	58.00	1444
高中数学题典精编.第一辑.导数	2022—01	68.00	1445
高中数学题典精编.第一辑.三角函数・平面向量	2022—01	68.00	1446
高中数学题典精编.第一辑.数列	2022—01	58.00	1447
高中数学题典精编.第一辑.不等式・推理与证明	2022—01	58.00	1448
高中数学题典精编.第一辑.立体几何	2022—01	58.00	1449
高中数学题典精编.第一辑.平面解析几何	2022—01	68.00	1450
高中数学题典精编.第一辑.统计・概率・平面几何	2022—01	58.00	1451
高中数学题典精编.第一辑.初等数论・组合数学・数学文化・解题方法	2022—01	58.00	1452
历届全国初中数学竞赛试题分类解析.初等代数	2022—09	98.00	1555
历届全国初中数学竞赛试题分类解析.初等数论	2022—09	48.00	1556
历届全国初中数学竞赛试题分类解析.平面几何	2022—09	38.00	1557
历届全国初中数学竞赛试题分类解析.组合	2022—09	38.00	1558

联系地址:哈尔滨市南岗区复华四道街10号　哈尔滨工业大学出版社刘培杰数学工作室
网　　址:http://lpj.hit.edu.cn/
邮　　编:150006
联系电话:0451—86281378　　13904613167
E-mail:lpj1378@163.com